# 可重构机械臂的动力学控制方法

杜艳丽　赵　莹　张　炜　曹福成　著

U0223605

科学出版社

北　京

# 内 容 简 介

本书主要对可重构机械臂的建模与控制方法进行理论推导与证明。全书共8章，第1章介绍可重构机械臂的研究背景及意义，对国内外研究现状及关键问题进行阐述。第2～7章分别对可重构机械臂的运动学与动力学、构型优化、分散轨迹跟踪控制、主动容错控制、非脆弱鲁棒分散力/位置控制及基于软测量的分散力/位置控制进行详细的论述和证明。第8章对全书相关的主要研究成果进行总结，并对可重构机械臂的未来发展给出一些展望和建议。

本书可供机器人、智能控制及相关领域的工程技术人员和科研工作者参考，同时也可作为机器人、控制理论与控制工程等专业研究生和高年级本科生的辅导教材。

**图书在版编目（CIP）数据**

可重构机械臂的动力学控制方法/杜艳丽等著. —北京：科学出版社，2019.6
ISBN 978-7-03-060748-5

Ⅰ. ①可… Ⅱ. ①杜… Ⅲ. ①机械手-控制方法-研究 Ⅳ. ①TP241

中国版本图书馆 CIP 数据核字（2019）第 043221 号

责任编辑：朱英彪　赵晓廷 / 责任校对：郭瑞芝
责任印制：吴兆东 / 封面设计：蓝正设计

科学出版社 出版
北京东黄城根北街 16 号
邮政编码：100717
http://www.sciencep.com
北京厚诚则铭印刷科技有限公司印刷
科学出版社发行　各地新华书店经销
*
2019 年 6 月第 一 版　开本：720×1000 B5
2025 年 2 月第五次印刷　印张：13 1/2
字数：270 000
**定价：118.00 元**
（如有印装质量问题，我社负责调换）

# 前　言

可重构机械臂由一系列性能不同但接口一致的连杆和关节等单元模块构成，其模块拥有驱动、通信等多种功能单元，可以根据实际任务和环境的需要组装成最适合执行任务的构型。相比于传统机械臂，可重构机械臂具有高度结构柔性、强适应性、低成本和高稳定性等特点，在诸如搜索救援、军事、空间探测、工业、医学和娱乐等领域都有广泛的应用前景，因此对可重构机械臂的运动学、动力学、构型优化、容错控制、在自由空间的分散轨迹跟踪控制及受限空间内的分散力/位置控制等方面的基础和关键技术进行研究具有重要的理论与实际意义。

全书共 8 章。第 1 章对可重构机械臂的国内外发展现状及研究的关键问题进行综述；第 2 章介绍可重构机械臂正、逆运动学与动力学的建模方法，这是后续各章论述的基础；第 3 章介绍可重构机械臂构型优化方法；第 4~7 章分别对可重构机械臂在自由空间内的分散轨迹跟踪控制和分散主动容错控制、在受限空间内的非脆弱鲁棒分散力/位置控制、基于软测量的分散力/位置控制的理论与仿真验证进行详细论述；第 8 章介绍本书相关的研究工作，并对下一步的研究工作进行展望。

本书给出的设计方法在工程领域有一定的应用前景，可供相关研究人员和工程技术人员参考。对于有关理论问题，书中给出了详尽的推导和证明，并进行了仿真验证。

本书第 1~3 章由赵莹编写，第 4 章和第 5 章由杜艳丽编写，第 6 章和第 7 章由张炜编写，第 8 章由曹福成编写，杜艳丽负责全书的组织和统稿工作。在本书撰写过程中，李元春教授、李英博士、朱明超博士及陆鹏硕士给予了很多的指导和帮助，在此深表感谢！本书的出版得到吉林省教育厅"十三五"科学技术项目"可重构机械臂动力学智能建模及基于软测量的分散力/位置控制研究"（JJKH20180340KJ）、吉林省科技发展计划项目"12 脉非同相逆并联大功率整流装置控制系统的研究"（20160101276JC）的资助，在此一并致谢！

由于作者水平有限，书中难免存在疏漏或不妥之处，敬请广大读者批评指正。

作　者

2019 年 1 月

# 目　　录

# 第1章 绪　　论

## 1.1　机械臂系统中常见的动力学问题

随着现代科技的飞速发展，机器人逐渐走进各行各业。传统构型固定的机器人在任务明确的工作环境下已经能够满足需要，但是在任务要求复杂、环境情况未知、不确定因素多的灾后救援、军事及航空航天等尖端领域，由于自身固定的机械结构，其应用受到了极大的限制。如果因工作环境和任务的变化而重新对机器人进行开发，常常需要付出巨大的代价，因此迫切需要一种能根据新的工作环境和新的任务要求来改变自身结构的机器人。

可重构机械臂是一种在模块化机器人基础上发展起来的、能根据任务需要重新组合构型的机械臂。模块化的主要设计思想是将复杂的系统划分成若干具有不同功能的模块，而这些模块具有轻便、易维护和逻辑清晰等优点。可重构机械臂可以利用具有不同性能和尺寸的、可互换的关节模块和连杆模块，以类似搭积木的方式组合成一组具有特定构型的机械臂，而这种方式的组合成并非仅仅是简单的机械重构，同时还包括相应控制系统的重构。此外，可重构机械臂的模块关节还包括通信、驱动、控制和传动等单元，使重构后的机械臂对新的工作环境有更好的适应性。可重构机械臂的出现，为机器人技术的发展提供了一个新的方向。这一类机械臂不再依据传统的基于传感器自治的方式，而是扩展到了构型自治的方式。由此可知，虽然传统机器人可以依靠各种传感器来完成对信息的规划，但是当面临的任务超过其自身所具有的物理特性时，这类机器人就很难完成任务。可重构机械臂可以通过对自身物理结构的重构来组合成新的构型，以便完成不同工作环境下的特殊任务，同时通过机械臂模块附加的传感器，方便地对任务进行自主的策略规划。可重构机械臂有着广泛的应用前景，目前国外许多研究机构已经研制出多种具有不同功能及应用背景的可重构机械臂，并生产出了样机，在工业装配、医疗、现代军事、航空航天和深海、深空探测等领域得到了应用。例如，在医疗方面，如果将可重构机械臂制作得非常微小，那么就可以在进入人体的肠道后进行重组从而完成治疗任务；在航天方面，由于航天器的载荷有限，不可能将许多机械臂都运送到太空去完成星球表面探测及样本采集任务，而可重构机械臂可以根据不同探测任务要求和外星环境情况，变换成合适的构型来完成任务，从而节省燃料。

目前，国内外针对可重构机械臂的研究主要包括运动学及动力学的建模、构型优化、自由空间的轨迹跟踪控制、主动容错控制和受限空间的力/位置控制等方面。

(1) 由于可重构机械臂逆运动学的解并不唯一，如何求其逆解一直是研究的热点及难点。

(2) 由于可重构机械臂构型较多，如何从众多构型中选择最优构型去执行任务，直接关系到任务完成的质量。

(3) 对于可重构机械臂在自由空间的轨迹跟踪控制，研究获得的可重构机械臂关节分散控制方面的成果并不多，在分散控制时对各关节间的耦合关联项及建模不确定性等的处理没有好的办法。

(4) 在主动容错控制方面，当可重构机械臂执行器发生故障时，如何实现执行器故障的实时辨识将直接影响容错控制器的控制性能。目前，对整个可重构机械臂系统的容错控制主要考虑的是每一时刻只有一个故障发生时的控制，对多故障同发时的故障辨识及主动容错控制器设计还需要进一步研究。

(5) 现有可重构机械臂的各关节没有设置关节力矩传感器，仅在末端执行器安装有力/力矩传感器，这势必会影响反馈控制的效果，在此情况下，应对各关节力矩进行观测。以往的鲁棒控制允许被控对象模型在一定范围内存在不确定性，前提是控制器必须能够准确实现，但在实际过程中，受软、硬件等因素的影响，控制器本身可能出现脆弱性，因此研究可重构机械臂系统的非脆弱鲁棒分散力/位置控制具有重要的实际意义。

(6) 在末端执行器受到外界约束时，目前多依靠末端的腕力传感器来测量其与环境间的接触力。首先，末端腕力传感器多置于危险、复杂的环境中，易损坏且造价昂贵；其次，力传感器的使用会提高整套机械臂设备在机械、电气和软件设计上的复杂程度，且在工业现场存在诸多不确定性扰动和环境变化等因素，这些都可能会影响力传感器的精度和可靠性，因此末端执行器与外界接触时无腕力传感器的力控制应重点研究。

## 1.2　可重构机械臂的国内外发展现状

### 1.2.1　国外研究现状

国外对可重构机械臂的研究起步较早，已进行了许多的研究工作，形成了较为系统的研究体系。早在 20 世纪 80 年代，美国的卡内基梅隆大学就研发出一种可重构机械臂系统（reconfigurable modular manipulator system，RMMS），它是第一台可重构机器人的原理性样机[1]，在系统设计上扩展了当时模块化机械手的概念[2]，不仅实现了机械结构的可重构，而且从电子硬件、控制算法和软件等方面实现了可重构。

Yang[3] 以 AMTEC 公司的 MORSE 模块为基础构建了多种可重构模块化机器人系统，并对模块化机器人的运动学、动力学、标定和构型设计等方面做了深入的研究。MORSE 有三种基本模块，分别是转动关节模块、移动关节模块和连杆模块。

随着现代电子、通信和控制技术的发展，可重构机器人系统的自重构技术变得更加成熟，其中最典型的是东京工业大学提出的 M-TRAN 可重构机器人 [4,5]，如图 1.1 所示。M-TRAN 可重构机器人运用双层运动规划方式，实现了对多种步态的运动控制及各种构型间的转换。

图 1.1    M-TRAN 可重构机器人

美国的 Robotics Research Corporation 设计了多种不同尺寸、不同载荷的灵巧操作臂，在工业、航空、航天、国防和科研等领域得到了广泛应用。这些机械臂的关节模块分为侧滚关节模块、俯仰关节模块和带执行器机械接口的末端旋转关节三种。图 1.2 所示为用这些模块构成的一种 7 自由度（degree of freedom, DOF）灵巧机器人，其控制系统采用分布式开放架构，提供了有效的运动学冗余算法、奇异性判断算法、位置/力混合控制算法、阻抗控制和柔顺控制算法等。

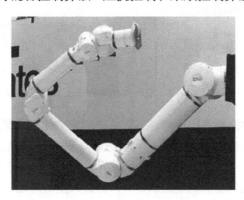

图 1.2    7-DOF 灵巧机器人

德国宇航中心研制的 LWR-Ⅲ 机器人是模块化柔性机器人中的杰出代表[6]，如图 1.3 所示。LWR-Ⅲ 机器人采用轻型结构，具有高负载、高性能和安全等特点。

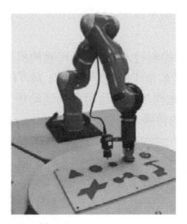

图 1.3　LWR-Ⅲ 机器人

德国 AMTEC 公司生产的 Power Cube 模块（包括转动关节、移动关节、夹持器和连杆等系列模块），以及 Schunk 公司后来推出的 PRC 系列关节模块，所构成的模块化机器人可用于工厂、实验室自动化、检测等方面。图 1.4(a) 所示为由 Power Cube 模块组成的 6-DOF 操作臂；图 1.4(b) 所示为 Schunk 模块及其操作臂。

(a) Power Cube 6-DOF 操作臂　　　　　　(b) Schunk模块及其操作臂

图 1.4　Power Cube 6-DOF 操作臂和 Schunk 模块及其操作臂

近年来，可重构机器人在医疗、工业生产和家庭生活等领域均有一定的应用。图 1.5 所示为消化道内部诊断可重构机器人[7]，其单体机器人模块具有两个自由度，直径为 15.4mm，长度为 36.5mm，质量为 5.6g，包含一个锂电池、两个直流电机和一块具有无线通信功能的电路板。单体机器人模块可通过口腔直接吞咽，在胃部进行机器人系统的组装，并根据不同诊断任务改变其整体构型。机器人的装配、构型变化和诊断任务均是通过双向无线通信来进行信号传输的。美国哈佛大学医学院的 Yoo 等 [8] 设计出了一种新型的可吞服胶囊可重构机器人,如图 1.6 所示。该机器人克服了现存大多数可吞服胶囊机器人移动性差、体积大等缺点,尺寸与 D 型电池大小相近,并且其自身的模块机器人系统可以在人体内重新组合,由封装在内部的照相机完成图像采集,最后通过无线传输技术将人体内患处的图像信息传送到计算机进行分析处理。

图 1.5　消化道内部诊断可重构机器人

图 1.6　新型可吞服胶囊可重构机器人

图 1.7 所示为零件运输可重构机器人 [9],其模块封装体积为 1cm³,含有矩阵微电机、微型控制器,通过电磁装置实现模块间的自动对接。模块上表面的矩阵微电机可以支撑并传递工件,整个传送系统的结构可随时改变,在柔性制造系统中具有广阔的应用前景。Spröwitz 等 [10] 研究了一套家用可重构家具机器人,如图 1.8 所示,它可根据实际需要变换成多种形式的家具,还可方便地实现家具的整体移动。

德国 Brunner 等 [11] 针对两种移动遥控可重构机器人 Telerob Telemax 及 iRobot Packbot(图 1.9)分别采用准静态仿真方法和一种新的基于几何学方法进行了地形交互方面的实验研究。

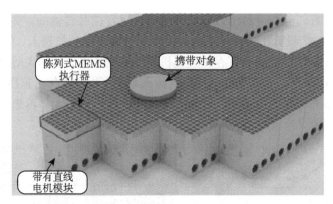

图 1.7 零件运输可重构机器人

图 1.8 家用可重构家具机器人

(a) Telerob Telemax机器人      (b) iRobot Packbot机器人

图 1.9 移动遥控可重构机器人

德国人工智能研究中心的 Roehr 等 [12] 设计出了可重构集成多机器人探测系统（reconfigurable integrated mult-irobot exploration system，RIMRES），用于月球

两极火山坑探测任务的执行。RIMRES 探月机器人 (图 1.10) 由轮式探测车、腿式搜索模块和一些固定的负载单元组成，其所有系统均采用统一的机电接口设计，便于模块间的独立与重组。

图 1.10　RIMRES 探月机器人

麻省理工学院媒体实验室于 2016 年开发了模块化机器人 Chain FORM[13]，它是由 2015 年开发的 Line FORM 多功能蛇形机器人发展而来的。Chain FORM 机器人由集成传感器、伺服电机、闪光灯以及位于多个面上的触摸检测装置、角度检测装置构成，属于小型模块，体积大概只有 $250cm^3$；能够根据情况改变其功能形状，如变为健身腕带、游戏手柄等；其独有的特点是能够自行确认模块的数量及连接方式。未来研究人员要在 Chain FORM 机器人上安装高分辨率的显示器，使用更多的联合配置来连接不同的模块，并将模块拆分成不同的分支，从而实现模块的自组装。

### 1.2.2　国内研究现状

国内对模块化机器人、可重构机械臂的研究相对较晚，成果比较突出的学校有哈尔滨工业大学、天津理工大学、北京航空航天大学、上海交通大学、清华大学和吉林大学等。Zhu 等 [14] 在 2017 年提出了一种用于 MSR 机器人的分散自重构的分布式并行机制，通过把将描述作为配置目标的拓扑结构 Lindenmayer 系统和用于单个模块的局部运动规划的蜂窝自动机（cellular automaton，CA）相结合来实现。这种分布式机制可扩展到不同的模块以及收敛到预定的重构目标。Wang 等 [15] 进行了链式模块化机器人的蛇形（serpenoid）多边形滚动的建模以及模式的开发和应用的研究。

天津理工大学的曹彦彬等 [16] 在总结先前研究成果的基础上研制出可移动模块化自重构机器人 MZSbot 结构。之后曹彦彬等基于有向图的图论拓扑描述和连接矩阵的数学拓扑描述，提出了一种新型的自重构机器人模块拓扑描述综合矩阵，它能准确地表达机器人模块的连接方式和转角状态信息。

北京航空航天大学的杨健勃等于 2015 年设计提出的细胞机器人（Cell robot）同样是一款模块化机器人，与以往模块化机器人不同，它是一款用于娱乐及教育的机器人。细胞机器人共有 Heart、Cell 和 X-Cell 三种模块。Heart 模块起到大脑的作用，它通过 Zigbee 协议与 Cell 模块和 X-Cell 模块进行沟通；Cell 模块是最基本的模块，构成机器人的躯干；X-Cell 模块为功能性模块，具有多样的功能，如射灯（spotlight）、全景相机（panoramic camera）等。一个细胞机器人中只能安装一个 Heart 模块，而 Cell 模块、X-Cell 模块不受限制。细胞机器人可以自行变形成机械手臂用来掀窗帘、送餐盘等，也可以构成遥控车等 [17]。细胞机器人组成的结构如图 1.11 所示。

图 1.11　细胞机器人组成的结构

哈尔滨工业大学的赵杰等 [18] 提出了一种基于关联矩阵的 UBot 自重构机器人拓扑描述方法，为自重构机器人的构型匹配和重构算法研究提供了一定的理论基础。上海交通大学的蒋东升等 [19] 提出了一种新颖的空间可重构机械臂，该机械臂具有一种基于销–轴契合且雌雄同体的特殊对接机构，如图 1.12 所示。该对接机构结构简洁合理、可靠性较强，能较好地完成模块间的连接和分离。华南理工大学的周雪峰等 [20] 设计出了一个模块化的可重构机器人平台，可以用来搭建工业操作臂、轮式移动机器人、双足步行机器人、爬壁机器人和爬杆机器人等不同构型的机器人。

吉林大学的李英等 [21] 针对可重构机械臂建模过程中产生的模型不确定性问题设计了基于计算力矩的鲁棒模糊神经网络控制。Zhu 等 [22-24] 提出了一种新的分布式控制方法，采用一种分解算法把可重构机械臂的动力学系统分解成若干个动力学子系统，设计自适应滑模控制器来抵消模型不确定性的影响；在此基础上，又提出了一类可重构机械臂分散自适应模糊滑模控制方法，采用模糊逻辑系统估计子系统未建模动态，并提出一种基于观测器的可重构机械臂分散自适应控制方案，通过由状态观测器观测值构建的自适应模糊系统来逼近子系统动力学模型中的不确定项和关联项,用鲁棒控制项来抵消模糊逼近误差对轨迹跟踪的影响。

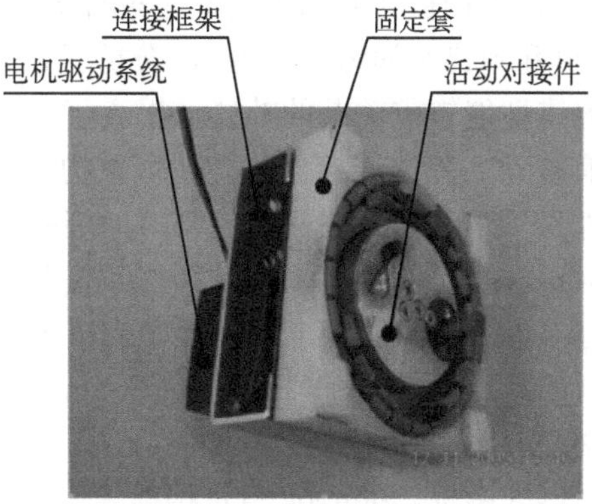

图 1.12 M-Lattice 的对接机构

清华大学的郑浩峻等[25]将可重构单元分为旋转单元、摆动单元和辅助单元,并建立了可重构机器人模块单元的几何模型,通过组合数学理论分析了机器人的组合装配特性。上海交通大学的费燕琼等[26]重点研究了可重构机械臂模块的结构、正/逆运动学求解和动力学建模等方面。

东北大学的李树军等[27]重点研究可重构模块化机器人的模块结构,给出了七种具有独立功能的模块:两种辅助模块、两种连杆模块和三种一自由度的关节模块。中国科学院沈阳自动化研究所的王明辉等[28]研制出了星球探测可重构机器人。该机器人包括三角履带轮(子机器人)和车体(主机器人),其中三角履带轮根据探测需要还带有一个机器人,可完成越障、搬运、采样和测绘等功能。北京航空航天大学的王田苗等[29]开发了一种可重构履带机器人,包括四个基础模块、三个连杆模块和两个转动关节模块,各模块可组合成不同构型的机器人以完成复杂地形的侦察作业。

哈尔滨理工大学研制的模块化可重构机器人系统(modular reconfigurable robot system, MRRES)[30]主要面向教育和科研领域的应用,已有基座、转动关节、平移关节和连杆等一系列的模块,通过模块之间的机械和电气的连接,可以方便快捷地组装出多种操作臂本体。图 1.13 所示为 MRRES 的两种构型机器人。

清华大学的聂澄辉等[31]基于仿生学和拓扑理论,研制了一套模块化可重构足式仿生机器人系统,并根据足类生物骨骼结构的简化和划分设计了系统的基本模块,此系统能构造出多种不同构型的足式机器人,但重构过程需要手动完成。哈尔滨工业大学的唐术锋等[32]设计了一种新型钩爪连接机构,由微型直流电机、主动钩爪连杆机构和被动连接基板组成,具有模块连接的对中和自锁功能。哈尔滨工业大学的魏延辉等[33,34]提出了通过构型平面匹配方法求解可重构机器人的运动学问题，并根据改进形式的 D-H 运动学建模方法构建了可自动生成的可重构机器人运动学模型；为提高可重构机器人完成预定任务的能力，对其构型容错性进行了研究；以相对可操作度和容错空间为评价指标，分析了各关节对工作构型容错性的影响，并通过增加容错性能较差关节的补偿值提高了工作构型的容错性。张大伟等 [35,36] 提出了含有被动式万向连接器的微型可重构机器人系统，以降低可重构机器人系统的轨迹跟踪误差为目标，建立了与万向连接器的几何关系，给出了运动方程和控制方法。印波等 [37] 提出了一种新型晶格畸变的自重构机器人系统 LDSBot，并利用蒙特卡罗模拟法对晶格式可重构机器人的可达工作空间进行了求解。北京航空航天大学的魏洪兴等 [38,39] 研制出了 Sambot 自重构模块化机器人，如图 1.14 所示。该机器人的模块具有自主运动能力，可同其他模块连接进而形成具有不同作业能力的机器人结构。Sambot 自重构模块化机器人的模块采用分布式运算平台，由许多相互连接的微控制器组成。在离散的机器人可控网络区域内，机器人构态、模块之间的交互和连接均是通过红外线传感器和无线定位通信装置来实现的。Sambot 机器人是较为成熟的自重构分布式机器人系统，具备自主运动和对接能力。

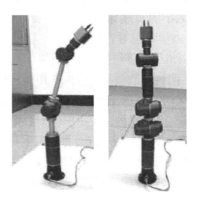

图 1.13 MRRES 的两种构型机器人

图 1.14 Sambot 自重构模块化机器人

## 1.3 可重构机械臂的主要研究方向

可重构机械臂的研究主要包括运动学及动力学的建模、构型优化、自由空间的轨迹跟踪控制、主动容错控制、受限空间内的力/位置控制等方面,本节将着重对这几方面的研究进展进行综述。

### 1.3.1 运动学建模

#### 1. 正运动学建模

在运动学建模方面,Bi 等 [40] 用一种新的通用结构描述模块机器人系统,给出了由模块设计变量自动生成 D-H 参数的方法。Jamwal 等 [41] 应用改进的模糊推理系统,提出了与机器人构型无关的正运动学算法,其中模糊推理系统通过梯度下降法、遗传算法和改进的遗传算法三种方法达到最优。Wang 等 [42] 针对在轨运行的空间机器人提出了一种运动学辨识方法。在初始阶段,机器人的非线性模型通过粒子群优化(particle swarm optimization, PSO)算法进行离线辨识;随后在运动学参数变化不剧烈的情况下,用最小二乘法在线辨识其参数。Jaime 等 [43] 针对三腿并联机器人,提出了一种基于螺旋理论的运动学解法,并应用螺旋理论分析了机器人的速度和加速度。在单一几何约束下,正运动学解由一种新方法以递推形式给出。Thomas 等 [44] 采用乘子计算均值法来求解任意构型机器人的正运动学解,该方法在正运动学和逆运动学间并没有严格的区分,能够很好地求解二者的解。Chandra 等 [45] 提出采用混合方法求解 3RPR 并联机器人的正运动学解,这种混合方法实际上是将遗传算法和模拟退火算法融入到了两个普通的混合启发式算法中。

#### 2. 逆运动学建模

赵杰等 [46] 采用指数积公式建立可重构机械臂的运动学模型,分析了指数积公式的化简方法、子问题的分类和计算方法,为封闭形式的逆运动学解提供了一种通用的可分解方法。魏延辉等 [47] 通过构型平面匹配方法求解可重构机器人的逆运动学问题。该方法将机器人在目标位置点的位姿分解成多个构型平面,通过匹配三级构型平面,得到具有串联形式的可重构机器人运动学的单一逆解。Yin 等 [48] 给出了基于仿电磁学算法和改进 DFP 算法 (Davidon-Fletcher-Powell algorithm) 的机器人逆运动学解。仿电磁学算法采用吸引–排斥机制使采样点快速逼近最优解,基于这个最优解,改进 DFP 算法在期望的精度下求逆运动学解。Köker[49] 基于误差最小化原则,将神经网络和遗传算法相结合求解 6 关节机器人的逆运动学解,所提出的方法利用了神经网络和进化算法的特点以获得更多的精确解。

Hasan 等 [50] 针对带有构型奇异和不确定性机器人的逆运动学求解问题，提出了一种基于神经网络的计算方法。首先用一组对应期望位置的关节角训练神经网络，之后用另一组数据验证该网络的泛化性。Mahmoud 等 [51] 针对参数冗余的七自由度仿人机器人的逆运动学问题提出了一种新的求解方法，该方法应用到了关节角向量和相应的末端位置（由正运动学解获得），所产生的数据被分成不同的逆运动学解流形，这些流形随后被分开使逆运动学解能以等式的形式给出，该等式的参数能够进行快速在线计算。

### 1.3.2　动力学建模

在动力学建模方面，徐钻等 [52] 通过引入图论知识解决了水下自重构机器人的统一构型描述问题，提出了可采用通路矩阵描述水下自重构机器人的不同构型，并结合 Kane 方法，建立了水下自重构机器人的运动学和动力学模型。杨建新等 [53] 提出了一种基于虚功原理和等价树状结构的并联机器人动力学建模方法，推导出了具有封闭形式的逆动力学模型和正动力学模型。徐亚茹等 [54] 基于 Udwadia-Kalaba 方程建立了双腔体吸附、轮式移动爬壁机器人的解析动力学模型，将系统的预定轨迹视为系统的约束关系，巧妙地将其融合到爬壁机器人动力学建模过程中；在不出现拉格朗日乘子的条件下，获得了满足约束所需附加力矩的解析表达式及系统的解析动力学方程。王肖锋等 [55] 设计了一种独特的正弦加速度动槽与插销组合的对接锁紧机构。针对可重构机器人几何构型参数的不确定问题，构建了双模块空间方位变换表，并基于牛顿–欧拉（Newton-Euler）方法提出了多支链机器人系统的动力学方程自动生成方法。王卫忠等 [56] 利用拉格朗日方程建立了可重构机器人的动力学方程，通过对可重构机器人各连杆建立统一的坐标系，实现了末端执行器上力/力矩在不同关节坐标系间的转换及力/力矩与各关节力矩间的映射。Trung 等 [57] 基于第一类拉格朗日方程，利用坐标分割方法推导了冗余并联机器人的动力学方程。最小动力学参数的设置是通过拉格朗日函数和虚功原理自动获得的，并应用直接模式搜索技术计算最优轨迹以获得可靠的动力学参数。Chen 等 [58] 给出了一种基于牛顿–欧拉方法的可重构机器人封闭形式的动力学自动求解算法，其中机器人广义运动参数均描述为欧几里得群 SE(3) 的李代数 se(3) 形式。阮晓钢等 [59] 运用牛顿–欧拉方法建立了旋翼无人飞行器的六自由度动力学模型。基于此模型，首先分析了在悬停状态附近系统发生不同故障时的可控性，然后基于控制可重构度的概念分析了发生不同程度故障时系统的容错能力，在此基础上构建了飞行器的多模型重构控制器。

### 1.3.3　轨迹跟踪控制

在轨迹跟踪控制方面，Ahmed 等 [60] 为三自由度机器人设计了基于监督模糊机制的自适应模糊滑模控制器，其中滑模面为比例–积分–微分（proportion integral differential，PID）滑模面，且模糊滑模控制的输出增益由一个监督模糊系统在线调节。Bingül 等 [61] 和 Faieghi 等 [62] 分别采用基于粒子群优化的模糊控制算法和神经网络算法设计轨迹跟踪控制器，其中采用粒子群优化算法优化模糊隶属度参数、规则和神经网络权值。Antonelli 等 [63] 设计了一种基于多机器人系统的分散控制方法，多机器人系统的编队和跟踪控制问题是通过分散策略下的观测器和控制器来实现的，观测器用来估计机器人的全局系统状态，时变队列的跟踪是通过运动控制策略实现的。柯文德等 [64] 在分析 7 连杆双足机器人动力学特征的基础上，引入带观测器的状态反馈控制器实现了机器人运动平衡的控制，并由最小化误差控制实现了轨迹跟踪，复现了人体双足步行运动风格。

近年来，分散控制以其控制结构简单、鲁棒性强等特点得到迅速发展。Huang 等 [65] 针对一类不确定非线性大系统，提出了一种 $H_\infty$ 分散混合自适应模糊控制方法；所提出的控制器将 $H_\infty$ 控制器和自适应模糊控制器混合使用，充分利用了二者在控制上的优势；为提高控制性能，附加了一个误差补偿项。Liu 等 [66] 为不确定非线性多输入–多输出（multiple-input multiple-output，MIMO）系统设计了基于状态观测器的自适应模糊轨迹控制器；用模糊系统逼近非线性函数，针对控制增益符号（即控制方向）未知的情况，提出将 Nussbaum 增益方法引入自适应模糊输出反馈控制中。张启彬等 [67] 针对有障碍物环境下移动机器人的轨迹跟踪问题，提出一种同时避障和轨迹跟踪的方法，将避障和跟踪问题描述成两个不同的代价函数，进而将其转化为优化问题，并应用模型预测控制理论证明了闭环系统的稳定性。孔民秀等 [68] 针对含柔性杆件的并联机器人在高速运行时末端存在弹性位移的问题，以 3RRR 并联机器人为研究对象，提出一种基于积分流形与高增益观测器的柔性并联机器人轨迹跟踪复合控制算法。基于刚度矩阵引入小参数，将刚柔耦合动力学模型转为慢速与快速两个子系统，针对慢速子系统，采用反演控制方式，实现对末端刚体运动的跟踪控制，同时为避免由杆件弹性变形与振动组成的弹性位移对机器人末端轨迹的影响，推导出校正力矩，实现对弹性位移的补偿；针对快速子系统，采用滑模变结构控制方式，保证流形成立。

### 1.3.4  力控制

对机械臂的柔顺控制主要是控制环境和机械臂间的接触力，使机械臂能按照期望的力与环境中的物体接触。在机械臂中加入柔顺机构，如果弹簧就是最简单的柔顺机构，当机械臂与外界物体接触时，可以利用弹簧的弹性保持对外界环境的顺从，这种柔顺方法是被动柔顺；也可通过控制算法控制机械臂与环境之间的接触力，控制算法可以用于任何需要进行柔顺控制的场合，不用设计柔顺装置，这种方法是主动柔顺，是目前柔顺控制领域的主要研究方向。机械臂的主动柔顺控制主要有力/位置混合控制和阻抗控制两种基本控制方法。力/位置混合控制和阻抗控制的本质区别是：力/位置混合控制方式将力控制和位置控制分别在不同的方向进行，在与接触面相切的方向上只进行位置控制，在与接触面垂直的方向上只进行力控制；阻抗控制在各个方向进行位置和力的控制，对于精度高及刚度高的机械臂可以实现位置和力的精确控制。

在力/位置混合控制方面，徐文福等[69]针对在轨可替换单元（on-orbit replaceable unit, ORU）装配过程，提出了一种改进的力/位置混合控制方法，采用加权选择矩阵代替经典 R-C（Raibert-Craig）控制中原有的选择矩阵，实现了力、位置混合控制的平滑切换。Vladareanu 等[70]针对一类模块化行走机器人，利用多级模糊控制开发出一种新型力/位置混合控制器，该控制器中有两个模糊控制环，分别用于位置控制和力控制。Ahmad 等[71]将可重构机械臂安装在一个轮式移动机器人平台上，利用前馈力矩控制法补偿被动关节模块的摩擦力，基于分布式控制算法保证了主动关节模块的主动模态。Lee[72]设计了可重构爬墙机器人 Gunryu-III，通过安装一种六自由度力/力矩传感器以适应外界未知环境，避免了仅基于位置控制的方法在实际环境中存在的局限性。李元春等[73]针对受环境约束的可重构机械臂系统，提出了一种自适应神经网络模块化力/位置控制方法。利用雅可比矩阵将机械臂末端与环境接触力映射到各关节，将系统动力学模型描述成一组通过耦合力矩相关联的子系统集合，通过控制各子系统的位置和力矩来达到控制末端执行器位置和接触力的目的。

在阻抗控制方面，张磊[74]以刚性机械臂在空间站建设和组装过程中的辅助转位对接过程为背景，利用阻抗控制的控制策略完成辅助转位对接，同时验证了对接效果。Xu 等[75]使用改进的基于位置的阻抗控制方法，研究了基于神经网络的机械臂环境未知时的时变力控制问题，使用基于神经网络的鲁棒控制器补偿系统的非确定性因素，这种方法增加了控制器，形成了内环–外环控制框架，对时变的力进行控制，提高了力的跟踪性能；另外，机器人模型和环境均未知，使用神经网络避免了机器人模型的建立，减小了建模过程中产生的误差。Wang 等[76]研究了环境参数未知时基于模糊神经网络的机械臂自适应阻抗控制方法，假设系统的模型参数及系统结构未知，传统的自适应阻抗控制方法无法有效地进行控制，首先使用模糊神经网络估计系统的模型，然后使用自适应阻抗控制进行力跟踪，使用李雅普诺夫定理保证系统的稳定性。Li 等[77]研究了机械臂的自适应混合阻抗控制方法，当环境参数未知时，控制方法可以控制机械臂的跟踪期望力并到达期望位置。

目前，末端接触力的测量多依赖于安装在机械臂末端的腕力传感器，但该传感器的使用增加了整套机械臂设备在机械、电气和软件设计上的复杂程度，且在工业现场存在诸多不确定性扰动和环境变化等因素，这些都可能会影响腕力传感器的精度和可靠性，因此近年来有很多学者意识到了末端接触力估计的重要性及实用性。Colome 等 [78] 提出了一种状态观测器方法来估计机械臂末端与环境间的接触力，这种方法未使用腕力传感器，但其估计精度易受建模误差的影响。Cho 等 [79] 提出了一种软测量的方法来解决多机械臂健康监测中压力信号难于测量的问题，在该方法中压力信号被认为是主导变量，角度信号被认为是辅助变量，通过建立二者之间的数学关系从而建立软测量模型。Hammond 等 [80] 针对微小机械臂的亚毫米接触定位和末端接触力测量提出了一种软测量方法，并通过触觉感知实验验证了该方法的有效性。

### 1.3.5　主动容错控制

系统的容错性能，体现为 "容忍错误" 的能力，而容错控制是针对要求高可靠性控制系统的一种综合控制方法。容错控制系统要求在某些部分出现故障或失效的情况下，系统仍然可以稳定运行，即具备主动调节组成部分失效的能力。容错控制提高了系统的安全性、可靠性和可维修性，避免了由故障导致的生产效率降低和设备损坏等问题，保证了操作人员的安全。不同于被动容错控制，主动容错控制对出现的故障采用主动处理的策略，根据故障发生后的故障信息，在线调整控制器参数或改变控制器结构，重构控制器补偿故障，以适应系统环境变化。

赵博等 [81] 针对可重构机械臂系统传感器故障，提出了一种基于信号重构的主动分散容错控制方法。基于可重构机械臂的模块化属性，采用自适应模糊分散控制系统实现正常工作模式下模块关节的轨迹跟踪控制。当在线检测出位置或速度传感器发生故障时，采用数值积分器或微分跟踪器重构相应信号，并以之代替故障信号进行反馈，实现系统的主动容错控制。李元春等 [82] 基于李雅普诺夫稳定性理论和可重构机械臂的模块化属性，针对非故障系统设计了分散反演神经网络控制器，并采用自适应神经网络系统补偿子系统关联项对系统控制精度的影响。通过引入一阶滤波器将传感器故障转化成伪执行器故障，从而得到增广故障子系统模型，进而采用多步时延技术补偿并发故障，实现容错。Rotondo 等 [83] 采用虚拟执行器和传感器纠正相应实际执行器和传感器的故障，从而动态地重构容错控制律以达到容错的目的，此方法不需要调整名义控制律。Xu 等 [84] 考虑了部分失效与卡死故障，结合反演与动态面法设计了模糊状态观测器以估计发电机转子转速，并利用其进行自适应模糊容错控制器设计。Hamayun 等 [85] 估计了执行器的有效率，并将控制信号重新分配到无故障执行器。沈艳霞等 [86] 针对执行器故障情况下的风能转换系统，提出了一种滑模主动容错控制策略，运用预测控制思想及迭代算法设计观测器，根据观测值实时在线调整控制器，保证了故障系统的稳定性。Hu 等 [87] 提出了一种自适应终端滑模控制方法，该方法不但可以实现姿态跟踪的有限时间控制，而且显式地解决了执行机构控制输入饱和问题。Yang 等 [88] 针对具有多个执行器的非线性系统，设计了一种自适应容错控制算法，通过观察控制性能指标来自动定位和关闭未知的故障执行器，保证系统输出的渐进稳定。Zhang 等 [89] 针对一类含有过驱动不确定的系统，提出了一种基于伪逆的鲁棒控制分配算法，该方法将区域极点的配置与自适应律的调节相结合，实现了对失效、卡死故障的补偿，并对故障造成的不利影响进行了有效抑制。

### 1.3.6　构型优化

可重构机械臂的构型设计是在众多的装配构型中找到一个最优的构型来完成实际的作业任务，主要考虑构型的表达方法、构型的评价标准和构型的优化三个问题。岑龙 [90] 根据所设计机械臂的特点对其结构进行模块分类，合理选择模块使用的电机、减速器等零部件。根据模块通用化、标准化等特点对基本模块进行机械结构设计，对基本模块进行三维建模并装配完成 18 种机械臂构型。胡亚南等 [91,92] 提出了一种与模块数呈线性复杂度的高效重构规划方法。将重构规划问题视为最优控制问题，通过求解 Hamilton-Jacobi-Bellman 方程得到定义在状态空间上的值函数和最优控制律。值函数的吸引域决定了各模块对应的最优目标，而控制律的应用能够得到不同状态到达最优目标的最优运动轨迹。Nicolae 等 [93] 基于能量消耗最小原则确定可重构机器人的构型，在保证可重构机器人最佳灵巧性的前提下完成批量生产线的操作任务。

董博 [94] 对可重构机械臂的模块单元进行了划分与设计，并定义了模块链接方式。在此基础上提出了一种新的构型描述方法 —— 构型联结矩阵。通过基于多目标的遗传–模拟退火算法对构型的可达性及位姿最优性进行优化与评价，实现了构型的自动生成，并求出达到任务点的最优解。姜勇等 [95] 针对模块化可重构机器人（modular reconfigurable robot，MRR）构型复杂多变的特点，提出了一种基于上层数据库和底层接口电路的构型在线自主辨识方法。利用图论中树的相关理论，在定义同类构型生成树和同序构型树枝的基础上，建立 MRR 构型辨识的总体研究模型，包括同类构型生成树辨识、同序构型树枝辨识和边约束条件辨识三个部分。根据模型中各部分的具体辨识对象，通过构建基本功能模块的上层数据库，结合底层接口电路的特殊设计，实现机器人在无人参与情况下的构型在线自主辨识。李谦 [96] 研究了冗余度机器人的基本理论及其运动学优化算法，对容错空间和退化条件数两种容错性能指标进行了理论分析与处理。综合考虑退化条件数和关节运动限制两个指标，构造了冗余度机器人的运动规划优化指标函数，在使得机器人具有良好容错操作灵活性的同时，保证了冗余度机器人各关节在相应的运动范围内运动。魏延辉等 [97] 提出了一种基于构型平面的工作空间表示方法。首先建立可重构机器人基本模块的运动学模型，根据基本模块的运动学模型，按照构型平面划分规则划分可重构机器人的工作构型，然后研究典型构型平面的工作空间，找到快速、相对简洁的工作空间表示方法。Pan 等 [98] 将机器人模块的相关信息表示成矩阵 MA={F, D, I, T, E}的形式，其中，F 表示准备好标志，包括模块 ID、类型等信息；D 包括机器人尺寸信息；I 代表质量参数；T 包含功率、速度等技术参数；E 包含电流、电压和通信协议等数据，这种表示方式包含的信息很全面；同时将模块化机器人构型描述为 AIM 矩阵形式，并做了适当改进。于海波等 [99]、Wang 等 [100] 也对可重构机器人的构型描述进行了分析。Yang 等 [101] 在用遗传算法进行构型设计的过程中引入了虚拟模块和最小自由度的概念，采用虚拟模块使得算法的设计变量有一个统一的尺寸，最小自由度的原理则是采用越少数量的模块获得较大的承载能力、较低的成本和更高的工作效率。

由于模块组合的复杂性及强耦合关系，一般采用智能优化算法从构型空间中搜索最优解，其中，遗传算法是模块化机器人构型优化最常用的算法。Chocron [102] 对遗传算法进行改进和完善，将构型优化和运动学求解统一起来，提出了一套完整的全局优化算法。白鹏 [103] 采用新的模块划分方法，将机器人的模块划分为转动模块、移动模块、连杆模块和基座模块；运用与模块划分相对应的拓扑特征矩阵和基于模块的坐标变换矩阵对机器人的构型进行数学描述，提出了一种基于模块单元的面向用户给定任务的概念设计阶段的构型综合方法。胡俊杰 [104] 根据可重构机械臂构型多变的特点，首先基于一组标准模块集合给出了一种装配构型矩阵（assemble configuration matrix，ACM）的构型描述方法；然后在 ACM 的基础上采用指数积公式自动生成正运动学模型，并针对目前通用的数值迭代算法所引起的雅可比矩阵的奇异性和冗余问题给出了用遗传算法求解逆运动学问题的算法，采用关节变量偏移最小评价准则求得最优的逆运动学解，采用牛顿–欧拉方法自动生成动力学模型；最后在可重构机械臂运动学和动力学模型的基础上进行基于任务的遗传算法构型优化设计，建立了构型优化模型。Mohamed 等 [105] 提出了一种根据机器人有效载荷和末端执行器静态变形等来确定模块大小的优化算法。Gao 等 [106] 也采用遗传算法进行构型优化，以空间中给定的位姿点为任务，用混合二进制实数对构型进行编码，但其优化目标仅考虑运动学层面，相对比较简单，不适用于复杂场合。

### 1.3.7 路径规划

机械臂的路径规划问题是机械臂导航研究领域的热点问题，可以描述为：机械臂依据某个或某些性能指标（如工作代价最小、行走路线最短、行走时间最短等），在运动空间中找到一条从起始状态到目标状态、可以避开障碍物的最优或者接近最优的路径。通常来讲，路径规划是选择路径的最短距离，即从起点到目标点的路径的最短长度作为性能指标。

机械臂路径规划的研究方向主要集中在以下方面。

(1) 现有路径规划算法的改进方法。

(2) 机器人组协同工作的路径搜索算法。

(3) 传统方法与智能算法相结合的路径搜索算法。

(4) 静态全局路径搜索算法与动态局部搜索算法相结合。

根据环境信息的已知程度，机械臂路径规划方法可以分为以下两种类型。

(1) 基于局部地图信息的路径规划，简称局部路径规划。局部路径规划方法的前提是环境中障碍物位置的信息未知，机械臂仅通过传感器感知周围环境与自身状态。由于无法获得环境的全局信息，局部路径规划侧重于考虑机械臂当前的局部环境信息，利用传感器获得的局部环境信息寻找一条从起点到目标点的、与环境中的障碍物无碰撞的最优路径，并需要实时地调整路径规划策略。

(2) 基于全局地图信息的路径规划，简称全局路径规划。全局路径规划能够处理完全已知环境（障碍物的位置和形状预先给定）下的路径规划，前提是需要建立机械臂所在环境的全局地图模型；之后，在建立的全局地图模型上使用搜索寻优算法获得最优路径。因此，全局路径规划涉及环境模型的建立和路径搜索策略两方面问题。

下面对全局路径规划方法和局部路径规划方法分别进行介绍。

**1. 全局路径规划方法**

常用的适用于全局路径规划的方法有启发式搜索方法以及各种智能算法。

1) 启发式搜索方法

启发式搜索方法的最初代表是由 Dijkstra 算法发展而来的 A* 算法。A* 算法是目前最有影响的针对状态空间的启发式搜索算法。除了基于状态空间的问题求解以外，A* 算法常用于机械臂的路径规划。近年来，众多学者对 A* 算法进行改进，得到了很多其他的启发式搜索方法，例如，文献 [107] 提出一种 Focussed Dynamic A* Lite（D* Lite）算法；文献 [108] 提出一种 Two-Way D*（TWD*）算法；文献 [109] 提出一种 Lazy A* Search 算法；文献 [110] 提出一种 Limited-Damage A* 算法。

2) 各种智能算法

近年来，各种智能算法被应用于机械臂的全局路径规划研究中，取得了大量的成果。例如，祖伟 [111] 提出一种用于机器人全局路径规划的基于协作进化思想的粒子群优化算法，减少了路径搜索的耗时。Zhang 等 [112] 提出将遗传算法和模拟退火算法应用于机器人路径规划的研究中，利用遗传算法中的交叉和变异操作以及 Metropolis 准则来评价路径的适应度函数，提高了路径规划效率。Zhang 等 [113] 提出一种基于粒子群优化的多机器人协同路径规划方法，将每一个机器人看成一个粒子，通过粒子间的信息传递来实现多机器人的气味搜索任务。梁毓明等 [114] 利用改进模拟退火算法和共轭方向法对机器人全局路径规划问题进行寻优。Faigl 等 [115] 提出一种适用于旅行商问题的改进神经网络算法，将旅行商问题看成一种多目标路径规划问题,通过神经网络算法动态规划局部自组织地图的最优路径,提高旅行商问题解的收敛速度。Fu 等 [116] 提出一种混合了量子行为粒子群优化的差分进化算法,并将其应用于无人机在海平面上的路径规划。张航等 [117] 采用坐标变换和离散有限平面的方法将三维环境坐标简化为一维数据,之后引入具有量子行为的适应度函数,通过粒子群优化算法获得飞行器的全局最优路径。王雪松等 [118] 提出一种基于知识引导思想的改进遗传算法,通过综合考虑机器人路径的长度和平滑度等指标提高了路径规划求解的能力与效率。

蚁群优化(ant colony optimization,ACO)算法是一种可以在图中寻找优化路径的概率型算法,常用来解决移动机器人的全局路径规划问题。赵娟平等 [119] 提出一种基于参数模糊自适应窗口的蚁群优化算法,并引入了城市节点活跃度的概念进行快速路径规划。朱庆保 [120] 提出应用最邻近搜索策略并采用两组蚂蚁相互协作的方法来完成机器人的路径搜索。

### 2. 局部路径规划方法

常用的适用于局部路径规划的方法有事例学习法、滚动窗口法、人工势场法、智能算法和行为分解法等。

#### 1) 事例学习法

机械臂需要在路径规划前合理地建立适合路径规划求解的事例库。事例库的建立过程是将机械臂路径规划所需问题或知识(环境信息或路径信息)转化为具体事例存入事例库,当机械臂遇到新问题时,将已经建好的事例库中的事例与之比较进行分析并寻找一个与新问题最为相似的事例,计算相似程度,进行新事例的更新。

张培艳等 [121] 提出一种用于智能排球机器人运动规划问题建模的事例推理方法,采用基于局部加权支持向量回归(locally weighted-support vector,LW-SVR)的案例学习方法,通过案例学习和知识经验的累加解决机器人击打排球初始化的运动规划问题。针对事例学习中事例数量难以确定的问题,Marefat 等 [122] 将事例学习的思想与全局路径规划方法相结合,提高了路径搜索的效率。张小川等 [123] 通过建立足球机器人比赛和训练的事例库来使足球机器人具备 "触类旁通" 的能力。翁敏等 [124] 将道路网格的自然知识与案例学习相结合,针对城市道路网,实现了机器人的路径寻优过程。Mucientes 等 [125] 提出一种适用于移动机器人行为选择的事例库框架(包括数据集生成和数据驱动两个模块),并使用基于进化论的数据驱动学习算法设计模糊控制器,使移动机器人实现行为选择的学习。

#### 2) 滚动窗口法

滚动窗口法(dynamic window approach,DWA)属于预测控制理论中的一种最优方法。基于滚动窗口法的移动机器人路径规划是将移动机器人获得的局部环境信息建成一个"窗口"，通过循环计算这个含有自身周围环境信息的"窗口"实现路径规划。在滚动计算的每一步，用启发式方法获得子目标，利用生成的子目标在当前的滚动窗口中进行实时规划。随着滚动窗口的推进，不断利用获得的信息更新子目标直到完成规划任务。

仲训昱等[126]针对局部路径规划中存在的死循环与极小值问题，提出一种基于爬虫算法（bug algorithm）和滚动窗口的路径规划方法，其优势在于能根据环境的不同自适应地调整滚动窗口的大小。任敏等[127]提出一种按照不同频率推动滚动窗口的方法，即分别在全局窗口和局部窗口进行异步双精度规划，解决了无人机实时航迹规划中精度与速度的矛盾。刘春明等[128]针对移动机器人基于行为的导航问题，将最小二乘法和机器学习思想引入基于滚动窗口的路径规划方法中，提高了未知环境中机器人导航的准确性。Chou 等[129]提出一种基于实时避障和运动规划的滚动窗口全局路径规划方法。Berti 等[130]提出一种针对目标函数的基于李雅普诺夫稳定性判据的 I-滚动窗口法（I-dynamic window approach，I-DWA），提高了传统滚动窗口法的效率。邱雪娜等[131]提出一种用启发式搜索算法确定滚动窗口的局部路径规划目标，并用神经网络实现机器人的局部环境模型构建的完全遍历路径规划方法。

3) 人工势场法

人工势场法是利用两个力场的叠加引导机械臂完成路径规划任务[132]，其中环境中的障碍物产生排斥力场，阻止机械臂靠近；目标点产生吸引力场，吸引力场包围着目标点，吸引力场一般为球形，在无障碍环境中驱使机械臂到达目标点。排斥力场包围着障碍物，在障碍环境中，排斥力场存在于障碍物周围区域阻止机械臂向目标点移动，机械臂在吸引力和多个排斥力共同作用下运动。现有的关于人工势场法应用于机械臂路径规划的研究主要集中于通过对引力势函数与斥力势函数的优化和改进或添加其他附加条件来解决人工势场法的局部极小点问题。

齐勇等[133]通过引入增强学习思想，提出一种基于增强势场优化的机器人自适应路径规划方法，将得到的规划结果作为先验知识指导蚁群算法的初始化，该方法既解决了局部极小问题，又提高了蚁群算法的优化效率。Zhang 等[134]利用虚拟障碍法解决了局部极小问题，针对路径抖动问题提出将机器人到障碍物的安全距离加入斥力函数中，改善了路径规划的效果。张建英等[135]提出一种去除路径冗余节点，用极坐标下对称多项式优化出圆滑的最优路径的方法来解决人工势场法中的目标不可达问题。王芳等[136]提出一种基于栅格势场函数的水下机器人的运动环境模型，通过分别计算经过的栅格点的势能与路径本身长度的势能的总和，实现水下机器人的最优路径搜索。朱毅等[137]提出一种基于模糊规则的机器人自适应路径规划方法，在机器人处于不同情况时，通过调整控制方式及参数解决局部极小点问题和目标不可达问题。杜广龙等[138]提出一种基于人工势场的动态安全预警区域，有效地提高了远程机器人遥操作的安全性和效率。

4) 智能算法

李擎等[139]针对人工势场法的局部最小问题提出一种解决方案，使用遗传算法对障碍物斥力角度的改变及设定的虚拟最小局部区域的半径进行路径优化。杨毅等[140]采用基于凸壳的路径规划算法，使体育场中的服务机器人能够较快地计算出一条较优的捡球路径，降低了机器人的捡球运动代价且有效提高了机器人的捡球效率。丁华胜等[141]首先利用人工势场法处理基于粒子群优化算法获得的路径规划结果，之后使用均值滤波的方法对结果进行优化，得到连续的平滑路径。Parhi等[142]提出一种适用于未知动态环境的 Petri 网模糊混合控制器，缩短了机器人路径规划所需的时间。Luh 等[143]利用人工免疫网络进行未知环境下的移动机器人导航，通过研究人工免疫网络的自组织、自学习能力，引入虚拟子目标点来解决路径规划中的局部极小问题。Dong 等[144]将量子计算和机器学习理论相结合，提出一种适用于移动机器人自主导航的量子强化学习算法。该算法受量子测量中的崩溃现象启发，采用概率计算的方法选择行为并将量子计算中的振幅放大理论应用到强化学习中，基于机器人平台的实验表明了量子强化学习算法有很强的鲁棒性。Ozcelik 等[145]提出一种基于个体基因型的人工免疫算法，并将其用于机器人自主导航中的避障控制。Sharma 等[146]提出一种融合了李雅普诺夫理论与粒子群优化算法的自适应状态反馈模糊跟踪控制器，并将其应用于移动机器人的视觉跟踪导航系统。

5) 行为分解法

行为分解法也称基于行为的机器人路径规划方法，常用来解决移动机器人的局部路径规划问题，近年来受到了广泛的关注。1986 年，Brooks 提出一种称为包容式控制结构的行为协调技术，为基于行为的移动机器人路径规划技术的研究奠定了基础。根据近年来的研究成果，基于行为的路径规划过程由一系列独立的子行为组成，子行为根据获得的传感器信息完成特定的任务。移动机器人使用不同的子行为来处理环境中遇到的不同情况，通过对子行为进行合理的定义且设定子行为的开启与结束条件，可使移动机器人在环境中遇到不同情况时能够有较好的应对策略并且尽快地完成路径规划任务，这样就减少了规划的复杂程度。

付宜利等[147]针对移动机器人实时路径规划方法，提出一种基于模糊逻辑的行为分解方法，较好地解决了动态环境中移动机器人的路径规划问题。Huq 等[148]采用全局与局部运动规划策略建立了归一化的行为模型，提出一种基于超声传感器的交互避障方法，在移动机器人运行时使用模糊控制理论对机器人的四种基本行为进行切换控制。Toibero 等[149]详细叙述了行为动力学方法，将机器人的行为看成其与环境之间交互的一个动态变化的过程。李寿涛[150]提出一种基于 BP 神经网络的行为融合方法，使移动机器人的运动轨迹平滑。Fernandez 等[151]提出一种基于分层进化范例与人工神经网络的多行为选择机制。Shi 等 [152] 提出一种基于改进曲率速度法的碰撞预测模型，并利用巷道曲率法（lane curvature method，LCM）和梁曲率法（beam curvature method, BCM）限制移动机器人的运动速度。Chia 等 [153] 提出一种基于组群粒子群优化（evolutionary group based particle swarm optimization，EGPSO）的模糊控制器设计方法，提高了模糊控制器的设计效率并成功应用于基于沿墙走行为和目标搜索行为的移动机器人导航设计中。Whitbrook 等 [154] 提出一种基于强化学习的个体基因型人工免疫系统，用于机器人导航中的行为规划控制。

## 1.4　本书的主要内容

与传统机器人相比，模块化是可重构机械臂的独特属性，因此分散控制更适于可重构机械臂的控制。从已有的研究成果来看，将分散控制应用于可重构机械臂领域的成果很少。本书对可重构机械臂的正/逆运动学求解、动力学建模、构型优化、自由空间的轨迹跟踪控制、分散主动容错控制、非脆弱鲁棒控制和在受限空间内的分散力/位置控制等进行介绍。全书共 8 章，各章内容如下。

第 1 章　绪论。主要阐述可重构机械臂的研究背景及意义，对可重构机械臂的国内外研究现状及研究的关键问题进行综述。

第 2 章　可重构机械臂运动学与动力学建模。基于旋量理论推导可重构机械臂正运动学的指数积公式；详细介绍基于改进粒子群优化算法的可重构机械臂逆运动学的求解过程，并给出了验证结果；采用牛顿–欧拉迭代算法，通过对广义速度、广义加速度进行正向迭代及对广义力进行反向迭代求得可重构机械臂的牛顿–欧拉动力学方程；鉴于模糊辨识在未知非线性建模方面良好的性能，提出一种基于改进的模糊 C 均值聚类算法的可重构机械臂模糊建模方法，对建模初始时的聚类数 $c$ 和模糊加权指数 $m$ 进行深入分析，并给出了仿真验证。

第 3 章　可重构机械臂构型优化方法。根据可重构机械臂的功能特点和模块划分的基本原则对基本模块进行划分；基于连接模块数、模块类型和连接方位为可重构机械臂设计构型表达矩阵，在满足可达性、关节转角限制和避免构型奇异的约束条件下，综合考虑模块数量和连接方位，利用自适应粗粒度并行遗传算法（adaptive coarse parallel genetic algorithms，ACPGA）寻找可重构机械臂在受限空间内完成任务的最优构型。在验证构型是否满足约束条件时，采用改进粒子群优化算法进行逆运动学求解。

第 4 章　可重构机械臂分散轨迹跟踪控制。基于可重构机械臂模块化思想，将可重构机械臂的每个关节看成一个子系统，针对可重构机械臂的分散轨迹跟踪控制问题，设计了基于扩张状态观测器（extend state observer，ESO）的分散自适应模糊控制器，利用 ESO 去逼近各子系统间的耦合关联项，在此基础上设计基于 ESO 和动态面控制（dynamic surface control，DSC）的反演分散控制器，解决了李雅普诺夫函数难以构造及反演控制中 "计算膨胀" 的问题；为解决由状态跳变引起的速度跳变问题，设计了基于生物启发策略的自适应反演快速终端模糊滑模控制器；在满足可重构机械臂某些性质和先验知识未知的前提下，考虑到迭代算法的特点，设计了自适应迭代学习控制器，通过李雅普诺夫稳定性理论证明其稳定性，并推导出参数的自适应律。

第 5 章　可重构机械臂分散主动容错控制。针对各关节子系统发生的执行器故障，将迭代思想融入故障辨识中，设计故障跟踪观测器以便实时观测故障，并在此基础上设计基于迭代学习故障跟踪观测器的可重构机械臂执行器故障主动容错控制器。应用模糊系统估计各子系统中的不确定性及耦合关联项，并自适应地补偿模糊系统的估计误差，当系统发生执行器故障时，可重构机械臂的各关节仍能跟踪其期望轨迹；针对各关节多故障同发的情况，提出基于滑模观测器的故障诊断与检测方法，运用多滑模观测器技术进行传感器与执行器故障隔离，并对故障进行实时估计，最后针对含有执行器和传感器故障的可重构机械臂系统，基于在线故障诊断的结果，提出一种基于滑模观测器的容错控制方法，采用神经网络实时估计观测器中的不确定项和各子系统间的耦合关联项，从而实现故障容错，使系统在发生故障后仍然保持精确性和稳定性；在解决可重构机械臂各关节多故障可能同发的问题时，通过引入一个新增状态将传感器故障等效为执行器故障，并用中心及宽度可调的模糊神经网络逼近各关节的不确定项，应用李雅普诺夫稳定性理论证明了所设计的容错控制器的稳定性；为解决迭代故障观测器设计中迭代公式及迭代初始值难以选择的问题，提出一种基于时延技术与反演神经网络控制相结合的主动容错控制方法。在执行器正常运行过程中，采用反演神经网络分散控制方法，结合神经网络补偿模型参数不确定项和各个子系统之间关联项的影响。当执行器发生故障时，利用反演结合时延技术重构控制器，进而实现在执行器部分失效时仍能保证系统的稳定性和跟踪的精确性。

第 6 章　可重构机械臂分散力/位置控制。考虑到可重构机械臂模块化的特点以及现有关节模块无力矩传感器的情况，提出一种基于非线性关节力矩观测器的双闭环分散自适应力控制方法。应用模糊系统估计各子系统间的耦合关联项，通过雅可比矩阵将末端接触力映射到各个关节子系统，由末端接触力误差及各关节力矩与其观测器间的误差对机械臂各子系统的控制输入形成双闭环调节，达到控制末端接触力的目的，并提高其收敛速度和跟踪精度；为提高控制器自身的鲁棒性，分别基于线性矩阵不等式（linear matrix inequation，LMI）方法和 ACPGA 来求解控制器状态反馈增益，并在此基础上设计了可重构机械臂非脆弱鲁棒分散力/位置控制器，使控制器参数在一定范围内变化时系统仍能保证稳定并满足 $H_\infty$ 性能指标。

第 7 章　基于软测量的可重构机械臂分散力/位置控制。在受限空间内，目前多依靠可重构机械臂末端的腕力传感器来测量接触力。由于力传感器造价昂贵且它的使用会增加整套机械臂设备在机械、电气和软件设计上的复杂程度，加上工业现场存在的诸多不确定性扰动和环境变化等因素，腕力传感器的精度和可靠性会受到影响，本章首先提出一种基于径向基函数神经网络（radial basis function neural network，RBFNN）的可重构机械臂分散力/位置控制方法，该方法应用中心及宽度自适应可调的 RBFNN 软测量模型输出来代替实际的末端接触力，能够满足受限空间内位置和力控制的要求；之后，考虑到分散力/位置控制方法在机器人由自由空间向受限空间过渡时会引起较大的冲击力，为实现自由空间与受限空间的平稳过渡且能跟踪设定的期望位置和力，提出一种基于模糊预测参考轨迹的阻抗内环/力外环分散控制方法，通过模糊系统逼近末端接触力，使得可重构机械臂在无末端腕力传感器的情况下仍能跟踪其受限空间内的期望位置和接触力。

第 8 章　总结及展望。对全书相关的主要研究成果进行总结，并对下一步的研究工作进行展望。

## 1.5　本 章 小 结

本章对可重构机械臂动力学控制的意义及面临的主要问题进行了阐述，为后续解决办法的提出打下了基础；介绍了可重构机械臂的国内外发展现状，明确了未来的发展方向；对可重构机械臂中主要涉及的热点方向进行了综述，并介绍了在运动学、动力学、构型优化、轨迹跟踪控制、主动容错控制和力/位置控制等方面的先进方法；最后介绍了本书的主要内容。

### 参 考 文 献

[1]  Matsumaru T. Design and control of the modular robot system: TOMMS[C]. Proceedings of IEEE International Conference on Robotics & Automation, Nagoya, 1995: 2125-2131.

[2]  Cohen R, Lipton M G, Benhabib B. Conceptual design of a modular robot[J]. ASME Journal of Mechanical Design, 1992, 144(1): 117-125.

[3]  Yang G L. Kinematics, dynamics, calibration, and configuration optimization of modular reconfigurable robots[D]. Singapore: Nanyang Technological University, 1999.

[4]  Murata S, Tomita K, Yoshida E, et al. Self-reconfigurable robot-module design and simulation[C]. 6th Conference on Intelligent Autonomous Systems, Tokyo, 2000: 911-917.

[5] Yoshida E, Murta S, Kokaji S. A self reconfigurable modular robot-reconfiguration planning and experiments[J]. International Journal of Robotics Research, 2002, 21(10): 903-915.

[6] Albu-Schaffer A, Eiberger O, Grebenstein M, et al. Soft robotics[J]. IEEE Robotics and Automation Society, 2008, 15(3): 20-30.

[7] Harada K, Susilo E, Menciassi A, et al. Wireless reconfigurable modules for robotic endoluminal surgery[C]. IEEE International Conference on Robotics and Automation, Kobe, 2009: 2699-2705.

[8] Yoo S S, Rama S, Szewczyk B, et al. Endoscopic capsule robots using reconfigurable modular assembly: A pilot study[J]. International Journal of Imaging System and Technology, 2014, 24(4): 359-365.

[9] Möbes S, Laurent G J, Clevy C, et al. Toward a 2D modular and self-reconfigurable robot for conveying microparts[C]. 2nd Workshop on Design, Control and Software Implementation for Distributed MEMS, Besancon, 2012: 7-13.

[10] Spröwitz A, Pouya S, Bonardi S, et al. Roombots: Reconfigurable robots for adaptive furniture[J]. Computational Intelligence Magazine, 2010, 5(3): 20-32.

[11] Brunner M, Fioka T, Schulz D, et al. Design and comparative evaluation of an iterative contact point estimation method for static stability estimation of mobile actively reconfigurable robots[J]. Robotics and Autonomous Systems, 2015, 63(1): 89-107.

[12] Roehr T M, Cordes F, Kirchner F. Reconfigurable integrated multi-robot exploration system: Heterogeneous modular reconfigurable robots for space exploration[J]. Journal of Field Robotics, 2014, 31(1): 3-34.

[13] 硅谷密探. 麻省理工的模块机器人[EB/OL]. http://it.sohu.com/20161220/n476364750.shtml[2016-12-20].

[14] Zhu Y H, Bie D Y, Wang X L. A sistributed and parallel control mechanism for self-reconfiguration of modular robots using L-systems and cellular automata[J]. Journal of Parallel & Distributed Computing, 2017, 32(4): 80-90.

[15] Wang X L, Jin H Z, Zhu Y H. Serpenoid polygonal rolling for chain-type modular robots: A study of modeling, pattern switching and application[J]. Robotics and Computer Integrated Manufacturing, 2016, 39(1): 56-67.

[16] 曹彦彬, 孙雪艳, 葛为民, 等. 基于拓扑结构的自重构模块化机器人重构策略的研究[J]. 天津理工大学学报, 2015, 31(5): 24-29.

[17] 极智 TV. Cellrobot: 模块化细胞机器人网易科技[EB/OL]. http://tech.163.com/15/0206/08/AHONC6LB00094OE0.html[2017-3-20].

[18] 赵杰, 唐术锋, 朱延河, 等. UBot 自重构机器人拓扑描述方法[J]. 哈尔滨工业大学学报, 2011, 43(1): 46-49.

[19] 蒋东升, 管恩广, 付庄, 等. 一种新型自重构机器人模块的对接机构设计[J]. 上海交通大学学报, 2010, 44(8): 1026-1030.

[20] 周雪峰, 江励, 朱海飞, 等. 一个模块化机器人平台的设计[J]. 华南理工大学学报 (自然科学版), 2011, 39(4): 50-55.

[21] 李英, 朱明超, 李元春. 可重构机械臂鲁棒模糊神经补偿控制仿真研究[J]. 系统仿真学报, 2007, 19(22): 5169-5174.

[22] Zhu M C, Li Y, Li Y C. A new distributed control scheme of modular and reconfigurable robots[C]. Proceedings of the IEEE International Conference on Mechatronics and Automation, Harbin, 2007: 2622-2627.

[23] Zhu M C, Li Y C. Decentralized adaptive sliding mode control for reconfigurable manipulators using fuzzy logic[J]. Journal of Jilin University (Engineering and Technology Edition), 2009, 39(1): 170-176.

[24] Zhu M C, Li Y, Li Y C. Observer-based decentralized adaptive fuzzy control for reconfigurable manipulator[J]. Control and Decision, 2009, 24(3): 429-434.

[25] 郑浩峻, 汪劲松, 李铁民. 可重构机器人单元结构设计及组合特性分析[J]. 机械工程学报, 2003, 39(7): 34-37.

[26] 费燕琼, 况迎辉, 赵锡芳, 等. 可装配的模块机器人动力学的自动生成[J]. 东南大学学报 (自然科学版), 2000, 3(2): 84-86.

[27] 李树军, 张艳丽, 赵明扬. 可重构模块化机器人模块及构型设计[J]. 东北大学学报 (自然科学版), 2004, 25(1): 78-81.

[28] 王明辉, 马书根, 李斌, 等. 可重构星球探测机器人控制系统的设计与实现[J]. 机器人, 2005, 27(3): 273-277.

[29] 王田苗, 邹丹, 陈殿生. 可重构履带机器人的机构设计与控制方法实现[J]. 北京航空航天大学学报, 2009, 31(7): 705-708.

[30] 潘新安, 王洪光, 姜勇, 等. 一种模块化可重构机器人系统的研制[J]. 智能系统学报, 2013, 8(4): 1-6.

[31] 聂澄辉, 刘莉, 陈恳. 模块化可重构足式仿生机器人设计[J]. 机械设计与制造, 2009, 2(2): 7-9.

[32] 唐术锋, 朱延河, 赵杰, 等. 新型自重构机器人钩爪式连接机构[J]. 吉林大学学报 (工学版), 2010, 40(4): 1086-1090.

[33] 魏延辉, 赵杰, 高延滨, 等. 一种可重构机器人运动学求解方法[J]. 哈尔滨工业大学学报, 2010, 42(1): 133-137.

[34] 魏延辉, 刘胜, 赵杰, 等. 可重构机器人构型容错性分析及控制的研究[J]. 机械与电子, 2010, 1(3): 52-56.

[35] 张大伟, 李振波, 陈佳品. 基于被动万向连接的可重构微型移动机器人设计与控制[J]. 机器人, 2011, 32(6): 719-725.

[36] 蔡方伟, 张大伟, 李振波, 等. 自重构微型移动机器人红外定位与对接[J]. 仪表技术与传感器, 2012, 1(9): 78-80.

[37] 印波, 梁振宁, 胡文, 等. 晶格畸变自重构机器人的可达工作空间分析[J]. 上海交通大学学报, 2012, 46(11): 1764-1769.

[38]  Wei H X, Chen Y D, Tan J D, et al. Sambot: A self-assembly modular robot system[J]. IEEE/ASME Transactions on Mechatronics, 2011, 16(4): 745-757.

[39]  魏洪兴, 李海源. 空间探测自组装群体模块化机器人[J]. 航天器工程, 2011, 20(4): 72-78.

[40]  Bi Z M, Zhang W J, Chen I, et al. Automated generation of the D-H parameters for configuration design of modular manipulators[J]. Robotics and Computer-Integrated Manufacturing, 2007, 23(5): 553-562.

[41]  Jamwal P K, Xie S Q, Tsoi Y H , et al. Forward kinematics modelling of a parallel ankle rehabilitation robot using modified fuzzy inference[J]. Mechanism and Machine Theory, 2010, 45(11): 1537-1554.

[42]  Wang X Q, Liu H D, Shi Y , et al. Research on identification method of kinematics for space robot[J]. Procedia Engineering, 2012, 29(10): 3381-3386.

[43]  Jaime G, Agustín R, Héctor R, et al. Kinematics of an asymmetrical three-legged parallel manipulator by means of the screw theory[J]. Mechanism and Machine Theory, 2010, 45(7): 1013-1023.

[44]  Thomas K, Holk C. MMC—A new numerical approach to the kinematics of complex manipulators[J]. Mechanism and Machine Theory, 2002, 37(4): 375-394.

[45]  Chandra R, Rolland L. On solving the forward kinematics of 3RPR planar parallel manipulator using hybrid metaheuristics[J]. Applied Mathematics and Computation, 2011, 217(22): 8997-9008.

[46]  赵杰, 王卫忠, 蔡鹤皋. 可重构机器人封闭形式的运动学逆解计算[J]. 机械工程学报, 2006, 42(8): 210-214.

[47]  魏延辉, 赵杰, 朱延河, 等. 新型可重构机器人逆运动学的研究[J]. 西安电子科技大学学报 (自然科学版), 2008, 35(1): 175-182.

[48]  Yin F, Wang Y N, Nan S N. Inverse kinematic solution for robot manipulator based on electromagnetism-like and modified DFP algorithms[J]. Acta Automatica Sinica, 2011, 37(1): 74-82.

[49]  Köker R. A genetic algorithm approach to a neural-network-based inverse kinematics solution of robotic manipulators based on error minimization[J]. Information Sciences, 2013, 222(10): 528-543.

[50]  Hasan A T, Hamouda A M S, Ismail N, et al. An adaptive-learning algorithm to solve the inverse kinematics problem of a 6 DOF serial robot manipulator[J]. Advances in Engineering Software, 2006, 37(7): 432-438.

[51]  Mahmoud T, Kancherla K, Malrey L. Classification and characterization of inverse kinematics solutions for anthropomorphic manipulators[J]. Robotics and Autonomous Systems, 2010, 58(1): 115-120.

[52]  徐钻, 杨柯, 葛彤, 等. 基于 Kane 动力学和通路矩阵的水下自重构机器人建模[J]. 船舶力学, 2018, 22(1): 88-96.

[53]　杨建新, 余跃庆, 杜兆才. 混联支路并联机器人动力学建模方法[J]. 机械工程学报, 2009, 45(1): 77-82.

[54]　徐亚茹, 刘荣. 一种爬壁机器人动力学建模方法[J]. 北京航空航天大学学报, 2018, 44(2): 280-285.

[55]　王肖锋, 张明路, 葛为民. 可重构机器人动力学自动建模研究[J]. 农业机械学报, 2015, 46(12): 355-361.

[56]　王卫忠, 赵杰, 高永生, 等. 基于螺旋理论的可重构机器人动力学分析[J]. 机械工程学报, 2008, 44(11): 99-104.

[57]　Trung D, Jens K, Bodo H, et al. Dynamics identification of kinematically redundant parallel robots using the direct search method[J]. Mechanism and Machine Theory, 2012, 52(5): 277-295.

[58]　Chen I M, Yang G L. Automatic generation of dynamics for modular robots with hybrid geometry[C]. IEEE International Conference on Robotics and Automation, Albuquerque, 1997: 2288-2293.

[59]　阮晓钢, 侯旭阳, 龚道雄. 可重构旋翼无人飞行器的动力学建模与分析[J]. 机器人, 2013, 35(2): 227-238.

[60]　Ahmed F, Elsayed A S. Adaptive fuzzy sliding mode control using supervisory fuzzy control for 3 DOF planar robot manipulators[J]. Applied Soft Computing, 2011, 11(8): 4943-4953.

[61]　Bingül Z, Karahan O. A fuzzy logic controller tuned with PSO for 2 DOF robot trajectory control[J]. Expert Systems with Applications, 2011, 38(1): 1017-1031.

[62]　Faieghi M R, Delavari H, Baleanu D. A novel adaptive controller for two-degree of freedom polar robot with unknown perturbations[J]. Communications in Nonlinear Science and Numerical Simulation, 2012, 17(2): 1021-1030.

[63]　Antonelli G, Arrichiello F, Caccavale F, et al. Decentralized time-varying formation control for multi-robot systems[J]. International Journal of Robotics Research, 2014, 33(7): 1029-1043.

[64]　柯文德, 彭志平, 蔡则苏. 仿人机器人相似性运动轨迹跟踪控制研究[J]. 自动化学报, 2014, 40(11): 2404-2413.

[65]　Huang Y S, Xiao D S. $H_\infty$ tracking-based decentralized hybrid adaptive output feedback fuzzy control for a class of large-scale nonlinear systems[J]. Fuzzy Sets and Systems, 2011, 171(1): 72-92.

[66]　Liu Y J, Tong S C, Li T S.Observer-based adaptive fuzzy tracking control for a class of uncertain nonlinear MIMO systems[J]. Fuzzy Sets and Systems, 2011, 164(1): 25-44.

[67]　张启彬, 王鹏, 陈宗海. 基于速度空间的移动机器人同时避障和轨迹跟踪方法[J]. 控制与决策, 2017, 32(2): 358-362.

[68]　孔民秀, 陈正升, 刘明, 等. 采用积分流形与观测器的并联机器人轨迹控制[J]. 哈尔滨工业大学学报, 2017, 49(1): 37-45.

[69] 徐文福, 周瑞兴, 孟得山. 空间机器人在轨更换 ORU 的力/位混合控制方法[J]. 宇航学报, 2013, 34(10): 1353-1361.

[70] Vladareanu L, Ion I. New approaches on modular walking robots with force/position hybrid control[J]. Revue Roumaine des Sciences Techniques, Serie Mecanique Appliquee, 2010, 52(1): 167-182.

[71] Ahmad S, Zhang H, Liu U. Multiple working mode control of door-opening with a mobile modular and reconfigurable robot[J]. IEEE/ASME Transations on Mechatronics, 2013, 18(3): 833-844.

[72] Lee W. Proposition of reconfigurable wall climbing robot using 6-DOF force torque sensor based on flexible structure for real environment[C]. 13th International Conference on Control, Automation and Systems, Seoul, 2013: 1802-1806.

[73] 李元春, 宋扬, 赵博. 环境约束可重构机械臂模块化力/位置控制[J]. 上海交通大学学报, 2017, 51(6): 709-714.

[74] 张磊. 基于阻抗控制的空间机械臂辅助对接研究[D]. 哈尔滨: 哈尔滨工业大学, 2013.

[75] Xu W K, Cai C X, Zou Y.Neural-network-based robot time-varying force control with uncertain manipulator-environment system[J]. Transactions of the Institute of Measurement and Control, 2014, 36(8): 999-1009.

[76] Wang W C, Lee C H. Fuzzy neural network-based adaptive impedance force control design of robot manipulator under unknown environment[C]. IEEE International Conference on Fuzzy Systems, Bristol, 2014: 1442-1448.

[77] Li J F, Liu L, Wang Y B, et al. Adaptive hybrid impedance control of robot manipulators with robustness against environment's uncertainties[C]. IEEE International Conference on Mechatronics and Automation, Beijing, 2015: 1846-1851.

[78] Colome A, Pardo D, Alenya G, et al. External force estimation during compliant robot manipulation[C]. IEEE International Conference on Robotics and Automation, Karlsruhe, 2013: 3535-3540.

[79] Cho H, Lee H, Kim Y, et al. Design of an optical soft sensor for measuring fingertip force and contact recognition[J]. International Journal of Control Automation & Systems, 2017, 15(1): 1-9.

[80] Hammond F L, Kramer R K, Qian W, et al. Soft tactile sensor arrays for force feedback in micromanipulation[J]. IEEE Sensors Journal, 2014, 14(5): 1443-1452.

[81] 赵博, 李元春. 基于信号重构的可重构机械臂主动分散容错控制[J]. 自动化学报, 2014, 40(9): 1942-1950.

[82] 李元春, 周帆, 马天豪, 等. 基于多步时延的可重构机械臂并发故障分散容错控制[J]. 吉林大学学报 (工学版), 2015, 45(6): 1874-1880.

[83] Rotondo D, Nejjari F, Puig V. A virtual actuator and sensor approach for fault tolerant control of LPV systems[J]. Journal of Process Control, 2014, 24(3): 203-222.

[84]  Xu Y Y, Tong S C, Li Y M. Adaptive fuzzy fault-tolerant control of static var compensator based on dynamic surface control technique[J]. Nonlinear Dynamics, 2013, 73(3): 1412-1418.

[85]  Hamayun M T, Edwards C, Alwi H. Augmentation scheme for fault-tolerant control using integral sliding modes[J]. IEEE Transactions on Control Systems Technology, 2013, 22(1): 307-313.

[86]  沈艳霞, 季凌燕, 吴定会. 风能转换系统执行器故障主动容错控制[J]. 控制理论与应用, 2015, (12): 1698-1704.

[87]  Hu Q, Huo X, Xiao B, et al. Robust finite-time control for spacecraft attitude stabilization under actuator fault[J]. Proceedings of the Institution of Mechanical Engineers, Part I: Journal of Systems and Control Engineering, 2012, 226(3): 416-428.

[88]  Yang Q M, Ge S S, Sun Y. Adaptive actuator fault tolerant control for uncertain nonlinear systems with multiple actuators[J]. Automatica, 2015, 60(1): 92-99.

[89]  Zhang X Y, Jiang B, Zhang K. Direct adaptive reliable control of overactuated system with actuator failures and external disturbances[J]. International Journal of Advanced Robot System, 2013, 17(2): 4961-4966.

[90]  岑龙. 一种可重构模块化机器人系统的设计和研究[D]. 秦皇岛: 燕山大学, 2017.

[91]  胡亚南, 马书根, 李斌, 等. 移动型模块化机器人的高效重构规划方法[J]. 机器人, 2016, 38(4): 467-474.

[92]  胡亚南, 马书根, 李斌, 等. 轮手一体机器人能量次优重构规划方法[J]. 自动化学报, 2017, 43(8): 1358-1369.

[93]  Nicolae P, Dorin L, Doina P, et al. Structural design and kinematics of a new parallel reconfigurable robot[J]. Robotics and Computer-Integrated Manufacturing, 2013, 29(1): 219-235.

[94]  董博. 可重构模块机器人构形优化与自抗扰控制方法研究[D]. 长春: 吉林大学, 2012.

[95]  姜勇, 王洪光, 潘新安, 等. 模块化可重构机器人的构形在线自主辨识[J]. 机械工程学报, 2011, 47(15): 17-24.

[96]  李谦. 基于容错性能的可重构机器人构型综合研究[D]. 北京: 北京工业大学, 2010.

[97]  魏延辉, 刘施菲, 许德新. 可重构机器人构型平面的工作空间研究[J]. 哈尔滨工程大学学报, 2012, 33(6): 725-72.

[98]  Pan X N, Wang H G, Jiang Y, et al. Research of topological analysis of modular reconfigurable robots[C]. IEEE International Conference on Robotics and Biomimetics, Tianjin, 2010: 327-332.

[99]  于海波, 于靖军, 毕树生, 等. 基于图论的可重构机器人构型综合[J]. 机械工程学报, 2005, 41(8): 79-83.

[100]  Wang M H, Ma S G, Li B, et al. Configuration analysis for reconfigurable modular planetary robots based on MSV and CSM[C]. IEEE/RSJ International Conference on Intelligent Robot and Systems, Beijing, 2006: 3191-3196.

[101]  Yang G L, Chen L M. Task-based optimization of modular robot configurations: Minimized degree-of-freedom approach[J]. Mechanism and Machine Theory, 2010, 35(4): 517-540.

[102]  Chocron O. Evolutionary design of modular robotics arms[J]. Robotica, 2008, 26(3): 323-330.

[103]  白鹏. 可重构模块化机器人构型综合与寻优[D]. 沈阳: 东北大学, 2009.

[104]  胡俊杰. 可重构模块机器人逆运动学与构型优化设计方法研究[D]. 长春: 吉林大学, 2009.

[105]  Mohamed R P, Xi F F, Finistauri A D. Module-based static structural design of a modular reconfigurable robot[J]. Journal of Mechanical Design, 2010, 132(1): 0145011-0145017.

[106]  Gao W B, Wang H G, Jiang Y, et al. Task-based configuration synthesis for modular robot[C]. IEEE International Conference on Mechatronics and Automation, Chengdu, 2012: 789-794.

[107]  Likhachev D. Anytime search in dynamic graphs[J]. Artificial Intelligence, 2008, 172(5): 1613-1643.

[108]  Dakulovic M, Petrovic I. Two-way D* algorithm for path planning and replanning[J]. Robotics and Autonomous Systems, 2011, 59(5): 329-342.

[109]  Guernane R, Achour N. Generating optimized paths for motion planning[J]. Robotics and Autonomous Systems, 2011, 59(10): 789-800.

[110]  Bayili S, Polat F. Limited-damage A*: A path search algorithm that considers damage as a feasibility criterion[J]. Knowledge-Based Systems, 2011, 24(5): 501-512.

[111]  祖伟. 基于粒子群优化算法的水下潜器实时路径规划技术研究[D]. 哈尔滨: 哈尔滨工程大学, 2008.

[112]  Zhang Q, Ma J C, Liu Q. Path planning based quadtree representation for mobile robot using hybrid-simulated annealing and ant colony optimization algorithm[C]. Proceedings of the World Congress on Intelligent Control and Automation, Beijing, 2012: 2537-2542.

[113]  Zhang J H, Gong D W, Zhang Y. A niching PSO-based multi-robot cooperation method for localizing sources[J]. Neurocomputing, 2014, 27(123): 308-317.

[114]  梁毓明, 徐立鸿. 基于改进模拟退火混合算法的移动机器人全局路径规划[J]. 控制与决策, 2010, 25(2): 237-240.

[115]  Faigl J, Kulich M, Vonasek V, et al. An application of the self-organizing map in the non-Euclidean Traveling Salesman Problem[J]. Neurocomputing, 2011, 74(5): 671-679.

[116]  Fu Y G, Ding M Y, Zhou C P. Route planning for unmanned aerial vehicle(UAV) on the sea using hybrid differential evolution and quantum-behaved particle swarm optimization[J]. IEEE Transactions on Systems, Man, and Cybernetics: Systems, 2013, 43(6): 1451-1465.

[117] 张航, 刘梓溪. 基于量子行为粒子群算法的微型飞行器三维路径规划[J]. 中南大学学报 (自然科学版), 2013, 44(S2): 58-62.

[118] 王雪松, 高阳, 程玉虎, 等. 知识引导遗传算法实现机器人路径规划[J]. 控制与决策, 2009, 24(7): 1043-1049.

[119] 赵娟平, 高宪文, 刘金刚, 等. 移动机器人路径规划的参数模糊自适应窗口蚁群优化算法[J]. 控制与决策, 2011, 26(7): 1096-1100.

[120] 朱庆保. 复杂环境下的机器人路径规划蚂蚁算法[J]. 自动化学报, 2006, 32(4): 586-593.

[121] 张培艳, 吕恬生, 宋立博. 基于案例学习的排球机器人运动规划及其支持向量回归实现[J]. 上海交通大学学报, 2006, 40(3): 461-465.

[122] Marefat M, Britanik J. Cased-based process planning using an object-oriented model representation[J]. Robotics and Computer-Integrated Manufacturing, 1997, 13(3): 3-25.

[123] 张小川, 纪钢. 基于事例的足球机器人学习[J]. 哈尔滨工业大学学报, 2004, 36(7): 905-907.

[124] 翁敏, 杜清运, 瞿嵘, 等. 基于典型事例推理的路径规划方法研究[J]. 武汉大学学报 (信息科学版), 2008, 33(12): 1263-1266.

[125] Mucientes M, Alcala-Fdez J, Alcala R, et al. A case study for learning behaviors in mobile robotics by evolutionary fuzzy systems[J]. Expert Systems with Applications, 2010, 37(2): 1471-1493.

[126] 仲训昱, 彭侠夫, 缪孟良. 基于环境建模与自适应窗口的机器人路径规划[J]. 华中科技大学学报 (自然科学版), 2010, 38(6): 107-111.

[127] 任敏, 霍霄华. 基于异步双精度滚动窗口的无人机实时航迹规划方法[J]. 中国科学: 信息科学, 2010(4): 561-568.

[128] 刘春明, 李兆斌, 黄振华, 等. 基于 LSPI 和滚动窗口的移动机器人反应式导航方法[J]. 中南大学学报 (自然科学版), 2013, 44(3): 970-977.

[129] Chou C C, Lian F L, Wang C C. Characterizing indoor environment for robot navigation using velocity space approach with region analysis and look-ahead verification[J]. IEEE Transactions on Instrumentation and Measurement, 2011, 60(2): 442-451.

[130] Berti H, Sappa A D. Autonomous robot navigation with a global and asymptotic convergence[C]. IEEE International Conference on Robotics and Automation, Roma, 2007: 2712-2717.

[131] 邱雪娜, 刘士荣, 宋加涛, 等. 不确定动态环境下移动机器人的完全遍历路径规划[J]. 机器人, 2006, 28(6): 586-592.

[132] Mcfetridge L, Ibrahim M Y. A new methodology of mobile robot navigation: The agoraphilic algorithm[J]. Robotics and Computer-Integrated Manufacturing, 2009, 25(3): 545-551.

[133] 齐勇, 魏志强, 殷波, 等. 增强蚁群算法的机器人最优路径规划[J]. 哈尔滨工业大学学报, 2009, 41(3): 130-133.

[134] Zhang Q S, Chen D D, Chen T. An obstacle avoidance method of soccer robot based on evolutionary artificial potential field[J]. Energy Procedia Part C, 2012, 16(1): 1792-1798.

[135] 张建英, 刘暾. 基于人工势场法的移动机器人最优路径规划[J]. 航空学报, 2007, 28(8): 183-188.

[136] 王芳, 万磊, 徐玉如, 等. 基于改进人工势场的水下机器人路径规划[J]. 华中科技大学学报 (自然科学版), 2011, 39(S2): 184-185.

[137] 朱毅, 张涛, 宋靖雁. 非完整移动机器人的人工势场法路径规划[J]. 控制理论与应用, 2010, 27(2): 152-158.

[138] 杜广龙, 张平. 基于人工势场的机器人遥操作安全预警域动态生成方法[J]. 机器人, 2012, 34(1): 44-49.

[139] 李擎, 王丽君, 陈博, 等. 一种基于遗传算法参数优化的改进人工势场法[J]. 北京科技大学学报, 2012, 34(2): 202-206.

[140] 杨毅, 刘亚辰, 刘明阳, 等. 一种基于凸壳的智能服务机器人路径规划算法[J]. 北京理工大学学报, 2011, 31(1): 54-58.

[141] 丁华胜, 王华忠. 基于 PSO 的人工势场法在移动机器人路径规划中的应用[J]. 华东理工大学学报 (自然科学版), 2010, 36(5): 727-731.

[142] Parhi D R, Mohanta J C. Navigational control of several mobile robotic agents using Petri-potential-fuzzy hybrid controller[J]. Applied Soft Computing, 2011, 11(4): 3546-3557.

[143] Luh G C, Liu W W. An immunological approach to mobile robot reactive navigation[J]. Applied Soft Computing, 2008, 8(1): 30-45.

[144] Dong D Y, Chen C L, Chu J, et al. Robust quantum-inspired reinforcement learning for robot navigation[J]. IEEE/ASME Transactions on Mechatronics, 2012, 17(1): 86-97.

[145] Ozcelik S, Sukumaran S. Implementation of an artificial immune system on a mobile robot[J]. Procedia Computer Science, 2011, 6(1): 317-322.

[146] Sharma K D, Chatterjee A, Rakshit A. A PSO-lyapunov hybrid stable adaptive fuzzy tracking control approach for vision-based robot navigation[J]. IEEE Transactions on Instrumentation and Measurement, 2012, 61(7): 1908-1914.

[147] 付宜利, 靳保, 王树国, 等. 未知环境下基于行为的机器人模糊路径规划方法[J]. 机械工程学报, 2006, 42(5): 120-125.

[148] Huq R, Mann G K, Gosine R G. Mobile robot navigation using motor schema and fuzzy context dependent behavior modulation[J]. Applied Soft Computing, 2008, 8(1): 422-436.

[149] Toibero J M, Roberti F, Carelli R, et al. Switching control approach for stable navigation of mobile robots in unknown environments[J]. Robotics and Computer-Integrated Manufacturing, 2011, 27(3): 558-568.

[150]　李寿涛. 基于行为的智能体避障控制以及动态协作方法研究[D]. 长春: 吉林大学, 2007.

[151]　Fernandez J A, Acosta G, Mayosky M A. Behavioral control through evolutionary neurocontrollers for autonomous mobile robot navigation[J]. Robotics and Autonomous Systems, 2009, 57(4): 411-419.

[152]　Shi C X, Wang Y Q, Yang J Y. A local obstacle avoidance method for mobile robots in partially known environment[J]. Robotics and Autonomous Systems, 2010, 58(5): 425-434.

[153]　Chia F J, Yu C C. Evolutionary-group-based particle-swarm-optimized fuzzy controller with application to mobile-robot navigation in unknown environments[J]. IEEE Transactions on Fuzzy Systems, 2011, 19(2): 379-392.

[154]　Whitbrook A M, Aickelin U, Garibaldi J M. Idiotypic immune networks in mobile-robot control[J]. IEEE Transactions on Systems, Man, and Cybernetics, Part B: Cybernetics, 2007, 37(6): 1581-1598.

# 第2章　可重构机械臂运动学与动力学建模

## 2.1　引　言

可重构机械臂运动学分为正运动学和逆运动学。可重构机械臂由一系列连杆、旋转或平移关节组成,其正运动学主要研究各连杆之间的运动关系,即当各关节变量已知时,通过正运动学确定可重构机械臂的末端位姿。逆运动学是指给定机械臂的末端位姿,求解达到该位姿时的各关节角度。由定义可知逆运动学解并不唯一,用传统的解析方法去求逆运动学的封闭解是非常困难的。因此,将智能算法应用于可重构机械臂的逆运动学求解过程是非常必要的。

可重构机械臂动力学主要研究机器人的运动与其力/力矩的关系。目前,求解可重构机械臂动力学的方法主要有牛顿–欧拉法、拉格朗日法、凯恩法和虚功原理等,其中牛顿–欧拉法和拉格朗日法应用最为广泛。虽然这些分析方法在建模原理上有所不同,但是对于相同的机器人系统,求解出的动力学方程是等价的。牛顿–欧拉法直接依靠牛顿第二定律和欧拉方程,将力和力矩与物体的运动直接联系起来。这种方法考虑了作用在各个连杆上的全部力和力矩,包括连杆之间的耦合力和耦合力矩。牛顿–欧拉法的优势是计算速度快、精度高,动力学模型由一组高效的正向迭代方程和反向迭代方程组成。运动学信息由基座到末端连杆正向迭代,施加到各关节的力和力矩由末端连杆到基座反向迭代,非常适合于实时控制。机械臂系统是一个十分复杂的多输入–多输出系统,具有时变、强耦合和非线性动力学特性。在机器人解析建模过程中需要做大量的近似处理,忽略一些不确定性因素以及不确定性的外界干扰等,建立其精确的数学模型就显得非常困难,现阶段克服该困难比较有效的方法就是模糊辨识方法。

本章基于旋量理论推导可重构机械臂正运动学的指数积公式;详细介绍基于改进粒子群优化算法的逆运动学求解过程,并给出验证结果;建立基于迭代牛顿–欧拉方程的可重构机械臂的动力学模型,以及基于改进模糊 C 均值聚类算法的可重构机械臂动力学模糊模型。

## 2.2　可重构机械臂的正运动学建模

描述机器人运动学的方法主要有 D-H 参数法和指数积公式法。D-H 参数法用连杆长度 $a_i$、连杆的扭转角 $\alpha_i$、关节的转角 $\theta_i$ 和连杆的偏距 $d_i$ 这四个参数来描述相邻连杆之间的关系，是目前最常用的机器人运动学建模方法之一。该方法的缺点是坐标系必须建立在机器人的各个连杆上，而坐标系的建立往往与机器人的几何构型有着密切的联系，也就是说若采用 D-H 参数法建立机器人的运动学方程，其构型一旦发生变化，它的运动学方程就要重新建立。为了适应可重构机械臂结构化、模块化的发展趋势，基于旋量理论的指数积公式法应运而生，它克服了 D-H 参数法的不足，无须再为各连杆建立坐标系，整个机器人系统只有两个坐标系：一个是惯性坐标系 $\{S\}$，另一个是与末端执行器连接的物体坐标系 $\{T\}$。

任何物体的位姿变换都可以通过螺旋运动，即绕某轴的转动与沿该轴的移动复合实现。这种复合运动称为螺旋运动，该运动的无穷小量又称为运动旋量。如果用 $\xi$ 来表示关节轴线的单位运动旋量，$\theta$ 表示以单位速度旋转后总的旋转角度，$g_{AB}(0)$ 表示刚体 $B$ 相对于坐标系 $A$ 的初始位姿，定义机械臂的初始位姿（或参考位姿）$g_{AB}(0)$ 为机械臂对应于 $\theta = 0$ 时的位姿。因此，沿此轴线的刚体运动可表示为

$$g_{AB}(\theta) = e^{\hat{\xi}\theta} g_{AB}(0) \tag{2.1}$$

式中，$\hat{\xi} = \begin{bmatrix} \hat{\omega} & v \\ 0 & 0 \end{bmatrix}$ 为运动旋量，$\hat{\omega}$ 为角速度 $\omega = [\omega_x, \omega_y, \omega_z]^{\mathrm{T}}$ 的斜对称矩阵，即

$$\hat{\omega} = \begin{bmatrix} 0 & -\omega_z & \omega_y \\ \omega_z & 0 & -\omega_x \\ -\omega_y & \omega_x & 0 \end{bmatrix} \tag{2.2}$$

$v = \omega \times r$，$r$ 为旋转轴线上的任意一点。

根据指数定义，旋转矩阵 $e^{\hat{\omega}\theta}$ 可以写成以下形式：

$$e^{\hat{\omega}\theta} = I + \hat{\omega}\theta + \frac{(\hat{\omega}\theta)^2}{2!} + \frac{(\hat{\omega}\theta)^3}{3!} + \cdots + \frac{(\hat{\omega}\theta)^n}{n!} \tag{2.3}$$

即

$$e^{\hat{\omega}\theta} = I + \left( \theta - \frac{\theta^3}{3!} + \frac{\theta^5}{5!} - \cdots \right) \hat{\omega} + \left( \frac{\theta^2}{2!} - \frac{\theta^4}{4!} + \frac{\theta^6}{6!} - \cdots \right) \hat{\omega}^2 \tag{2.4}$$

当 $\|\hat{\omega}\| = 1$ 时，式（2.4）化为

$$e^{\hat{\omega}\theta} = I + \sin\theta\hat{\omega} + (1 - \cos\theta)\hat{\omega}^2 \tag{2.5}$$

式（2.5）称为罗德里格斯（Rodrigues）公式。当 $\|\hat{\omega}\| \neq 1$ 时，式（2.5）化为

$$e^{\hat{\omega}\theta} = I + \sin(\|\hat{\omega}\|\theta)\frac{\hat{\omega}}{\|\hat{\omega}\|} + (1 - \cos(\|\hat{\omega}\|\theta))\frac{\hat{\omega}^2}{\|\hat{\omega}\|^2} \tag{2.6}$$

运动旋量 $\hat{\xi} \in \text{se}(3)$ 是欧几里得群 $\text{SE}(3)$ 的李代数表达，物理上表示刚体的广义瞬时速度：

$$\hat{\xi} = \left[\begin{array}{cc} \hat{\omega} & v \\ 0 & 0 \end{array}\right] \in \mathbf{R}^{4\times4} \tag{2.7}$$

定义算子 $\vee$，满足

$$\left[\begin{array}{cc} \hat{\omega} & v \\ 0 & 0 \end{array}\right]^{\vee} = \left[\begin{array}{c} \omega \\ v \end{array}\right] = \xi \in \mathbf{R}^6 \tag{2.8}$$

式中，$\xi$ 为运动旋量 $\hat{\xi}$ 的射线坐标（简称运动旋量 $\hat{\xi}$ 的坐标），它可以将 $4 \times 4$ 矩阵 $\hat{\xi}$ 映射为 6 维向量 $\xi$。

算子 $\vee$ 的逆算子为 $\wedge$，定义为

$$\left[\begin{array}{c} \omega \\ v \end{array}\right]^{\wedge} = \left[\begin{array}{cc} \hat{\omega} & v \\ 0 & 0 \end{array}\right] \tag{2.9}$$

因此，有

$$e^{\hat{\xi}\theta} = \exp\left(\left[\begin{array}{cc} \hat{\omega} & v \\ 0 & 0 \end{array}\right]\theta\right) = \left[\begin{array}{cc} \exp(\hat{\omega}\theta) & a \\ 0 & 1 \end{array}\right] \tag{2.10}$$

式中，$a = [\theta I + (1 - \cos\theta)\hat{\omega} + (\theta - \sin\theta)\hat{\omega}^2]v$。

将式（2.1）推广到 $n$ 关节可重构机械臂正运动学的求解中，定义 $g_{ST}(0)$ 为机械臂位于初始位形时惯性坐标系 $\{S\}$ 与物体坐标系 $\{T\}$ 之间的刚体变换矩阵，则基于旋量的机械臂正运动学指数积公式为

$$g_{ST}(\theta) = e^{\hat{\xi}_1\theta_1}e^{\hat{\xi}_2\theta_2}\cdots e^{\hat{\xi}_i\theta_i}\cdots e^{\hat{\xi}_n\theta_n}g_{ST}(0) \tag{2.11}$$

## 2.3 可重构机械臂的逆运动学求解

逆运动学问题一直是可重构机械臂研究中的一个难点 [1-4]，对机械臂的构型优化和轨迹规划等问题有着直接的影响。目前，求解可重构机械臂的逆运动学问题通常采用基于 Newton-Raphson 算法的数值迭代方法和基于 Paden-Kahan 子问题的几何算法。其中，数值迭代方法只能求出解空间中的一个解，且此解取决于算法的迭代初始条件；几何算法虽然可以求解出闭式的运动学逆解，但并不是所有构型的机械臂都能被分解成 Paden-Kahan 子问题。本节采用引入变异算子的改进粒子群优化算法来求解可重构机械臂的逆运动学解。该算法引入了遗传算法中的变异算子，能动态调整惯性权重，以此平衡粒子的全局搜索能力和局部搜索能力，不仅收敛速度快、精度高，而且搜索成功率也得到显著提高。

### 2.3.1    基于改进粒子群优化算法的逆运动学求解

#### 1. 目标函数

在搜索可重构机械臂逆运动学解的过程中，目标函数的选择对搜索结果有很大的影响。根据任务要求的不同，逆运动学问题被分类为位置问题、姿态问题和位姿问题。

针对位置问题、姿态问题和位姿问题，选取目标函数作为适应度函数去评价算法的优化性能：

$$E(q_d, q_n) = \begin{cases} \lambda \|q_d - q_n\| + \|p(q) - p_d\| \\ \lambda \|q_d - q_n\| + \|R(q) - R_d\| \\ \lambda \|q_d - q_n\| + \|p(q) - p_d\| + \|R(q) - R_d\| \end{cases} \tag{2.12}$$

式中，$\lambda$ 为目标函数的权值系数；$p(q)$ 为机械臂末端执行器的位置；$p_d$ 为末端执行器的期望位置；$R(q)$ 为机械臂末端执行器的欧拉角；$R_d$ 为末端执行器的期望姿态；$q_n$ 为当前时刻的关节变量值；$q_d$ 为机械臂达到期望位置时的关节变量。

#### 2. 改进粒子群优化算法

粒子群优化算法是一种基于智能群体理论的优化算法。搜索开始时，对粒子群优化算法进行随机初始化，其每一个随机粒子即一个随机解，之后随机粒子通过多次迭代搜索逐渐得到最优解。在每一次的迭代进化过程中，各个粒子记忆并追随当前最优粒子，通过跟踪粒子本身所找到的最优解 pbest 和整个种群的当前最优解 gbest 这两个 "极值" 来进行自身更新。经过一次迭代，各个粒子找到 pbest 和 gbest 这两个最优值后，随机粒子按照以下公式对自身的速度和位置进行迭代更新：

$$v(t+1) = W \cdot v(t) + C_1 \cdot \mathrm{rand}() \cdot [\mathrm{pbest} - x(t)] + C_2 \cdot \mathrm{rand}() \cdot [\mathrm{gbest} - x(t)] \tag{2.13}$$

$$x(t+1) = x(t) + v(t+1) \tag{2.14}$$

式中，$v(t+1)$ 是粒子下一时刻的速度；$x(t+1)$ 是粒子下一时刻的位置；$C_1$ 和 $C_2$ 为加速因子，通常设 $C_1 = C_2 = 2$；$W \in [0, 1]$ 为惯性权重。

速度 $v(t)$ 被限制于 $[-v_{\max}, v_{\max}]$ 中，$v_{\max}$ 决定粒子飞行的最大距离，其中

$$v_{\max} = k \times x_{\max}, \quad 0.1 \leqslant k \leqslant 1 \tag{2.15}$$

式中，$x_{\max}$ 指搜索空间位置的上界。当粒子速度超过其自身极值时，对其进行随机初始化来加以约束。

惯性权重 $W$ 可用来控制算法的收敛，本节采用如下公式动态调整惯性权重：

$$W = 0.2 + 0.7 \times \text{rand}(\ ) \tag{2.16}$$

为解决标准粒子群优化算法易陷于早熟收敛的问题，本节设计了基于变异算子的改进粒子群优化算法，以变异概率 $P_m$（一般为 0.001～0.1）选中变异粒子，该粒子在粒子群优化算法陷于早熟收敛时能够跳出局部最优解，在解空间的其他区域搜索全局最优解。

基于变异算子的改进粒子群优化算法求逆运动学解的流程如下。

(1) 给定种群规模、末端执行器的期望位置及姿态，设定加速因子 $C_1$ 和 $C_2$、变异概率、最大进化代数等参数，初始化粒子的位置和速度向量、pbest 和 gbest。

(2) 粒子群中每一个粒子的适应度值由式（2.12）计算得出。

(3) 比较粒子群中每个粒子的当前适应度值与其自身的 pbest 值，若前者优于后者，则粒子的当前适应度值被更新为 pbest，粒子群中所有粒子的最优 pbest 值均设置为 gbest。

(4) 按式（2.13）和式（2.14）更新各粒子的速度与位置，按式（2.16）动态调整惯性权重，当粒子速度超过极限值时，对其进行随机初始化。

(5) 以变异概率 $P_m$ 选中变异粒子进行变异操作。

(6) 返回步骤（2），直至达到最大进化代数（或误差小于某一设定值），输出结果 gbest 作为逆运动学的最优解。

### 2.3.2 仿真与分析

给定图 2.1 所示四自由度可重构机械臂的初始关节变量为 $q_n = [0.8357, 1.9658,$ $1.1026, -0.5124]$，末端执行器的期望位置为 $p_d = [0.6412, -0.1550, 0.8217]$，执行器的期望姿态为 $R_d = [1.5810, 1.5700, -0.7115]$，设置种群大小为 30，终止代数为 500，变异概率为 0.1。

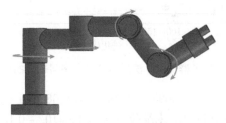

图 2.1　四自由度可重构机械臂

仿真结果如下：位置问题的解为 $q = [1.5324, 0.1649, -0.0627, -1.5624]$，末端位置 $p = [0.6416, -0.1558, 0.8221]$，粒子群优化算法逆运动学位置问题解的进化过程如图 2.2 所示。

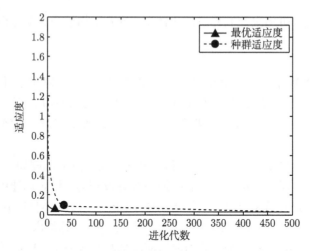

图 2.2　粒子群优化算法逆运动学位置问题解的进化过程

　　姿态问题的解为 $q = [0.6510, 1.6317, -0.4325, -1.1446]$，末端执行器姿态 $R = [1.5813, 1.5707, -0.7119]$，粒子群优化算法逆运动学姿态问题解的进化过程如图 2.3 所示。

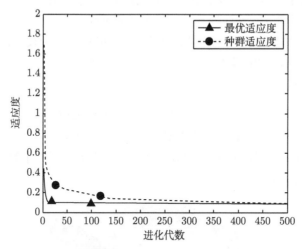

图 2.3　粒子群优化算法逆运动学姿态问题解的进化过程

　　位姿问题的解为 $q = [0.3025, 1.9795, -0.1308, -1.4474]$，末端执行器姿态 $R = [1.5814, 1.5702, -0.7111]$，末端位置 $p = [0.6410, -0.1557, 0.8211]$，粒子群优化算法逆运动学位姿问题解的进化过程如图 2.4 所示。

　　从以上仿真结果可以看出，采用改进的粒子群优化算法可以克服粒子群早熟收敛、易陷于局部最优的缺点，搜索到的关节角度所对应的机械臂末端位置、姿态及位姿与给定值的误差完全可以满足定位的精度要求。

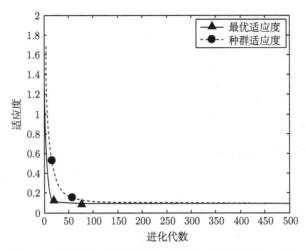

图 2.4 粒子群优化算法逆运动学位姿问题解的进化过程

为进一步验证改进粒子群优化算法在计算可重构机械臂逆运动学解上的有效性，设其末端执行器期望轨迹为 $x_d = \sin(t), y_d = \cos(t)$，仿真时间为 6.5s，由上述改进粒子群优化算法求得机械臂的逆运动学解，再由基于旋量理论的指数积公式求得末端轨迹，并与末端执行器的期望轨迹进行比较，仿真结果如图 2.5 所示。

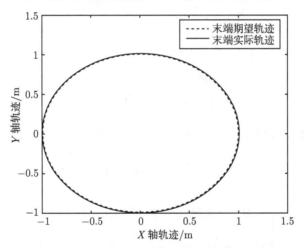

图 2.5 末端轨迹为圆的逆运动学算法验证

## 2.4 可重构机械臂的动力学建模

要求解机械臂的动力学问题，现有的分析方法有拉格朗日法、牛顿–欧拉法、凯恩法和达朗贝尔法等，虽然这些分析方法在建模原理上有所不同，但是对于相同的机械臂系统，求解出的动力学方程是等价的。上述动力学分析方法均属于常规建模方法，而模糊辨识在未知非线性的建模方面具有良好的性能，既能有效地处理和利用语言信息，也能作为全局逼近器来实现输入和输出的非线性映射，这些特性在模糊建模中起到了重要的作用。模糊建模就是利用模糊系统逼近未知的非线性动态，来逼近整个系统。本节基于牛顿–欧拉迭代算法和改进的模糊 C 均值聚类算法建立可重构机械臂的动力学模型。

### 2.4.1　基于牛顿–欧拉迭代算法的动力学模型

将关节模块 $i$ 和连杆模块 $i$ 定义为广义连杆 $i$，质心在连杆模块的几何中心。建立广义连杆 $i$ 上的质心坐标系和连杆坐标系，如图 2.6 所示。其中，坐标系 $i$ 为关节模块 $i$ 的参考坐标系，坐标系 $i^*$ 为广义连杆 $i$ 的质心坐标系。设 $T_{i^*,i} = (R_{i^*,i}, p_{i^*,i}) \in \mathrm{SE}(3)$ 为坐标系 $i$ 与坐标系 $i^*$ 的相对位姿，其中 $R_{i^*,i}$ 为旋转矩阵，$p_{i^*,i}$ 为位置向量。

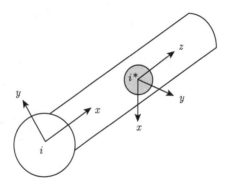

图 2.6　广义连杆坐标系

连杆 $i$ 关于质心坐标系 $i^*$ 的牛顿–欧拉方程为

$$F_{i^*} = J_{i^*} \dot{V}_{i^*} - \mathrm{ad}^*_{V_{i^*}} (J_{i^*} V_{i^*}) \tag{2.17}$$

式中，$F_{i^*} = \begin{bmatrix} f_{i^*} \\ u_{i^*} \end{bmatrix} \in \mathbf{R}^{6 \times 1}$ 为施加到 $i^*$ 的广义力；$J_{i^*} = \begin{bmatrix} m_i I & 0 \\ 0 & I_{i^*} \end{bmatrix} \in \mathbf{R}^{6 \times 6}$ 为质心坐标系 $i^*$ 下的广义质量矩阵，$m_i$ 为广义连杆 $i$ 的质量，$I_{i^*} \in \mathbf{R}^{3 \times 3}$ 为广义连杆 $i$ 在质心坐标系 $i^*$ 下的惯性张量；$V_{i^*} = \begin{bmatrix} v_{i^*} \\ \omega_{i^*} \end{bmatrix} \in \mathbf{R}^{6 \times 1}$ 为刚体的广义速度，其中 $v_{i^*} = [v_x, v_y, v_z]^{\mathrm{T}}$，$\omega_{i^*} = [\omega_x, \omega_y, \omega_z]^{\mathrm{T}}$，分别为刚体的平动速度和角速度；$\dot{V}_{i^*} = \begin{bmatrix} \dot{v}_{i^*} \\ \dot{\omega}_{i^*} \end{bmatrix} \in \mathbf{R}^{6 \times 1}$ 为刚体的广义加速度。

$\mathrm{ad}_{V_{i*}}^* \in \mathbf{R}^{6\times 6}$ 为伴随矩阵 $\mathrm{ad}_{V_{i*}}$ 的对偶操作, 定义为

$$\mathrm{ad}_{V_{i*}}^* = (\mathrm{ad}_{V_{i*}})^{\mathrm{T}} = \begin{bmatrix} -\hat{\omega}_{i*} & 0 \\ -\hat{v}_{i*} & -\hat{\omega}_{i*} \end{bmatrix} \tag{2.18}$$

将广义力 $F_{i*}$、广义速度 $V_{i*}$ 和广义加速度 $\dot{V}_{i*}$ 转换到质心坐标系 $i^*$ 下, 得

$$F_i = \mathrm{Ad}_{T_{i*},i}^* F_{i*} \tag{2.19}$$

$$V_{i*} = \mathrm{Ad}_{T_{i*},i}^* V_i \tag{2.20}$$

$$\dot{V}_{i*} = \mathrm{Ad}_{T_{i*},i}^* \dot{V}_i \tag{2.21}$$

式中, $\mathrm{Ad}_{T_{i*},i}^*$ 为伴随矩阵, 是 $\mathrm{Ad}_{T_{i*},i}$ 的对偶操作, 定义为

$$\mathrm{Ad}_{T_{i*},i}^* = (\mathrm{Ad}_{T_{i*},i})^{\mathrm{T}} = \begin{bmatrix} R_{i*,i}^{\mathrm{T}} & 0 \\ -R_{i*,i}^{\mathrm{T}}\hat{p}_{i*,i} & R_{i*,i}^{\mathrm{T}} \end{bmatrix} \tag{2.22}$$

将式 (2.19)~式 (2.21) 代入式 (2.17), 并利用恒等式

$$\mathrm{Ad}_{T_{i*},i}(\mathrm{ad}_{V_i}) = \mathrm{ad}_{\mathrm{Ad}_{T_{i*},i}(V_i)}\mathrm{Ad}_{T_{i*},i} \tag{2.23}$$

得到广义连杆 $i$ 关于质心坐标系 $i^*$ 的牛顿–欧拉方程:

$$F_i = J_i\dot{V}_i - \mathrm{ad}_{V_i}^{\mathrm{T}}(J_iV_i) \tag{2.24}$$

式中

$$J_i = \mathrm{Ad}_{T_{i*},i}^{\mathrm{T}} J_{i*} \mathrm{Ad}_{T_{i*},i} = \begin{bmatrix} m_iI & m_iR_{i*,i}^{\mathrm{T}}\hat{p}_{i*,i}R_{i*,i} \\ -m_iR_{i*,i}^{\mathrm{T}}\hat{p}_{i*,i}R_{i*,i} & R_{i*,i}^{\mathrm{T}}(I_{i*} - m_i\hat{p}_{i*,i}^2)R_{i*,i} \end{bmatrix} \tag{2.25}$$

牛顿–欧拉迭代算法包括两步迭代过程。在正向迭代过程中, 各个连杆的广义速度和加速度从基座模块到工具模块逐级传递; 在反向迭代过程中, 广义力从工具模块到基座模块逐级传递, 具体过程如下。

对广义速度及加速度、广义力进行初始化, 即

$$V_0 = \begin{bmatrix} 0 & 0 & 0 & 0 & 0 & 0 \end{bmatrix}^{\mathrm{T}} \tag{2.26}$$

$$\dot{V}_0 = \begin{bmatrix} 0 & 0 & g & 0 & 0 & 0 \end{bmatrix}^{\mathrm{T}} \tag{2.27}$$

$$F_{n+1} = \begin{bmatrix} 0 & 0 & 0 & 0 & 0 & 0 \end{bmatrix}^{\mathrm{T}} \tag{2.28}$$

式中, $g$ 为重力加速度。

(1) 正向迭代:

$$V_i = \mathrm{Ad}_{T_{i-1,i}^{-1}}(V_{i-1}) + \xi_i \dot{q}_i \tag{2.29}$$

$$\dot{V}_i = \mathrm{Ad}_{T_{i-1,i}^{-1}}(\dot{V}_{i-1}) - \mathrm{ad}_{\xi_i \dot{q}_i}(V_{i-1}) + \xi_i \ddot{q}_i \tag{2.30}$$

(2) 反向迭代:

$$F_i = \mathrm{Ad}^*_{T_{i,i+1}^{-1}}(F_{i+1}) + J_i \dot{V}_i - \mathrm{ad}^*_{V_i}(J_i V_i) \tag{2.31}$$

则关节力矩 $\tau_i$ 的计算表达式为

$$\tau_i = \xi_i^{\mathrm{T}} F_i \tag{2.32}$$

对上述动力学方程进行自动建模, 可以得到牛顿–欧拉法迭代的解析表达:

$$V = \xi \dot{q} + \Gamma V \tag{2.33}$$

$$\dot{V} = \xi \ddot{q} + \mathrm{ad}_{\xi \dot{q}}(\Gamma V) + P_0 \dot{V}_0 + \Gamma \dot{V} \tag{2.34}$$

$$F = M\dot{V} + \mathrm{ad}^*_V(MV) + \Gamma^{\mathrm{T}} F + P_t^{\mathrm{T}} F_{n+1} \tag{2.35}$$

$$\tau = \xi^{\mathrm{T}} F \tag{2.36}$$

式中

$$\Gamma = \begin{bmatrix} 0_{6\times6} & 0_{6\times6} & \cdots & 0_{6\times6} & 0_{6\times6} \\ \mathrm{Ad}_{T_{1,2}^{-1}} & 0_{6\times6} & \cdots & 0_{6\times6} & 0_{6\times6} \\ 0_{6\times6} & \mathrm{Ad}_{T_{2,3}^{-1}} & \cdots & 0_{6\times6} & 0_{6\times6} \\ \vdots & \vdots & & \vdots & \vdots \\ 0_{6\times6} & 0_{6\times6} & \cdots & \mathrm{Ad}_{T_{n-1,n}^{-1}} & 0_{6\times6} \end{bmatrix}$$

$$V = \mathrm{column}[V_1, V_2, \cdots, V_n] \in \mathbf{R}^{6n\times1}$$

$$F = \mathrm{column}[F_1, F_2, \cdots, F_n] \in \mathbf{R}^{6n\times1}$$

$$\dot{q} = \mathrm{column}[\dot{q}_1, \dot{q}_2 \cdots, \dot{q}_n] \in \mathbf{R}^{n\times1}$$

$$\dot{V} = \mathrm{column}[\dot{V}_1, \dot{V}_2, \cdots, \dot{V}_n] \in \mathbf{R}^{6n\times1}$$

$$\ddot{q} = \mathrm{column}[\ddot{q}_1, \ddot{q}_2, \cdots, \ddot{q}_n] \in \mathbf{R}^{n\times1}$$

$$\tau = \mathrm{column}[\tau_1, \tau_2, \cdots, \tau_n] \in \mathbf{R}^{n\times1}$$

$$P_0 = \mathrm{column}[\mathrm{Ad}_{T_{0,1}^{-1}}, 0_{6\times6}, \cdots, 0_{6\times6}] \in \mathbf{R}^{6n\times6}$$

$$P_t^{\mathrm{T}} = \mathrm{column}[0_{6\times6}, 0_{6\times6}, \cdots, \mathrm{Ad}_{T_{n,n+1}^{-1}}^*] \in \mathbf{R}^{6n\times6}$$

$$\xi = \mathrm{diag}[\xi_1, \xi_2, \cdots, \xi_n] \in \mathbf{R}^{6n\times n}$$

$$M = \mathrm{diag}[M_1, M_2, \cdots, M_n] \in \mathbf{R}^{6n\times6n}$$

$$\mathrm{ad}_{\xi\dot{q}} = \mathrm{diag}[-\mathrm{ad}_{\xi_1\dot{q}_1}, -\mathrm{ad}_{\xi_2\dot{q}_2}, \cdots, -\mathrm{ad}_{\xi_n\dot{q}_n}] \in \mathbf{R}^{6n\times6n}$$

$$\mathrm{ad}_V^* = \mathrm{diag}[-\mathrm{ad}_{V_1}^*, -\mathrm{ad}_{V_2}^*, \cdots, -\mathrm{ad}_{V_n}^*] \in \mathbf{R}^{6n\times6n}$$

并且 $N \in \mathbf{R}^{6n\times6n}$ 定义为

$$N = (I - \Gamma)^{-1} = \begin{bmatrix} I_{6\times6} & 0_{6\times6} & 0_{6\times6} & \cdots & 0_{6\times6} \\ \mathrm{Ad}_{T_{1,2}^{-1}} & I_{6\times6} & 0_{6\times6} & \cdots & 0_{6\times6} \\ \mathrm{Ad}_{T_{1,3}^{-1}} & \mathrm{Ad}_{T_{2,3}^{-1}} & I_{6\times6} & \cdots & 0_{6\times6} \\ \vdots & \vdots & \vdots & & \vdots \\ \mathrm{Ad}_{T_{1,n}^{-1}} & \mathrm{Ad}_{T_{2,n}^{-1}} & \mathrm{Ad}_{T_{3,n}^{-1}} & \cdots & I_{6\times6} \end{bmatrix}$$

改写式（2.33）～ 式（2.36）为

$$V = N\xi\dot{q} \tag{2.37}$$

$$\dot{V} = N\xi\ddot{q} + N\mathrm{ad}_{\xi\dot{q}}(\Gamma V) + NP_0\dot{V}_0 \tag{2.38}$$

$$F = N^{\mathrm{T}}M\dot{V} + N^{\mathrm{T}}\mathrm{ad}_V^*(MV) + N^{\mathrm{T}}P_t^{\mathrm{T}}F_{n+1} \tag{2.39}$$

$$\tau = \xi^{\mathrm{T}}F \tag{2.40}$$

由式（2.37）～ 式（2.40）可得机械臂封闭形式的动力学方程为

$$M(q)\ddot{q} + C(q,\dot{q})\dot{q} + G(q) = \tau$$

$$M(q) = \xi^{\mathrm{T}}N^{\mathrm{T}}MN\xi$$

$$C(q,\dot{q}) = \xi^{\mathrm{T}}N^{\mathrm{T}}(MN\mathrm{ad}_{\xi\dot{q}}\Gamma + \mathrm{ad}_V^*M)N\xi \tag{2.41}$$

$$G(q) = \xi^{\mathrm{T}}N^{\mathrm{T}}MNP_0\dot{V}_0 + \xi^{\mathrm{T}}N^{\mathrm{T}}P_t^{\mathrm{T}}F_{n+1}$$

式中，$M(q)$ 为广义质量矩阵；$C(q,\dot{q})\dot{q}$ 为离心力和哥氏力项；$G(q)$ 为重力项和外力项；$\tau$ 为关节力矩。

在实际系统中，由于可重构机械臂不确定性因素的存在，很难得到精确的动力学模型。不确定性是指在建立被控对象数学模型时未能考虑或有意忽略的因素。对机械臂系统而言，不确定性表现为两大类。

(1) 参数不确定性，如负载、连杆质量及连杆几何参数（包括质心、连杆长度和惯量等）的不确定性（即部分已知或未知）。

(2) 非参数不确定性，例如，高频未建模动力学，包括执行器动力学、结构共振模式及其连杆弹性等；低频未建模动力学，包括库仑摩擦、静摩擦等，以及测量噪声、计算舍入误差及采样延迟等。

因此，按照常规的线性控制方法来设计控制系统将不能得到理想的效果，必须利用非线性系统理论对机械臂系统进行分析和研究。在设计实际可重构机械臂动态控制系统时要考虑这些不确定性因素对控制品质的影响，实现系统的鲁棒性，从而提高机械臂的工作性能。如果部分考虑这些不确定性因素，那么得到的机械臂完整动力学模型如下：

$$M(q)\ddot{q} + C(q,\dot{q})\dot{q} + G(q) + F_r(\dot{q}) + \tau_d = \tau \tag{2.42}$$

式中，$F_r(\dot{q})$ 为摩擦力；$\tau_d$ 为外界干扰。由于摩擦力是内部作用的，所以 $F_r(\dot{q})$ 在关节间是非耦合的，只与角速度 $\dot{q}$ 有关，并且满足

$$F_r(\dot{q}) = F_v\dot{q} + F_d(\dot{q}) \tag{2.43}$$

式中，$F_v$ 是黏滞摩擦的系数矩阵；$F_d$ 是动态摩擦。

### 2.4.2　基于改进的模糊 C 均值聚类算法的可重构机械臂模糊模型

本节提出一种基于改进的模糊 C 均值聚类算法的机械臂模糊建模方法[5-8]，对建模初始时的聚类数 $c$ 和模糊加权指数 $m$ 进行深入分析，并应用改进后的模糊 C 均值聚类算法和递推最小二乘算法建立机械臂的 T-S 模糊模型。

整个模糊模型的辨识由结构辨识和参数辨识两部分组成。其中结构辨识在模糊建模中起着比较重要的作用，可用来确定输入空间的划分和模糊规则，而输入空间的划分是由输入变量对应的隶属度函数决定的，因此确定隶属度函数的形状、个数和模糊规则是结构辨识所要完成的任务。当模糊系统的模型结构确定后，可以用多种优化方法确定模型的结论参数。模糊建模时，通过分析目标系统的输入输出测量数据来辨识模型的结构和参数，得到模糊规则。模糊建模框图如图 2.7 所示。

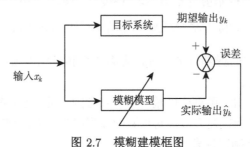

图 2.7　模糊建模框图

### 1. 模型结构辨识方法

模糊空间的划分方法主要有模糊树法、模糊网格法和模糊聚类法等。其中模糊聚类法是目前最常用的模糊系统结构辨识方法，其核心内容是设定合理的聚类指标，根据该指标所确定的聚类中心使模糊输入空间划分最优。聚类是根据事物的某些属性将其聚集成类，使类间相似性尽量小，类内相似性尽量大，即"物以类聚"。聚类是一个无监督的学习过程，可运用数学方法研究和处理所给对象的分类以及各类之间的亲疏程度，是在对数据不做任何假设的前提下进行分析的工具，是机器学习中获取知识的重要环节。

这里应用模糊 C 均值聚类算法优化聚类分析的目标函数。给定数据集

$$X = \{x_1, x_2, \cdots, x_k, \cdots, x_n\} \tag{2.44}$$

每个元素 $x_k$ 为 $w$ 维向量：

$$x_k = [x_{k1}, x_{k2}, \cdots, x_{kw}] \tag{2.45}$$

聚类中心 $v_i$ $(i = 1, 2, \cdots, c)$ 为一个向量，数据集中第 $k$ 个元素 $x_k$ 对第 $i$ 个聚类中心的隶属度表示为

$$\mu_{ik} \in [0, 1], \quad 1 \leqslant i \leqslant c; 1 \leqslant k \leqslant n \tag{2.46}$$

定义模糊划分矩阵 $U$ 如下：

$$U = \begin{bmatrix} \mu_{11} & \mu_{12} & \cdots & \mu_{1n} \\ \mu_{21} & \mu_{22} & \cdots & \mu_{2n} \\ \vdots & \vdots & & \vdots \\ \mu_{c1} & \mu_{c2} & \cdots & \mu_{cn} \end{bmatrix} \tag{2.47}$$

模糊 C 均值聚类算法要求使如下目标函数最小：

$$J_{\text{FCM}} = \sum_{k=1}^{n} \sum_{i=1}^{c} (\mu_{ik})^m (d_{ik})^2 \tag{2.48}$$

约束条件为

$$\sum_{i=1}^{c} \mu_{ik} = 1, \quad k = 1, 2, \cdots, n \tag{2.49}$$

式中，$m \in (1, \infty)$ 是一个加权指数；$d_{ik}$ 为用欧几里得形式表示的数据点 $x_k$ 与聚类中心 $v_i$ 之间的距离，即

$$d_{ik} = \|x_k - v_i\| = \left[ \sum_{j=1}^{w} (x_{kj} - v_{ij})^2 \right]^{\frac{1}{2}} \tag{2.50}$$

第 $i$ 个聚类中心 $v_i$ 是 $w$ 维向量，为

$$v_i = [v_{i1}, v_{i2}, \cdots, v_{iw}] \tag{2.51}$$

$v_i$ 的第 $j$ 个特征值为

$$v_{ij} = \frac{\sum\limits_{k=1}^{n} (\mu_{ik})^m x_{kj}}{\sum\limits_{k=1}^{n} (\mu_{ik})^m} \tag{2.52}$$

式中，$j = 1, 2, \cdots, w$。

模糊 C 均值聚类算法为迭代算法，具体步骤如下。

(1) 给定聚类数 $c$ 和实数 $m > 1$，初始化矩阵 $U^{(0)}$，给定最大迭代次数 $t$。

(2) 对 $i = 1, 2, \cdots, c$，用式 (2.53) 计算聚类中心 $v_i^{(t)} = [v_{i1}^{(t)}, v_{i2}^{(t)}, \cdots, v_{iw}^{(t)}]$：

$$v_{ij}^{(t)} = \frac{\sum\limits_{k=1}^{n} (\mu_{ik}^{(t)})^m x_{kj}}{\sum\limits_{k=1}^{n} (\mu_{ik}^{(t)})^m} \tag{2.53}$$

(3) 计算每个数据点与聚类中心的距离：

$$d_{ik}^{(t)} = \left\| x_k - v_i^{(t)} \right\| = \left[ \sum_{j=1}^{w} (x_{kj} - v_{ij}^{(t)})^2 \right]^{\frac{1}{2}} \tag{2.54}$$

式中，$i = 1, 2, \cdots, c$; $k = 1, 2, \cdots, n$。

(4) 更新隶属度：

$$\mu_{ik}^{(t)} = \left\{ \sum_{j=1}^{c} \left[ (d_{ik}^{(t)}) \Big/ (d_{jk}^{(t)})^{\frac{2}{m-1}} \right] \right\}^{-1} \tag{2.55}$$

模糊划分矩阵 $U^{(t+1)}$ 重新计算如下：

$$U^{(t+1)} = \begin{bmatrix} \mu_{11}^{(t+1)} & \mu_{12}^{(t+1)} & \cdots & \mu_{1n}^{(t+1)} \\ \mu_{21}^{(t+1)} & \mu_{22}^{(t+1)} & \cdots & \mu_{2n}^{(t+1)} \\ \vdots & \vdots & & \vdots \\ \mu_{c1}^{(t+1)} & \mu_{c2}^{(t+1)} & \cdots & \mu_{cn}^{(t+1)} \end{bmatrix} \tag{2.56}$$

(5) 若满足检验指标，则停止计算；否则，令 $t = t + 1$，返回步骤 (2) 重新计算。检验指标为

$$\max \left| \mu_{ik}^{(t+1)} - \mu_{ik}^{(t)} \right| \leqslant \varepsilon \tag{2.57}$$

式中，$\varepsilon$ 为预设的误差限。

## 2. 模型结论参数辨识方法

相对于结构辨识，参数辨识的方法比较容易和成熟，主要可以分为三大类：第一类是基于梯度学习的方法（如最小二乘估计法等）；第二类是应用神经网络进行学习的方法；第三类是应用遗传算法进行参数辨识与优化的方法。由于递推最小二乘算法简便易行、辨识精度较高，本节采用递推最小二乘算法来辨识模型参数。下面给出递推最小二乘算法的计算过程。

给定一组输入输出数据 $x_{1i}, x_{2i}, \cdots, x_{ni} \to y_i (i = 1, 2, \cdots, N)$，可以用递推最小二乘算法得到结论参数。

令 $X$ 为 $N \times R(n+1)$ 矩阵，$Y$ 为 $N$ 维向量，$P$ 为 $R(n+1)$ 维向量，分别为

$$X = \begin{bmatrix} \lambda_{11} & \cdots & \lambda_{R1} & x_{11} \cdot \lambda_{11} & \cdots & x_{11} \cdot \lambda_{R1} & \cdots & x_{n1} \cdot \lambda_{11} & \cdots & x_{n1} \cdot \lambda_{R1} \\ \vdots & & & & & & & & & \vdots \\ \lambda_{1N} & \cdots & \lambda_{RN} & x_{1N} \cdot \lambda_{1N} & \cdots & x_{1N} \cdot \lambda_{RN} & \cdots & x_{n1} \cdot \lambda_{1N} & \cdots & x_{nN} \cdot \lambda_{RN} \end{bmatrix} \quad (2.58)$$

$$Y = [y_1, \, y_2, \cdots, y_N] \quad (2.59)$$

$$P = [p_0^1, \cdots, p_0^R, p_1^1, \cdots, p_1^R, \cdots, p_n^1, \cdots, p_n^R] \quad (2.60)$$

则有

$$Y = XP \quad (2.61)$$

$P$ 的最小二乘估计为

$$P^* = (X^{\mathrm{T}} X)^{-1} X^{\mathrm{T}} Y \quad (2.62)$$

令 $X$ 的第 $k$ 个行向量为 $x_k$，$Y$ 的第 $k$ 个分量为 $y_k$，则递推算法为

$$P_k = P_{k-1} + S_k x_k^{\mathrm{T}} (y_k - x_k P_{k-1}) \quad (2.63)$$

$$S_k = S_{k-1} - S_{k-1} x_k^{\mathrm{T}} x_k S_{k-1} + x_k S_{k-1} x_k^{\mathrm{T}} \quad (2.64)$$

式中，$k = 1, 2, \cdots, N$。

初始条件设为 $P_0 = 0$，$S_0 = \gamma I$，$\gamma$ 一般取大于 10000 的实数，$I$ 是 $M \times M$ 单位矩阵，$M = R(n+1)$。

## 3. 机械臂 T-S 模糊模型的建立

基于目标函数的模糊 C 均值聚类算法有着深厚的数学理论基础，因此成为应用最为广泛的一种模糊聚类算法，并在许多领域获得了成功。模糊 C 均值聚类算法是一种无监督的机器自学习算法，但是有两个参数必须在聚类分析前给出合适

的赋值,即模糊加权指数 $m$ 和聚类数 $c$,否则将直接影响算法的效果。为了能够对 $m$ 和 $c$ 进行优选,必须要有能对聚类有效性进行判别的函数。

1) 对聚类数的选择

与模糊聚类有效性相关的判别函数如下。

(1) 划分系数 $F(U;c)$。对于给定的聚类数 $c$ 和隶属度矩阵 $U$,划分系数定义为

$$F(U;c) = \frac{1}{n} \sum_{i=1}^{c} \sum_{j=1}^{n} \mu_{ij}^2 \tag{2.65}$$

式中,$n$ 为待分析的样本数据个数。

$F(U;c)$ 具有以下性质:当 $1 < c < n$ 时,有

① $\dfrac{1}{c} \leqslant F(U;c) \leqslant 1$;

② $F(U;c) = 1$,当且仅当 $U$ 是硬划分;

③ $F(U;c) = \dfrac{1}{c}$,当且仅当 $U = \left[\dfrac{1}{c}\right]$。

令 $\Omega_c$ 表示 $U \in M_{fc}$ 的 "最优" 有限集合,若存在 $(U^*, c^*)$ 满足 $F(U^*; c^*) = \max\limits_{c} \left\{ \max\limits_{\Omega_c} F(U;c) \right\}$,则 $(U^*, c^*)$ 为最佳的有效性聚类,$c^*$ 为最佳的分类数目。

(2) 可能性划分系数 $P(U;c)$。对于每个样本 $x_j$ 都有 $\sum\limits_{i=1}^{c} \mu_{ij} = 1$,可看成对模糊 C 均值算法的一个概率约束。$F(U;c)$ 也可写成 $F(U;c) = \dfrac{1}{n} \sum\limits_{j=1}^{n} \left( \sum\limits_{i=1}^{c} \mu_{ij}^2 \middle/ \sum\limits_{i=1}^{c} \mu_{ij} \right)$,从可能性分布的角度讲,$F(U;c)$ 可解释为:每个样本点相对于 $c$ 个聚类中心都有一个可能性分布,$F(U;c)$ 是 $n$ 个可能性分布描述因子的平均值。对应地,对每一个聚类中心,$n$ 个样本点的隶属度构成一个可能性分布,由此引出了可能性划分系数 $P(U;c)$ 的定义。

对于给定的聚类数 $c$ 和隶属度矩阵 $U$,可能性划分系数 $P(U;c)$ 定义为

$$P(U;c) = \frac{1}{c} \sum_{i=1}^{c} \left( \sum_{j=1}^{n} \mu_{ij}^2 \middle/ \sum_{j=1}^{n} \mu_{ij} \right) \tag{2.66}$$

$P(U;c)$ 具有以下性质:当 $1 < c < n$ 时,有

① $0 \leqslant P(U;c) \leqslant 1$;

② $P(U;c) = 1$,当且仅当 $U$ 是硬划分;

③ $P(U;c) = \dfrac{1}{c}$,当且仅当 $U = \left[\dfrac{1}{c}\right]$。

对于给定的聚类数 $c$ 和隶属度矩阵 $U$，聚类有效性函数定义为

$$\mathrm{FP}(U;c) = F(U;c) - P(U;c) \tag{2.67}$$

对于 $U \in M_{fc}$ "最优" 的有限集合，若存在 $(U^*, c^*)$ 满足

$$\mathrm{FP}(U^*;c^*) = \min_c \left\{ \min_{\Omega_c} \mathrm{FP}(U;c) \right\} \tag{2.68}$$

则 $(U^*, c^*)$ 为最佳的有效性聚类，$c^*$ 为最佳的分类数目。

2) 对模糊加权指数的选择

对于模糊加权指数 $m \in [1, +\infty)$ 的模糊 C 均值算法，存在以下情况。

(1) 当 $m = 1$ 时，模糊 C 均值聚类算法变成 HCM（hard C-means）算法。

(2) 当 $m \to 1+$ 时，模糊 C 均值聚类算法以概率 1 退化为 HCM 算法。

(3) 当 $m \to +\infty$ 时，模糊 C 均值聚类算法失去划分特性，有 $U = [\mu_{ik}] = \left[ \dfrac{1}{c} \right]$。

为了衡量模糊聚类结果的模糊程度，Bezdek 仿照 Shannon 信息熵的形式定义了划分熵，其概念如下。

对于给定的聚类数 $c$ 和模糊划分矩阵 $U$，其划分熵定义为

$$H_m(U;c) = -\frac{1}{n} \sum_{k=1}^n \sum_{i=1}^c \mu_{ik} \cdot \log_a(\mu_{ik}) \tag{2.69}$$

式中，$a \in (1, +\infty)$ 为对数的底数，且约定当 $\mu_{ik} = 0$ 时，有 $\mu_{ik}\log_a(\mu_{ik}) = 0$。

由以上分析可以看出，模糊加权指数 $m$ 对划分熵会产生影响。对于模糊聚类问题，不能满足于数据的硬划分，我们希望获得样本间的相似信息。在此前提下，样本集的划分越分明就越有利于分类，因此对于给定的 $m$ 值，总希望模糊聚类的划分熵越小越好。

显然，参数 $m$ 控制着模糊 C 均值聚类结果的模糊性，且 $m$ 值越大聚类的结果越模糊，在 $m$ 可行解的两端分别对应着划分熵的最大值和最小值。由于希望聚类的结果不能太模糊，这就要求在调用模糊 C 均值聚类算法时，$m$ 的取值不要太大。当然这并不意味着小的 $m$ 值就对应好的聚类结果，因为较大的加权指数 $m$ 还具有抑制噪声的功能，在噪声污染的数据中获取模式样本的模糊聚类应用有着重要的作用。

3) 改进的模糊模型建立方法

根据上述分析，选定模糊加权指数 $m = 2$，根据聚类有效性函数 $\mathrm{FP}(U;c)$，可以给出模糊 C 均值聚类算法的改进算法。改进后的算法与原算法在表达形式上基本一致，只是改进后的算法最后要根据聚类有效性函数 $\mathrm{FP}(U;c)$ 判断 $c$ 是否已达到最优。

改进后的模糊 C 均值聚类算法的基本步骤简述如下。

(1) 给定聚类数 $c$，初始化矩阵 $U^{(0)}$，令 $m = 2$，给定最大迭代次数 $t$。

(2) 对 $i = 1, 2, \cdots, c$，由式（2.53）计算聚类中心 $v_i^{(t)}$。

(3) 由式（2.54）计算每个数据点与聚类中心的距离。

(4) 更新隶属度，由式（2.56）重新计算模糊划分矩阵 $U^{(t+1)}$。

(5) 若满足检验指标式（2.57），则停止计算；否则，令 $t = t + 1$，返回步骤 (2) 重新计算。

(6) 计算有效性函数 $\mathrm{FP}^{(t+1)}(U; c)$ 的值，并判断 $\mathrm{FP}^{(t+1)}(U; c)$ 是否达到最小值，如果是，则聚类结束，返回最终聚类数 $c$；否则，$c = c + 1$，转向步骤 (2) 重新计算。

模型的结论参数辨识仍然采用递推最小二乘算法。

**4. 仿真与分析**

下面以如图 2.8 所示的二自由度可重构机械臂为例来验证本节所建立的模糊模型的有效性。

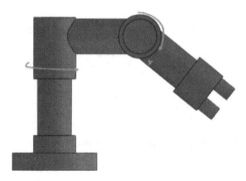

图 2.8　二自由度可重构机械臂构型

各关节给定输入信号为

$$q_{1d} = 0.5\cos(t) - 0.2\sin(3t)$$

$$q_{2d} = 0.3\cos(3t) - 0.5\sin(2t)$$

采样时间取为 $0.01\mathrm{s}$，将 $\{q_1(k), q_2(k), q_1(k-1), q_2(k-1), \tau_1(k), \tau_2(k)\}$ 作为模糊模型的输入变量，模型输出 $z(k+1) = [q_1(k+1), q_2(k+1)]^{\mathrm{T}}$。仿真结果如图 2.9 所示。

从图 2.9 可以看出，用本节所提算法建立的 T-S 模糊模型能够以较高精度逼近机器人的动力学模型，完全可以满足实际应用中的精度要求，表明了本节模糊建模方法的有效性和实用性。

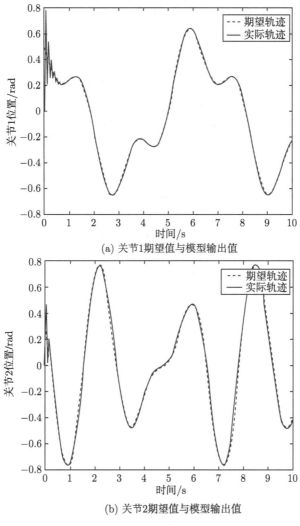

(a) 关节1期望值与模型输出值

(b) 关节2期望值与模型输出值

图 2.9 模糊模型验证

## 2.5 本章小结

本章应用旋量理论推导了可重构机械臂的正运动学指数积公式，建立了各模块与末端执行器的运动学关系；对于逆运动学求解问题，给出了引入变异算子的粒子群优化算法，平衡了粒子的全部搜索和局部搜索的能力；在动力学建模方面，建立了牛顿–欧拉迭代算法的可重构机械臂动力学方程，并应用改进后的模糊 C 均值聚类算法和递推最小二乘算法建立了机械臂的 T-S 模糊模型。

# 参 考 文 献

[1] 刘松国, 朱世强, 李江波, 等. 6R 机器人实时逆运动学算法研究[J]. 控制理论与应用, 2008, 25(6): 1037-1041.

[2] 任子武, 王振华, 孙立宁. 全局和声搜索方法及其在仿人灵巧臂逆运动学求解中的应用[J]. 控制理论与应用, 2012, 29(7): 867-876.

[3] 胡俊杰. 可重构模块机器人逆运动学与构型优化设计方法研究[D]. 长春: 吉林大学, 2009.

[4] 魏延辉, 赵杰, 朱延河, 等. 新型可重构机器人逆运动学的研究[J]. 西安电子科技大学学报 (自然科学版), 2008, 35(1): 175-182.

[5] 闫珂珂. 模块化可重构机械臂的模糊滑模控制方法研究[D]. 天津: 天津理工大学, 2017.

[6] 宁凤艳. 码垛机器人动力学建模与滑移模糊控制[J]. 机械设计与研究, 2010, 26(1): 44-47.

[7] Lin T C, Chen M C. Adaptive hybrid type-2 intelligent sliding mode control for uncertain nonlinear multivariable dynamical systems[J]. Fuzzy Sets and Systems, 2011, 171(10): 44-51.

[8] Huang Y S, Xiao D S , Chen X X , et al. $H_\infty$ tracking-based decentralized hybrid adaptive output feedback fuzzy control for a class of large-scale nonlinear systems[J]. Fuzzy Sets and Systems, 2011, 171(12): 72-92.

# 第3章 可重构机械臂构型优化方法

## 3.1 引　　言

模块是可重构机械臂的基本组成单元，采用不同数量的模块及模块之间不同的连接方式可构成多种构型，如何准确表达多种不同构型并从中筛选出最优装配构型去完成任务是可重构机械臂方面的一个重要研究内容。若可重构机械臂使用较少的模块和自由度仍能完成给定任务，则说明该构型承载能力高、能量消耗小、成本低。对于可重构机械臂系统，构型是其设计的核心内容。因为可重构机械臂的构型反映于机械臂的拓扑结构，它与机械臂的可控性、运动学性能和动力学性能等密切相关。可重构机械臂构型研究的目的就是找到一个最优的装配构型来完成给定的工作，这往往需要分析不同数目和类型的组合单元所能够组成的所有非同构组合结构，从中得到最优的组合结构以满足设计和使用的要求。由于可重构机械臂的构型随着组成机械臂模块数量的增加而呈指数增长，人工的手段不可能完备。为准确地对这些可重构构型进行列举和优化，有必要对模块间的拓扑构型进行完备、有效的特征提取，并生成相关的理论数学模型。在计算机仿真环境下研究可重构机械臂的构型，主要包括构型的表达、构型的计数和构型的优化等。

为更好地表达可重构机械臂的构型并提高最优构型的搜索速度，本章首先根据可重构机械臂的功能特点和模块划分的基本原则进行基本模块的划分，然后基于连接模块数、模块类型和连接方位为可重构机械臂设计构型表达矩阵，最后在满足可达性、关节转角限制和避免构型奇异的约束条件下，综合考虑模块数量和连接方位，利用自适应粗粒度并行遗传算法（ACPGA）寻找可重构机械臂在受限空间内完成任务的最优构型。在验证构型是否满足约束条件时，本章采用改进粒子群优化算法进行逆运动学的求解。

## 3.2　可重构机械臂模块及基于 ACPGA 的最优构型设计

为寻找可重构机械臂在执行任务过程中的最优构型，本节首先对可重构机械臂模块进行划分，然后进行构型空间计算、给出装配构型表达及评价标准，最后给出基于 ACPGA 的最优构型搜索方法和验证方法并给出计算实例。

### 3.2.1　可重构机械臂模块的划分

通常,可重构机械臂系统模块的划分应符合以下基本原则。

(1) 模块单元在功能实现、运动学和动力学性能以及驱动能力等方面具有相对的独立性。

① 功能实现的独立性。每种模块单元应能够独立地实现某些特定的功能,这是实现可重构机械臂系统变构型综合的基本要求,同时也便于专业化生产。

② 运动学和动力学性能的独立性。每种模块单元应在运动学和动力学上具有相对的独立性,这样可以减少各模块间的耦合,便于通过选择不同的模块来调整机器人的运动学和动力学参数。

③ 驱动能力的独立性。对于运动模块单元,模块应具有独立的驱动能力。每种运动模块单元应具备自己的驱动系统,这样可以减少模块间的机械运动传递,有利于提高整个机器人系统的操作特性。

(2) 在满足任务要求的情况下,尽量减少模块的种类及数目,降低系统的复杂程度。过多的模块种类势必会使可重构机械臂系统变得复杂,加大机械臂构型综合的难度,甚至会造成模块组合方式的混乱。因此,应以有限的模块单元种类来获得尽可能多的具有实用价值的机械臂构型组合方式,以满足实际工业应用的各种需要。

(3) 每个模块与其他模块之间的连接尽可能简单。系统中的每个模块单元应具有紧凑的结构,模块间的连接简单、可靠,便于拆装。可重构机器人系统的最大特点就是其构型能够随着操作任务或工作环境的改变而改变,这就要求其各模块的连接便捷、可靠。

根据可重构机械臂的功能要求和上述原则,本节将机械臂划分成以下三类共六种模块。

(1) 运动模块:转动模块、摆动模块。

(2) 连杆模块:基座连杆、普通连杆和拐角连杆。

(3) 末端工具模块:抓取或焊接模块。

各模块的机械结构如图 3.1 所示。

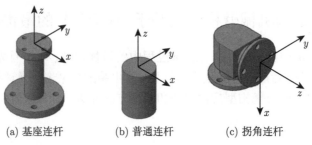

(a) 基座连杆　　　　　(b) 普通连杆　　　　　(c) 拐角连杆

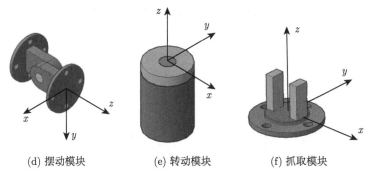

(d) 摆动模块　　　　　(e) 转动模块　　　　　(f) 抓取模块

图 3.1　可重构机械臂模块

### 3.2.2　构型空间的计算

构型空间是由一系列模块所能组成的所有机械臂构型的集合,它是一个离散的空间。构型空间中的每个点代表一个特定的机械臂构型,构型空间的大小就是根据给定的模块类型进行计算的。根据排列组合公式,可以计算出可重构机械臂的构型空间为

$$a = \prod_{i=1}^{n} l_i g_i \tag{3.1}$$

式中, $n$ 为可重构机械臂的自由度; $l_i$ 为在第 $i$ 个连杆模块处允许连接的连杆模块的类型数; $g_i$ 为在第 $i$ 个连杆模块处允许连接的关节模块的类型数。

以六自由度可重构机械臂为例,其构型空间为

$$a = (2 \times 3)^6 = 46656 \tag{3.2}$$

即可有 46656 种不同的构型。由此可知,可重构机械臂的构型空间庞大,必须采取有效的办法快速找到满足任务要求的机械臂最优构型。

### 3.2.3　装配构型表达及评价标准

1. 装配构型表达

为了描述不同的机器人构型, Chen 等[1] 提出了装配关联矩阵(assembly incidence matrix, AIM)。本节对 AIM 进行改进,通过附加一行元素来表示每个模块的类型,并把一般关联矩阵中的非零值 1 用模块连接时的方向标识来替代,方向标识(即后一个模块沿前一个模块坐标系的坐标轴方向)能够确定相连接的两个基本模块的连接位姿。

根据可重构机械臂模块的划分,得到模块集合 $L = \{L_b, L_r, L_s, L_l, L_t\}$ ,其中, $L_b$ 、 $L_r$ 、 $L_s$ 、 $L_l$ 、 $L_t$ 分别代表基座连杆、转动模块、摆动模块、普通连杆、

抓取模块，因此 AIM 的第一行元素包括五种取值。式（3.3）为改进 AIM 的一个实例：

$$
A = \begin{array}{c} \begin{array}{cccccc} L_b & L_l & L_s & L_r & L_l & L_t \end{array} \\ \left[ \begin{array}{cccccc} 0 & +x & 0 & 0 & 0 & 0 \\ 0 & 0 & +z & 0 & 0 & 0 \\ 0 & 0 & 0 & +z & 0 & 0 \\ 0 & 0 & 0 & 0 & +x & 0 \\ 0 & 0 & 0 & 0 & 0 & +z \end{array} \right] \end{array} \tag{3.3}
$$

式（3.3）对应的可重构机械臂构型如图 3.2 所示。

图 3.2　六自由度可重构机械臂构型

### 2. 评价标准

建立构型的评价标准是构型优化的前提，通常是通过一个基于任务的优化模型来实现的，该优化模型包括设计参数、目标函数和约束条件三部分。

本节要求可重构机械臂的末端执行器在受限空间内跟踪期望的位置和力，可把该任务看作机械臂跟踪路径上的一系列离散点，末端执行器要完成的任务可通过工作位置点的集合 $W_p = \{x, y, z\} \in \mathbf{R}^{3 \times 1}$ 来描述。

1) 设计参数

决定可重构机械臂构型的参数主要有如下三个。

(1) 模块的数量 $N$。

(2) 模块的类型 $L(L = \{L_b, L_r, L_s, L_l, L_t\})$。

(3) 模块连接的方向标识 $P$。

这三个参数被确定后，机械臂的一个构型就被唯一地确定下来，因此将$\{N, L, P\}$ 定义为设计参数。

2) 目标函数

在权衡所有可行的性能指标后，可选择其中一个最重要的性能指标作为目标函数，或将几个构型侧重的性能指标以加权求和的方式形成目标函数。为提升可重

构机械臂的承载能力、提高机械臂性能，本节采用转动模块、摆动模块和普通连杆的加权和作为目标函数 $F$，即

$$F = k_r N_r + k_s N_s + k_l N_l \tag{3.4}$$

式中，$N_r$、$N_s$ 和 $N_l$ 分别为转动模块、摆动模块和普通连杆的数目；$k_r$、$k_s$ 和 $k_l$ 分别为转动模块、摆动模块和普通连杆的权重值，该目标函数值越小越好。若希望可重构机械臂的自由度最小（即转动模块和摆动模块的数目最小），则应设 $k_r$ 和 $k_s$ 大于 $k_l$；若希望转动模块数多于摆动模块数，则可设 $k_r < k_s$。

在以下 ACPGA 中，取 $F$ 的倒数作为其适应度函数，即

$$V = \frac{1}{F} \tag{3.5}$$

3) 约束条件

目标函数中未使用的性能指标可用作约束条件，本节使用如下约束条件。

(1) 可达性。可重构机械臂末端执行器的任务可看作一系列的位置离散点，因此可达性用于判断机器人在各关节转角范围内是否能遍历所有位置点，即其工作空间是否包含所有位置点。本节采用机械臂在各位置点是否存在逆运动学解来判断机械臂的可达性。如果所有的位置点都存在逆运动学解，且满足关节转角范围的约束，则认为该机械臂满足任务可达性。本节利用改进的粒子群优化算法求解可重构机械臂的逆运动学解。

(2) 关节转角范围。受机械结构和关节驱动能力等因素的影响，机械臂各关节的关节转角是有一定约束范围的。关节转角范围的约束定义为

$$q_{\min} \leqslant q_i \leqslant q_{\max} \tag{3.6}$$

式中，$q_i$ 为可重构机械臂的逆运动学解；$q_{\min}$ 和 $q_{\max}$ 分别为关节转角的下限值和上限值。可重构机械臂的逆运动学解需同时满足该约束条件和可达性约束。

(3) 可操作性。该约束用于检测当前构型的可重构机械臂末端在到达每一个任务点时，其位姿是否处于或接近奇异位形。可操作性约束定义为

$$M = \frac{s_{\min}}{s_{\max}} \geqslant e \tag{3.7}$$

式中，$M$ 的取值范围为 $(0,1)$；$s_{\min}$ 和 $s_{\max}$ 分别为机械臂雅可比矩阵的最小奇异值和最大奇异值；$e$ 是为了避免奇异而定义的可操作性的下限值，通常取很小的值。如果当前构型的可重构机械臂的 $M$ 值大于等于 $e$，则认为该构型满足可操作性约束。

### 3.2.4　基于 ACPGA 的最优构型搜索

构型优化实际上是一类搜索问题，即在满足目标函数和约束条件的情况下寻找机械臂的最优构型。但是随着自由度及其系统中基本模块类型数目的增加，加上评价指标的复杂化，可重构机械臂构型优化问题已很难用传统的优化方法来解决。ACPGA[2-5] 具有高速并行性、可避免早熟收敛的优点，本节采用此方法来解决构型优化问题。

采用 ACPGA 搜索最优构型的步骤如下。

(1) 编码。采用改进的关联矩阵对可重构机械臂进行编码，便于后续操作。

(2) 初始化。随机产生 $N$ 个个体作为初始种群，并将初始种群划分为 $P$ 个子群体，设置最大进化代数 $G$、子种群间的迁移间隔 step，并设置迁移个数 $R$。

(3) 适应度函数值计算。在每一个迁移间隔内，针对各子种群中的每一个个体，按 $V = 1/F$ 计算适应度值。

(4) 轮盘赌选择。从各子种群父代中选出适应度高的个体。个体适应度越高，被选中的概率越大；个体适应度越低，被选中的概率就越小。

(5) 交叉。为克服固定交叉概率的不足，在每一个子种群中采用自适应交叉率，具体公式为

$$
\begin{cases}
p_c = p_{c2} + (p_{c1} - p_{c2})\sin\left(\dfrac{f_i - f_{\text{avg}}}{f_{\max} - f_{\text{avg}}} \cdot \dfrac{\pi}{2}\right), & f_i \geqslant f_{\text{avg}} \\
p_c = p_{c1}, & f_i < f_{\text{avg}}
\end{cases}
\tag{3.8}
$$

式中，$p_{c1}$、$p_{c2}$ 分别为最大交叉率和最小交叉率；$f_{\text{avg}}$ 为子种群的平均适应度值。

本节关联矩阵的列既涉及模块类型又涉及连接方位，因此交叉操作针对关联矩阵的列进行，可交换两个关联矩阵中的一列或几列。两个关联矩阵分别为 $A_1$ 和 $A_2$，交叉操作的实例具体如下：

$$
A_1 =
\begin{array}{c}
\begin{array}{cccccc} L_b & L_r & L_l & L_s & L_l & L_t \end{array} \\
\begin{bmatrix}
0 & +z & 0 & 0 & 0 & 0 \\
0 & 0 & +x & 0 & 0 & 0 \\
0 & 0 & 0 & -y & 0 & 0 \\
0 & 0 & 0 & 0 & -x & 0 \\
0 & 0 & 0 & 0 & 0 & +z
\end{bmatrix}
\end{array}, \quad
A_2 =
\begin{array}{c}
\begin{array}{cccccc} L_b & L_r & L_s & L_l & L_r & L_t \end{array} \\
\begin{bmatrix}
0 & +z & 0 & 0 & 0 & 0 \\
0 & 0 & +z & 0 & 0 & 0 \\
0 & 0 & 0 & +y & 0 & 0 \\
0 & 0 & 0 & 0 & +x & 0 \\
0 & 0 & 0 & 0 & 0 & -y
\end{bmatrix}
\end{array}
$$

分别将关联矩阵 $A_1$ 和 $A_2$ 中的第三、四列进行对应交换，即 $A_1$ 和 $A_2$ 中的第三列数据一一对应交换，$A_1$ 和 $A_2$ 中的第四列数据一一对应交换，可得

$$
A_1 = \begin{array}{c} \begin{array}{cccccc} L_b & L_r & L_s & L_l & L_l & L_t \end{array} \\ \begin{bmatrix} 0 & +z & 0 & 0 & 0 & 0 \\ 0 & 0 & +z & 0 & 0 & 0 \\ 0 & 0 & 0 & +y & 0 & 0 \\ 0 & 0 & 0 & 0 & -x & 0 \\ 0 & 0 & 0 & 0 & 0 & +z \end{bmatrix} \end{array}, \quad
A_2 = \begin{array}{c} \begin{array}{cccccc} L_b & L_r & L_l & L_s & L_r & L_t \end{array} \\ \begin{bmatrix} 0 & +z & 0 & 0 & 0 & 0 \\ 0 & 0 & +x & 0 & 0 & 0 \\ 0 & 0 & 0 & -y & 0 & 0 \\ 0 & 0 & 0 & 0 & +x & 0 \\ 0 & 0 & 0 & 0 & 0 & -y \end{bmatrix} \end{array}
$$

(6) 变异。在每一个子种群中采用自适应变异率，可以维持种群多样性，以免过早陷入局部最优，具体公式为

$$
\begin{cases} p_m = p_{m2} + (p_{m1} - p_{m2})\sin\left(\dfrac{f_i - f_{\mathrm{avg}}}{f_{\max} - f_{\mathrm{avg}}} \cdot \dfrac{\pi}{2}\right), & f_i \geqslant f_{\mathrm{avg}} \\ p_m = p_{m1}, & f_i < f_{\mathrm{avg}} \end{cases} \tag{3.9}
$$

式中，$p_{m1}$、$p_{m2}$ 分别为最大变异率和最小变异率。

变异操作分为模块类型和连接方位的变异，分别用变异率 $p_m$ 和 $p_l$ 来控制。模块类型变异操作的实例具体如下：

将矩阵 $A_1$ 中第四列的模块类型由 $L_s$ 变异为 $L_r$，可得

$$
A_1 = \begin{array}{c} \begin{array}{cccccc} L_b & L_r & L_l & L_s & L_l & L_t \end{array} \\ \begin{bmatrix} 0 & +z & 0 & 0 & 0 & 0 \\ 0 & 0 & +x & 0 & 0 & 0 \\ 0 & 0 & 0 & -y & 0 & 0 \\ 0 & 0 & 0 & 0 & -x & 0 \\ 0 & 0 & 0 & 0 & 0 & +z \end{bmatrix} \end{array} \Longrightarrow A_1 = \begin{array}{c} \begin{array}{cccccc} L_b & L_r & L_l & L_r & L_l & L_t \end{array} \\ \begin{bmatrix} 0 & +z & 0 & 0 & 0 & 0 \\ 0 & 0 & +x & 0 & 0 & 0 \\ 0 & 0 & 0 & -y & 0 & 0 \\ 0 & 0 & 0 & 0 & -x & 0 \\ 0 & 0 & 0 & 0 & 0 & +z \end{bmatrix} \end{array}
$$

将矩阵 $A_1$ 中第五列的模块方位由 $-x$ 变异为 $+y$，得

$$
A_1 = \begin{array}{c} \begin{array}{cccccc} L_b & L_r & L_l & L_s & L_l & L_t \end{array} \\ \begin{bmatrix} 0 & +z & 0 & 0 & 0 & 0 \\ 0 & 0 & +x & 0 & 0 & 0 \\ 0 & 0 & 0 & -y & 0 & 0 \\ 0 & 0 & 0 & 0 & -x & 0 \\ 0 & 0 & 0 & 0 & 0 & +z \end{bmatrix} \end{array} \Longrightarrow A_1 = \begin{array}{c} \begin{array}{cccccc} L_b & L_r & L_l & L_s & L_l & L_t \end{array} \\ \begin{bmatrix} 0 & +z & 0 & 0 & 0 & 0 \\ 0 & 0 & +x & 0 & 0 & 0 \\ 0 & 0 & 0 & -y & 0 & 0 \\ 0 & 0 & 0 & 0 & +y & 0 \\ 0 & 0 & 0 & 0 & 0 & +z \end{bmatrix} \end{array}
$$

(7) 精英保留。为防止优秀个体在进入下一代的进化中丢失，每一个子种群都保留每一代适应度值最大的一个个体，同时从交叉、变异操作后产生的子种群中选出适应度值最大的个体，将其与父种群中适应度值最大的个体进行比较。若其值大于父种群中最优个体的适应度值，则子种群继续执行进化操作；若其值小于父种群

中最优个体的适应度值，则以父种群中的最优个体替换子种群中的最差个体，子种群继续进行遗传操作。

(8) 迁移。在进化代数达到迁移间隔 step 时，各子种群间进行优秀个体交换。子种群间采用环形连接结构。每一个子种群发送最优的 $R$ 个个体给相邻子种群，并接收其他子种群的 $R$ 个最优个体来替代自身的最差个体。

### 3.2.5　基于改进粒子群优化算法验证最优构型

在验证构型是否满足约束条件时，采用改进粒子群优化算法求逆运动学的解，具体过程如下。

(1) 对粒子群的规模、各粒子的位置和速度、惯性权重 $W$、加速度系数 $c_1$ 和 $c_2$、最大进化代数 maxgen 等进行初始化。

(2) 根据目标函数计算各个粒子的适应度值。

(3) 将各个粒子的适应度值与其本身所经历过的最好位置的适应度值进行比较，若较好，则更新当前最好位置。

(4) 将各个粒子的适应度值与全局所经历过的最好位置的适应度值进行比较，若较好，则更新当前全局最好位置。

(5) 更新各个粒子的位置和速度。

设置惯性权重 $W$ 的最大值为 $W_{\max}$（一般取 $[0.8, 1.4]$），$W$ 的最小值为 $W_{\min}$（一般取 $[0.35, 0.5]$），允许速度最大值为 $V_{\max}$，按式（3.10）计算 $W$，其中 gen 为当前进化代数：

$$W = W_{\max} - \text{gen} \cdot \frac{W_{\max} - W_{\min}}{\text{maxgen}} \tag{3.10}$$

已知当前代时第 $i$ 个个体的最好位置为 $X_{\text{pbest}}$，粒子群中最优粒子的位置为 $X_{\text{gbest}}$，当前第 $i$ 个个体的位置为 $X_i$，按式（3.11）更新各个粒子的速度和位置：

$$V_i(\text{gen}+1) = W \cdot V_i(\text{gen}) + c_1 \cdot \text{rand}() \cdot (X_{\text{pbest}} - X_i) + c_2 \cdot \text{rand}() \cdot (X_{\text{gbest}} - X_i),$$

$$\text{If} \quad |V_i| > V_{\max}, \quad \text{Then} \quad V_i = \text{rand}() \tag{3.11}$$

$$X_i(\text{gen}+1) = X_i(\text{gen}) + V_i(\text{gen}+1)$$

(6) 如果达到较好的适应度值或预设最大进化代数，则训练结束，输出训练结果；否则，返回步骤（2）继续搜索。

### 3.2.6　计算实例

为了验证上述构型设计方法的有效性，下面用一个具体的构型设计实例来进行说明。关节转角限制范围为 $-\dfrac{3}{4}\pi \leqslant q_i \leqslant \dfrac{3}{4}\pi$。

末端执行器的任务为：$y_d = 0.3 + 0.1\cos(t)$，$z_d = 0.01t$，$F_d = 10$N，采样周期为 0.01s。各遗传参数取为：$N$=30，$P$=3，$G$=50；允许最大模块数 $N_{\max}$=6；step=10，$R$=2，$p_{c1} = 0.8$，$p_{c2} = 0.3$，$p_{m1} = 0.2$，$p_{m2} = 0.05$，$k_l = 0.1$，$k_r = 0.5$，$k_s = 0.5$。

利用所设计的构型优化方法，得到其最优构型的关联矩阵为

$$
A = \begin{array}{c} \begin{array}{cccccc} L_b & L_r & L_l & L_s & L_l & L_t \end{array} \\ \left[ \begin{array}{cccccc} 0 & +z & 0 & 0 & 0 & 0 \\ 0 & 0 & +x & 0 & 0 & 0 \\ 0 & 0 & 0 & -y & 0 & 0 \\ 0 & 0 & 0 & 0 & -x & 0 \\ 0 & 0 & 0 & 0 & 0 & +z \end{array} \right] \end{array} \tag{3.12}
$$

各子种群的最大适应度函数曲线和平均适应度函数曲线如图 3.3 所示。

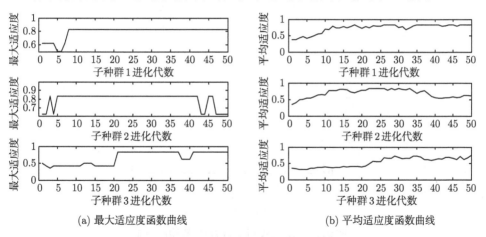

(a) 最大适应度函数曲线　　　　　　　(b) 平均适应度函数曲线

图 3.3　最大适应度函数曲线和平均适应度函数曲线

根据 ACPGA 搜索出的最优构型如图 3.4 所示。

图 3.4　最优构型

利用搜索出的最优构型去完成末端执行器的任务, 仿真结果如图 3.5 所示。

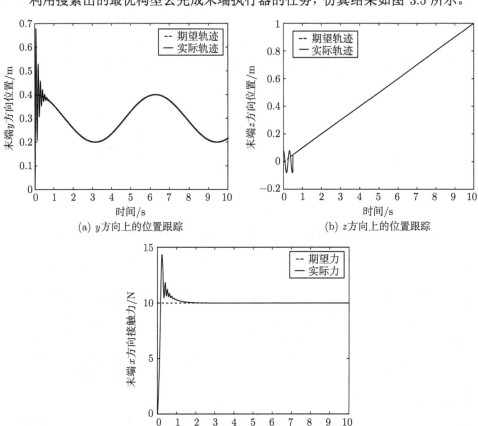

(a) $y$ 方向上的位置跟踪

(b) $z$ 方向上的位置跟踪

(c) $x$ 方向上的力跟踪

图 3.5    三自由度机械臂力/位置跟踪效果

从图 3.5 的仿真结果可以看出, 在满足约束条件且使式 (3.4) 所示目标函数最小的前提下, 利用 ACPGA 搜索出的最优构型能够以较好的跟踪精度完成末端执行器的任务。

## 3.3    本 章 小 结

本章首先利用改进的 AIM 对可重构机械臂进行构型表达, 基于关联矩阵设计了三种遗传操作算子; 然后应用 ACPGA 对可重构机械臂进行构型优化设计, 在验证构型是否满足约束条件时, 采用改进粒子群优化算法求得可重构机械臂的逆运动学解, 加快了收敛速度; 最后通过具体实例证明了 ACPGA 能够搜索出满足工作任务的最优构型, 该构型能较好地完成末端执行器的任务。

# 参 考 文 献

[1]  Chen I M, Burdick J W. Enumerating non-isomorphic assembly configurations of a modular robotic system[J]. International Journal of Robotics Research, 1998, 17(7): 702-719.

[2]  Pospichal P, Jaros J, Schwarz J. Parallel Genetic Algorithm on the CUDA Architecture[M]. Heidelberg: Springer, 2010.

[3]  Goncalves J F, Resende M G C. A parallel multi-population biased random-key genetic algorithm for a container loading problem[J]. Computers & Operations Research, 2012, 39(2): 179-190.

[4]  He J L, Chang D F, Mi W J, et al. A hybrid parallel genetic algorithm for yard crane scheduling[J]. Transportation Research Part E: Logistics and Transportation Review, 2010, 46(1): 136-155.

[5]  Goncalves J F, Resende M G C. A parallel multi-population genetic algorithm for a constrained two-dimensional orthogonal packing problem[J]. Journal of Combinatorial Optimization, 2011, 22(2): 180-201.

# 第4章 可重构机械臂分散轨迹跟踪控制

## 4.1 引 言

鉴于可重构机械臂模块化的特有属性，分散控制是其应用的必然趋势。分散控制是将可重构机械臂的每个关节都视为一个子系统，设计各子系统控制器，各子系统控制器只需知道自身关节的局部信息即可，该特点使得可重构机械臂系统的容错能力大大增强。但如何抑制各模块间的耦合关联作用一直是分散控制的关键问题，只有解决这个问题，才能实现真正意义上的分散。由于神经网络和模糊系统能以任意精度逼近连续非线性函数，很多学者应用二者去逼近可重构机械臂系统各子系统间的耦合关联项，以便实现分散控制[1-3]。该方法的不足之处是神经网络中神经元的个数和模糊隶属函数区间划分要达到一定要求，这必将使两种算法的复杂性增加，因此迫切需要找到一种更加通用、简便的逼近算法。在轨迹跟踪控制方面涌现了很多算法，包括基于神经网络控制[4-11]、自适应模糊控制[12-19]和滑模控制[20-28]等的算法。针对系统中存在不可测状态变量的情况，很多学者提出了基于观测器的反馈控制方法[29-36]。但在应用李雅普诺夫稳定性理论证明控制系统稳定性方面，尚无构造李雅普诺夫函数的通用算法，而反演控制方法的出现解决了李雅普诺夫函数缺乏构造的问题。近年来，反演控制以其李雅普诺夫函数的递推构造特性、通过虚拟控制器逐步修正控制器的特点得到了广大学者的认可[37-48]，但它存在"计算膨胀"问题，随着控制系统相对阶的增加，该算法难以实现。可重构机械臂在执行工作任务的过程中，其期望轨迹有可能会出现大的跳变，若不采取措施，就会出现由状态跳变引起的大的速度跳变，从而使得可重构机械臂相应的驱动力/力矩突然加大，导致控制效果下降甚至会损坏机械臂。在设计可重构机械臂的控制器时，往往其某些性质和先验知识未知，这时可引入迭代学习控制机制，它不要求已知系统的精确模型，而是利用在重复中学习的方法，最终实现在有限时间区间上对期望轨迹的完全跟踪。

本章介绍可重构机械臂在自由空间的分散轨迹跟踪控制问题。首先将可重构机械臂的动力学模型分解为多个关节子系统，在耦合关联项上界未知的情况下，利用扩张状态观测器 (ESO) 的扩张状态逼近该耦合关联项，并以此设计分散轨迹跟踪控制器。然后在此基础之上，借鉴反演控制的思想，设计反演分散轨迹跟踪控制器以解决反演控制中的"计算膨胀"问题，将动态面控制 (dynamic surface control, DSC) 方法引入反演控制中，为使所设计的控制器能够较平滑地跟踪大跳变的期望轨迹，防止出现因状态跳变引起的速度跳变问题（在速度跳变点需要很大的加速度，导致相应的驱动力或力矩突然加大，这往往会超出电机本身所能达到的最大值，从而影响控制效果甚至损坏机械臂），将生物启发策略引入自适应反演快速终端模糊滑模控制，将输出误差输入生物启发模型，利用生物启发模型的特点，将该误差限制在一个区间内，以生物启发模型的输出代替原来的输入误差进行下一步的控制器设计，可以保证可重构机械臂所跟踪的期望轨迹在发生较大跳变时其输出也是平滑的；为抑制抖振，在所设计的自适应反演模糊终端滑模控制器中引入一个新的非线性饱和函数来取代传统的符号函数。最后，在满足可重构机械臂某些性质和先验知识未知的前提下，考虑到迭代算法的特点，设计自适应迭代学习控制器，通过李雅普诺夫稳定性理论证明其稳定性，并推导出参数的自适应律。

## 4.2 基于 ESO 的分散自适应模糊控制

本节首先给出可重构机械臂在自由空间的动力学模型及各关节子系统的动力学模型，然后设计基于 ESO 的分散自适应模糊控制器并进行仿真验证。

### 4.2.1 问题描述

$n$ 自由度可重构机械臂的动力学模型为

$$M(q)\ddot{q} + C(q,\dot{q})\dot{q} + G(q) = \tau \tag{4.1}$$

式中，$q \in \mathbf{R}^n$ 为关节位置向量；$M(q) \in \mathbf{R}^{n \times n}$ 为惯性矩阵；$C(q,\dot{q})\dot{q} \in \mathbf{R}^n$ 为哥氏力和离心力项；$G(q) \in \mathbf{R}^n$ 为重力项；$\tau \in \mathbf{R}^n$ 为关节力矩。

可重构机械臂各关节子系统的动力学模型 [49] 为

$$M_i(q_i)\ddot{q}_i + C_i(q_i,\dot{q}_i)\dot{q}_i + G_i(q_i) + Z_i(q,\dot{q},\ddot{q}) = \tau_i \tag{4.2}$$

式中，$Z_i(q,\dot{q},\ddot{q})$ 为各子系统间的耦合关联项：

$$Z_i(q,\dot{q},\ddot{q}) = \left\{ \sum_{j=1,j\neq i}^{n} M_{ij}(q)\ddot{q}_j + [M_{ii}(q) - M_i(q_i)]\ddot{q}_i \right\}$$
$$+ \left\{ \sum_{j=1,j\neq i}^{n} C_{ij}(q,\dot{q})\dot{q}_j + [C_{ii}(q,\dot{q}) - C_i(q_i,\dot{q}_i)]\dot{q}_i \right\} + [\bar{G}_i(q) - G_i(q_i)]$$

$q_i$、$\dot{q}_i$、$\ddot{q}_i$、$\bar{G}_i(q)$ 和 $\tau_i$ 分别为向量 $q$、$\dot{q}$、$\ddot{q}$、$G(q)$ 和 $\tau$ 的第 $i$ 个分量；$M_{ij}(q)$ 和 $C_{ij}(q,\dot{q})$ 分别为矩阵 $M(q)$ 和 $C(q,\dot{q})$ 的第 $ij$ 个分量。

## 4.2.2　基于 ESO 的分散自适应模糊控制器设计及稳定性分析

设 $x_i = [x_{i1}, x_{i2}] = [q_i, \dot{q}_i]^{\mathrm{T}} (i = 1, 2, \cdots, n)$，则式 (4.2) 可以表示为以下形式的状态空间模型:

$$\begin{cases} \dot{x}_{i1} = x_{i2} \\ \dot{x}_{i2} = f_i(q_i, \dot{q}_i) + h_i(q, \dot{q}, \ddot{q}) + g_i(q_i)\tau_i \\ y_i = x_{i1} \end{cases} \tag{4.3}$$

式中

$$f_i(q_i, \dot{q}_i) = M_i^{-1}(q_i)[-C_i(q_i, \dot{q}_i)\dot{q}_i - G_i(q_i)]$$
$$g_i(q_i) = M_i^{-1}(q_i)$$
$$h_i(q, \dot{q}, \ddot{q}) = -M_i^{-1}(q_i)Z_i(q, \dot{q}, \ddot{q})$$

在式 (4.3) 中，将 $x_{i3} = f_i(q_i, \dot{q}_i) + h_i(q, \dot{q}, \ddot{q})$ 定义为各子系统的扩张状态，则式 (4.3) 变为

$$\begin{cases} \dot{x}_{i1} = x_{i2} \\ \dot{x}_{i2} = x_{i3} + g_i(q_i)\tau_i \\ \dot{x}_{i3} = m_i \\ y_i = x_{i1} \end{cases} \tag{4.4}$$

式中，$m_i$ 为未知量。

应用三阶 ESO[50]，具体形式如下:

$$\begin{cases} \mathrm{el}_i(t) = z_{i1} - y_i \\ \dot{z}_{i1} = z_{i2} - \beta_{i1}K_{i1}(\mathrm{el}_i(t)) \\ \dot{z}_{i2} = z_{i3} - \beta_{i2}K_{i2}(\mathrm{el}_i(t)) + \hat{g}_i(q_i)\tau_i \\ \dot{z}_{i3} = -\beta_{i3}K_{i3}(\mathrm{el}_i(t)) \end{cases} \tag{4.5}$$

式中，$\beta_{i1}$、$\beta_{i2}$、$\beta_{i3}$ 为观测器参数; $z_{ij}(t)(i = 1, 2, \cdots, n; j = 1, 2, \cdots, m)$ 为 ESO 对系统输出状态的估计值，可以表示为

$$z_{i1} \to x_{i1}, \quad z_{i2} \to x_{i2}, \quad \cdots, \quad z_{im} \to x_{im}$$

$K_{i1}(\cdot)$、$K_{i2}(\cdot)$、$K_{i3}(\cdot)$ 为饱和连续非线性函数，定义如下:

$$K_{ij}(\mathrm{el}_i, \alpha, \delta) = \begin{cases} |\mathrm{el}_i|^\alpha \, \mathrm{sgn}(\mathrm{el}_i), & |\mathrm{el}_i| > \delta \\ \dfrac{\mathrm{el}_i}{\delta^{1-\alpha}}, & |\mathrm{el}_i| \leqslant \delta \end{cases} \tag{4.6}$$

式中，$0 < \alpha < 1$，$\delta > 0$。三阶 ESO 能够将系统原状态和扩张状态的估计误差限制在一个非常小的范围内。

设 $e_i = z_{i1} - y_{ri}$，其中 $y_{ri}$ 为各关节的期望轨迹。定义一个滤波器误差为

$$s_i = \dot{e}_i + \lambda_i e_i \tag{4.7}$$

对其求导可得

$$
\begin{aligned}
\dot{s}_i =& \ddot{e}_i + \lambda_i \dot{e}_i \\
=& z_{i3} - \beta_{i2} K_{i2}(\mathrm{el}_i(t)) + \hat{g}_i(q_i)\tau_i - \beta_{i1}\dot{K}_{i1}(\mathrm{el}_i(t)) - \ddot{y}_{ri} \\
& + \lambda_i(z_{i2} - \beta_{i1}K_{i1}(\mathrm{el}_i(t)) - \dot{y}_{ri})
\end{aligned}
\tag{4.8}
$$

由式 (4.8) 得到控制律为

$$
\begin{aligned}
\tau_i =& \frac{1}{\hat{g}_i(q_i, \hat{\theta}_{ig})}[-z_{i3} + \beta_{i2}K_{i2}(e(t)) + \beta_{i1}\dot{K}_{i1}(e_i(t)) + \ddot{y}_{ri} \\
& - \lambda_i(z_{i2} - \beta_{i1}K_{i1}(e_i(t)) - \dot{y}_{ri}) - k_i s_i + u_{ic}]
\end{aligned}
\tag{4.9}
$$

式中，$\hat{g}_i(q_i, \hat{\theta}_{ig}) = \hat{\theta}_{ig}^{\mathrm{T}}\xi_{ig}(q_i)$ 为 $g_i(q_i)$ 的模糊系统逼近值，$\hat{\theta}_{ig}$ 为其可调参数向量，$\xi_{ig}(q_i)$ 为模糊基函数向量；$u_{ic}$ 的作用是补偿模糊逼近误差，取

$$u_{ic} = -\hat{\rho}_i \mathrm{sgn}(s_i) \tag{4.10}$$

式中，$\hat{\rho}_i$ 为常数。

自适应更新律取为

$$\dot{\hat{\theta}}_{ig} = \eta_{i1} s_i \xi_{ig}(q_i)\tau_i \tag{4.11}$$

$$\dot{\hat{\rho}}_i = \eta_{i2}|s_i| \tag{4.12}$$

式中，$\eta_{i1}$、$\eta_{i2}$ 为已知常数。

将式 (4.9) 代入式 (4.8)，可得

$$\dot{s}_i = -k_i s_i + u_{ic} + \tilde{\theta}_{ig}\xi_{ig}\tau_i - \tilde{\theta}_{ig}\xi_{ig}\tau_i = -k_i s_i + u_{ic} + \tilde{\theta}_{ig}\xi_{ig}\tau_i + \phi_i$$

**假设 4.1** $\varphi_i$ 有界且满足 $|\varphi_i| \leqslant \rho_i^*$，其中 $\rho_i^*$ 为未知常数。

**定理 4.1** 考虑子系统动力学模型 (4.2)，应用所设计的分散控制器 (4.9)、误差补偿项 (4.10) 及参数更新律 (4.11)、(4.12)，可保证可重构机械臂系统的轨迹跟踪误差渐近趋近于零。

**证明** 李雅普诺夫函数取为

$$V = \sum_{i=1}^{n} V_i = \sum_{i=1}^{n}\left(\frac{1}{2}s_i^2 + \frac{1}{2\eta_{i1}}\tilde{\theta}_{ig}^{\mathrm{T}}\tilde{\theta}_{ig} + \frac{1}{2\eta_{i2}}\tilde{\rho}_i^2\right) \tag{4.13}$$

将式 (4.13) 对时间求导，可得

$$\dot{V}_i = s_i \dot{s}_i + \frac{1}{\eta_{i1}} \tilde{\theta}_{ig}^{\mathrm{T}} \dot{\tilde{\theta}}_{ig} + \frac{1}{\eta_{i2}} \tilde{\rho}_i \dot{\tilde{\rho}}_i = s_i \dot{s}_i - \frac{1}{\eta_{i1}} \tilde{\theta}_{ig}^{\mathrm{T}} \dot{\hat{\theta}}_{ig} - \frac{1}{\eta_{i2}} \tilde{\rho}_i \dot{\hat{\rho}}_i$$

$$= s_i(-k_i s_i + u_{ic} + \tilde{\theta}_{ig} \xi_{ig} \tau_i + \varphi_i) - \frac{1}{\eta_{i1}} \tilde{\theta}_{ig}^{\mathrm{T}} \dot{\hat{\theta}}_{ig} - \frac{1}{\eta_{i2}} \tilde{\rho}_i \dot{\hat{\rho}}_i \qquad (4.14)$$

式中，$\tilde{\rho}_i = \rho_i^* - \hat{\rho}_i$，$\rho_i^*$ 为补偿控制律 $u_{ic}$ 的最优参数；$\tilde{\theta}_{ig} = \theta_{ig}^* - \hat{\theta}_{ig}$，$\theta_{ig}^*$ 为最优可调参数向量。

将自适应律 (4.11) 代入式 (4.14)，可得

$$\dot{V}_i = -k_i s_i^2 + s_i u_{ic} + s_i \varphi_i - \frac{1}{\eta_{i2}} \tilde{\rho}_i \dot{\hat{\rho}}_i \leqslant -k_i s_i^2 + s_i u_{ic} + \rho_i^* |s_i| - \frac{1}{\eta_{i2}} \tilde{\rho}_i \dot{\hat{\rho}}_i$$

$$= -k_i s_i^2 + s_i u_{ic} + (\hat{\rho}_i + \tilde{\rho}_i) |s_i| - \frac{1}{\eta_{i2}} \tilde{\rho}_i \dot{\hat{\rho}}_i \qquad (4.15)$$

将式 (4.10)、式 (4.12) 代入式 (4.15)，可得

$$\dot{V}_i \leqslant -k_i s_i^2$$

即 $\dot{V} = \sum_{i=1}^{n} \dot{V}_i \leqslant \sum_{i=1}^{n} -k_i s_i^2$。

由于 $\int_0^\infty \sum_{i=1}^{n} k_i s_i^2 \mathrm{d}t \leqslant -\int_0^\infty \dot{V} \mathrm{d}t = V(0) - V(\infty) < \infty$，可知 $s_i \in L_2$，根据 Babalat 引理可知，$\lim_{t \to \infty} s_i(t) = 0$，即轨迹跟踪误差 $e_i = z_{i1} - y_{ri}$ 也将渐近趋近于零，故定理成立。

### 4.2.3　仿真与分析

本节采用如图 2.1 所示的四自由度可重构机械臂作为仿真对象。

各关节的期望轨迹为

$$y_{1r} = 0.5\cos(t) - 0.2\sin(3t)$$
$$y_{2r} = 0.3\cos(3t) - 0.5\sin(2t)$$
$$y_{3r} = 0.2\sin(3t) + 0.1\cos(4t)$$
$$y_{4r} = 0.3\sin(2t) + 0.2\cos(t)$$

分别设置扩张状态观测器的初始位置 $Z_{i1}(0) = 1$、初始速度 $Z_{i2}(0) = 0$ 及扩张状态初始值 $Z_{i3}(0) = 0$。

模糊集合 $F_{i1}^l$ 对应的隶属度函数为

$$\mu_{F_{ik}^1} = \frac{1}{1 + \exp[5(x+2)]}, \quad \mu_{F_{ik}^2} = \exp[-(x+1.5)^2],$$

$$\mu_{F_{ik}^3} = \exp[-(x+0.5)^2], \quad \mu_{F_{ik}^4} = \exp[-(x)^2]$$

$$\mu_{F_{ik}^5} = \exp[-(x-0.5)^2], \quad \mu_{F_{ik}^6} = \exp[-(x-1.5)^2]$$

$$\mu_{F_{ik}^7} = \frac{1}{1 + \exp[-5(x-2)]}$$

采用控制律 (4.9)、误差补偿项 (4.10) 及参数更新律 (4.11) 和 (4.12)，$\alpha =$ 0.1，$\delta = 0.01$，$\eta_{i1} = 10$，$\eta_{i2} = 50$，$\beta_{i1} = 2$，$\beta_{i2} = 150$，$\beta_{i3} = 1000$，$\lambda_i = 100$，$k_i = 50$，得到可重构机械臂各关节的轨迹跟踪曲线如图 4.1 所示。

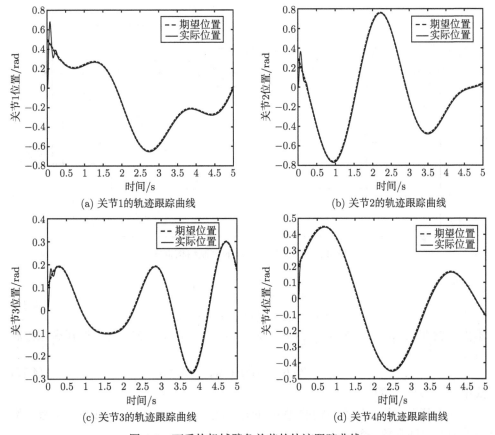

(a) 关节1的轨迹跟踪曲线　　　　　　　　(b) 关节2的轨迹跟踪曲线

(c) 关节3的轨迹跟踪曲线　　　　　　　　(d) 关节4的轨迹跟踪曲线

图 4.1　可重构机械臂各关节的轨迹跟踪曲线 1

由图 4.1 的仿真结果可以看出，由于 ESO 实时估计了可重构机械臂各关节间的耦合关联项，所设计的分散自适应模糊控制器能使可重构机械臂各关节较好地跟踪其期望轨迹。

## 4.3　基于 ESO 和 DSC 的反演分散控制

本节首先设计基于 ESO 和 DSC 的可重构机械臂反演分散控制器，然后给出 ESO 中各个参数的粒子群优化算法训练流程并进行仿真验证。

### 4.3.1　反演分散控制器设计及稳定性分析

在 4.2 节的基础上，为式 (4.5) 设计基于 DSC 的反演控制律。各关节子系统的控制结构如图 4.2 所示。

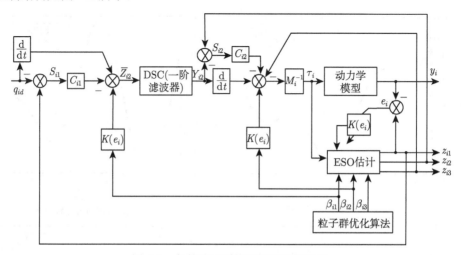

图 4.2　各关节子系统的控制结构框图

取

$$S_{i1} = z_{i1} - y_{ri}$$
$$\dot{S}_{i1} = z_{i2} - \beta_{i1}K_{i1}(e(t)) - \dot{y}_{ri} \tag{4.16}$$

不失一般性，$S_{ij}(i = 1, 2, \cdots, n; j = 1, 2 \cdots, m-1)$ 定义为误差面。选择虚拟控制量为

$$\bar{z}_{i2} = \beta_{i1}K_{i1}(e(t)) + \dot{y}_{ri} - C_{i1}S_{i1} \tag{4.17}$$

式中，$C_{i1}$ 为正常数。

利用基于一阶滤波器结构的 DSC 算法，取 $t_{i2}\dot{p}_{i2} + p_{i2} = \bar{z}_{i2}$，其中 $t_{i2}$ 为一阶滤波器的时间常数。令

$$S_{i2} = z_{i2} - p_{i2}$$
$$\dot{S}_{i2} = \dot{z}_{i2} - \dot{p}_{i2} = z_{i3} - \beta_{i2}K_{i2}(e(t)) + \hat{g}_i(q_i)\tau_i - \dot{p}_{i2} \tag{4.18}$$

得到最终的控制律为

$$\tau_i = \frac{1}{\hat{g}_i(q_i, \theta_{ig})}(-z_{i3} + \beta_{i2}K_{i2}(e(t)) + \dot{p}_{i2} - C_{i2}S_{i2}) \tag{4.19}$$

式中, $C_{i2}$ 为正常数。

**定理 4.2** 考虑可重构机械臂的子系统动力学模型 (4.2), 设计如式 (4.19) 所示的分散控制律, 可保证可重构机械臂系统的轨迹跟踪误差渐近趋近于零。

**证明** 由式 (4.16) 可知

$$\dot{S}_{i1} = z_{i2} - \beta_{i1} K_{i1}(e(t)) - \dot{y}_{ri} = S_{i2} + p_{i2} - \beta_{i1} K_{i1}(e(t)) - \dot{y}_{ri}$$

同理可得

$$\begin{aligned}
\dot{S}_{i(j-1)} &= S_{ij} + p_{ij} - \beta_{i(j-1)} K_{i(j-1)}(e(t)) - \dot{p}_{i(j-1)} \\
&= S_{ij} + p_{ij} - C_{i(j-1)} S_{i(j-1)} - \bar{z}_{ij} \\
&\vdots \\
\dot{S}_{im} &= -C_{im} S_{im}
\end{aligned} \tag{4.20}$$

定义

$$\begin{aligned}
y_{i2} &= p_{i2} - \bar{z}_{i2} = p_{i2} - \beta_{i1} K_{i1}(e(t)) + C_{i1} S_{i1} - \dot{y}_{ri} \\
&\vdots \\
y_{ij} &= p_{ij} - \beta_{i(j-1)} K_{i(j-1)}(e(t)) + C_{i(j-1)} S_{i(j-1)} + \frac{y_{i(j-1)}}{t_{i(j-1)}}
\end{aligned} \tag{4.21}$$

由于 $\dot{p}_{ij} = \dfrac{\bar{z}_{ij} - p_{ij}}{t_{ij}} = -\dfrac{y_{ij}}{t_{ij}}$, 则

$$\begin{aligned}
\dot{y}_{ij} &= \dot{p}_{ij} - \beta_{i(j-1)} \dot{K}_{i(j-1)}(e(t)) + C_{i(j-1)} \dot{S}_{i(j-1)} + \frac{\dot{y}_{i(j-1)}}{t_{i(j-1)}} \\
&= -\frac{y_{ij}}{t_{ij}} + A_{ij}(S_1, \cdots, S_j, y_2, \cdots, y_j, \beta_{i1}, \cdots, \beta_{i(j-1)}, y_{ri}, \dot{y}_{ri}, \ddot{y}_{ri})
\end{aligned} \tag{4.22}$$

式中, $y_{ri}$ 为光滑函数且 $y_{ri}$、$\dot{y}_{ri}$、$\ddot{y}_{ri}$ 均有界。

**假设 4.2** 式 (4.22) 中函数 $A_{ij}(\cdot)$ 是有界的, 即

$$\|A_{ij}(\cdot)\| \leqslant M$$

式中, $M$ 为已知正常数。

考虑下面的李雅普诺夫函数:

$$V = \frac{1}{2} \sum_{i=1}^{n} \sum_{j=1}^{m} S_{ij}^2 + \frac{1}{2} \sum_{i=1}^{n} \sum_{j=1}^{m-1} y_{i(j+1)}^2 \tag{4.23}$$

对时间的导数为

$$\dot{V} = \sum_{i=1}^{n} \sum_{j=1}^{m} S_{ij} \dot{S}_{ij} + \sum_{i=1}^{n} \sum_{j=1}^{m-1} y_{i(j+1)} \dot{y}_{i(j+1)}$$

$$= \sum_{i=1}^{n} \sum_{j=1}^{m} S_{ij}(S_{i(j+1)} + p_{i(j+1)} - \beta_{ij}K_{ij}(e(t)) - \dot{p}_{ij}) + \sum_{i=1}^{n} \sum_{j=1}^{m-1} y_{i(j+1)}\dot{y}_{i(j+1)}$$

$$= \sum_{i=1}^{n} \sum_{j=1}^{m} S_{ij}(S_{i(j+1)} + p_{i(j+1)} - C_{ij}S_{ij} - \bar{z}_{i(j+1)}) + \sum_{i=1}^{n} \sum_{j=1}^{m-1} y_{i(j+1)}\dot{y}_{i(j+1)}$$

$$\leqslant \sum_{i=1}^{n} \sum_{j=1}^{m} (-C_{ij}S_{ij}^2 + S_{ij}S_{i(j+1)} + S_{ij}p_{i(j+1)} - S_{ij}\bar{z}_{i(j+1)})$$

$$+ \sum_{i=1}^{n} \sum_{j=1}^{m-1} \left( -\frac{y_{i(j+1)}^2}{t_{i(j+1)}} + \left| y_{i(j+1)}A_{i(j+1)} \right| \right)$$

$$\leqslant \sum_{i=1}^{n} \sum_{j=1}^{m} (-C_{ij}S_{ij}^2 + S_{ij}S_{i(j+1)} + S_{ij}p_{i(j+1)} + |S_{ij}| \, |\bar{z}_{i(j+1)}|)$$

$$+ \sum_{i=1}^{n} \sum_{j=1}^{m-1} \left( -\frac{y_{i(j+1)}^2}{t_{i(j+1)}} + \left| y_{i(j+1)}A_{i(j+1)} \right| \right)$$

$$\leqslant \sum_{i=1}^{n} \sum_{j=1}^{m} \left( -C_{ij}S_{ij}^2 + \frac{1}{2}S_{ij}^2 + \frac{1}{2}S_{i(j+1)}^2 + \frac{1}{2}S_{ij}^2 + \frac{1}{2}p_{i(j+1)}^2 \right.$$

$$\left. + \frac{1}{2}S_{ij}^2 + \frac{1}{2}\bar{z}_{i(j+1)}^2 \right) + \sum_{i=1}^{n} \sum_{j=1}^{m-1} \left( -\frac{y_{i(j+1)}^2}{t_{i(j+1)}} + \left| y_{i(j+1)}A_{i(j+1)} \right| \right) \tag{4.24}$$

取 $C_{ij} = \dfrac{3}{2} + \alpha_0$，则

$$\dot{V} \leqslant \sum_{i=1}^{n} \sum_{j=1}^{m} \left( -\alpha_0 S_{ij}^2 + \frac{1}{2}S_{i(j+1)}^2 + \frac{1}{2}p_{i(j+1)}^2 + \frac{1}{2}\bar{z}_{i(j+1)}^2 \right)$$

$$+ \sum_{i=1}^{n} \sum_{j=1}^{m-1} \left( -\frac{y_{i(j+1)}^2}{t_{i(j+1)}} + \left| y_{i(j+1)}A_{i(j+1)} \right| \right)$$

$$\leqslant \sum_{i=1}^{n} \sum_{j=1}^{m} (-\alpha_0 S_{ij}^2) + \sum_{i=1}^{n} \sum_{j=1}^{m-1} \left( -\frac{y_{i(j+1)}^2}{t_{i(j+1)}} + \left| y_{i(j+1)}A_{i(j+1)} \right| \right) \tag{4.25}$$

由于 $\dfrac{y_{i(j+1)}^2 A_{i(j+1)}^2}{2a} + \dfrac{a}{2} \geqslant |y_{i(j+1)}A_{i(j+1)}|$，$a$ 为任意正常数，取 $\dfrac{1}{t_{i(j+1)}} = \dfrac{M^2}{2a} + \alpha_0$，$\alpha_0$ 为任意正常数，则

$$\dot{V} \leqslant \sum_{i=1}^{n} \sum_{j=1}^{m} (-\alpha_0 S_{ij}^2) + \sum_{i=1}^{n} \sum_{j=1}^{m-1} \left[ -y_{i(j+1)}^2 \left( \frac{M^2}{2a} + \alpha_0 \right) + \frac{y_{i(j+1)}^2 M^2}{2a} + \frac{a}{2} \right]$$

$$= \sum_{i=1}^{n} \sum_{j=1}^{m} (-\alpha_0 S_{ij}^2) + \sum_{i=1}^{n} \sum_{j=1}^{m-1} \left( -\alpha_0 y_{i(j+1)}^2 + \frac{a}{2} \right)$$

$$= -2\alpha_0 V + \frac{(m-1)}{2} na \tag{4.26}$$

解不等式 (4.26) 可得

$$0 \leqslant V(t) \leqslant \frac{(m-1)na}{4\alpha_0} + \left[ V(0) - \frac{(m-1)na}{4\alpha_0} \right] \exp(-2\alpha_0 t) \tag{4.27}$$

由式 (4.27) 可知, 李雅普诺夫函数 $V(t)$ 最终收敛于 $\dfrac{(m-1)na}{4\alpha_0}$, 若取 $a$ 为无穷小或 $\alpha_0$ 为无穷大, 则 $\dfrac{(m-1)na}{4\alpha_0}$ 可任意小, 即轨迹跟踪误差渐近趋近于零。

### 4.3.2 ESO 参数 $\beta_{i1}$、$\beta_{i2}$、$\beta_{i3}$ 的粒子群优化算法训练流程

采用粒子群优化算法自适应调整 ESO 中的参数 $\beta_{i1}$、$\beta_{i2}$、$\beta_{i3}$, 具体步骤如下。

(1) 初始化粒子群粒子的位置和速度、粒子群的大小、加速度因子 $c_1$ 和 $c_2$, 以及惯性权重 $W$、最大进化代数等。

(2) 计算各个粒子的适应度函数值。

(3) 比较各个粒子自身经历过的最好位置对应的适应度值与其当前适应度值, 若当前适应度值优于最好位置对应的适应度值, 则更新当前最好位置。

(4) 比较全部粒子遍历过的最好位置对应的适应度值与各个粒子的适应度值, 若后者优于前者, 则更新当前全局最好位置。

(5) 更新各个粒子的位置和速度。

设置惯性权重 $W$ 的最大值为 $W_{\max}$, 最小值为 $W_{\min}$, 速度最大值为 $V_{\max}$, 计算惯性权重 $W$:

$$W = W_{\max} - \text{gen} \cdot \frac{W_{\max} - W_{\min}}{\text{maxgen}}$$

式中, gen 为当前进化代数。

已知 $X_i$ 为当前进化代第 $i$ 个个体的位置, $X_{\text{pbest}}$ 为其所经历的最好位置, $X_{\text{gbest}}$ 为粒子群最优粒子所经历的位置, 各个粒子的速度和位置如下进行更新:

$$
\begin{aligned}
V_i(\text{gen}+1) &= W \cdot V_i(\text{gen}) + c_1 \cdot \text{rand}() \cdot (X_{\text{pbest}} - X_i) \\
&\quad + c_2 \cdot \text{rand}() \cdot (X_{\text{gbest}} - X_i), \\
\text{If} \quad |V_i| &> V_{\max}, \quad \text{Then} \quad V_i = \text{rand}() \\
X_i(\text{gen}+1) &= X_i(\text{gen}) + V_i(\text{gen}+1)
\end{aligned}
$$

(6) 如果达到预设最大进化代数或设定的适应度值, 则输出搜索到的最优解, 训练过程结束; 否则, 返回步骤 (2) 继续搜索。

### 4.3.3　仿真与分析

本节采用如图 2.1 所示的四自由度可重构机械臂进行仿真。

各关节期望轨迹为

$$q_{1d} = 0.7\sin(t) - 0.2\sin(3t)$$
$$q_{2d} = 0.3\cos(3t) - 0.5\cos(2t)$$
$$q_{3d} = 0.4\sin(3t) + 0.1\sin(4t)$$
$$q_{4d} = 0.3\cos(2t) + 0.4\cos(t)$$

初始位置 $q_i(0) = 1(i = 1, 2, 3, 4)$，初始速度 $\dot{q}_i(0) = 0(i = 1, 2, 3, 4)$，ESO 的初始状态设置为 $Z_{i1}(0) = 1, Z_{i2}(0) = 0, Z_{i3}(0) = 0(i = 1, 2, 3, 4)$。

采用式 (4.19) 所示的控制律，仿真中 ESO 参数 $\alpha = 0.5$，$\delta = 0.01$，误差面系数 $C_{i1} = 21, C_{i2} = 21$，一阶滤波器的时间常数 $t_{i2} = 0.05$，粒子群规模为 20，最大进化代数 maxgen=30，$c_1 = c_2 = 2$，$W_{\max} = 1$，$W_{\min} = 0.4$，$V_{\max} = 1.2$。可重构机械臂各关节的轨迹跟踪曲线如图 4.3 所示，控制力矩曲线如图 4.4 所示。

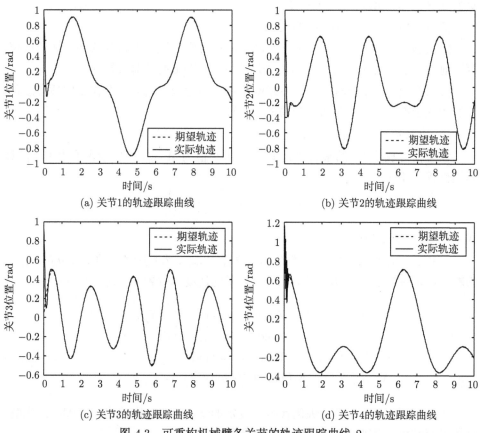

(a) 关节1的轨迹跟踪曲线

(b) 关节2的轨迹跟踪曲线

(c) 关节3的轨迹跟踪曲线

(d) 关节4的轨迹跟踪曲线

图 4.3　可重构机械臂各关节的轨迹跟踪曲线 2

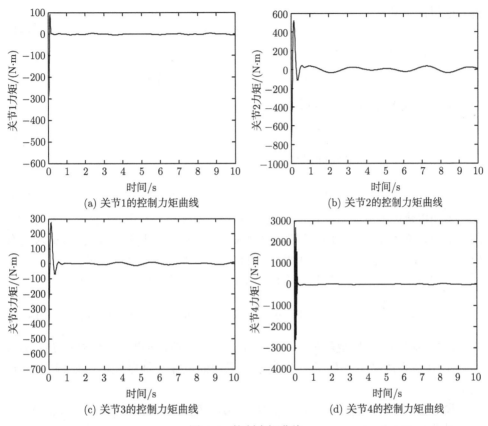

图 4.4 控制力矩曲线

从图 4.3 和图 4.4 可以看出，由于在仿真的初始阶段缺少关于子系统动力学模型的知识，四个关节都出现了跟踪误差。约 0.5s 后，实际轨迹与期望轨迹基本重合，表明本节所提出的分散控制方法可保证可重构机械臂系统的轨迹跟踪误差渐近趋近于零。

## 4.4 基于生物启发策略的自适应反演快速终端模糊滑模控制

本节首先介绍生物启发模型的结构形式，然后为可重构机械臂设计自适应反演快速终端模糊滑模控制器，最后进行理论证明并给出仿真结果。

### 4.4.1 生物启发模型简介

针对式 (4.3)，设 $e_{i1} = x_{i1} - y_{id}$，对其求导可得

$$\dot{e}_{i1} = x_{i2} - \dot{y}_{id} \tag{4.28}$$

得到虚拟控制量为

$$x_{i2d} = -c_i e_{i1} + \dot{y}_{id} \tag{4.29}$$

设 $e_{i2} = x_{i2} - x_{i2d}$，即

$$x_{i2} = e_{i2} + x_{i2d} = e_{i2} - c_i e_{i1} + \dot{y}_{id} \tag{4.30}$$

将式 (4.30) 代入式 (4.28)，可得

$$\dot{e}_{i1} = x_{i2} - \dot{y}_{id} = e_{i2} - c_i e_{i1} \tag{4.31}$$

定义 $V_{i1} = \dfrac{1}{2} e_{i1}^2$，其时间导数为

$$\dot{V}_{i1} = e_{i1}\dot{e}_{i1} = e_{i1}(e_{i2} - c_i e_{i1}) = -c_i e_{i1}^2 + e_{i1}e_{i2} \tag{4.32}$$

当期望轨迹出现大的跳变时，为了使轨迹跟踪输出依然平滑，克服常规反演控制方法中因位置突变导致的虚拟速度跳变而出现较大力/力矩的情况，可引入生物启发模型，得到虚拟的中间速度变量，用它代替控制律中的轨迹跟踪误差。

生物启发模型是一个生物膜电压模型，其膜电压的状态方程为 [51]

$$C_m \frac{\mathrm{d}V_m}{\mathrm{d}t} = -(E_p + V_m)g_p + (E_{\mathrm{Na}} - V_m)g_{\mathrm{Na}} - (E_{\mathrm{K}} + V_m)g_{\mathrm{K}} \tag{4.33}$$

式中，$C_m$ 为膜电容；时变函数 $g_{\mathrm{K}}$、$g_{\mathrm{Na}}$ 和 $g_p$ 分别是钾、钠和负极的导纳；$E_{\mathrm{K}}$、$E_{\mathrm{Na}}$ 和 $E_p$ 分别为薄膜中钾离子、钠离子和无源漏电流在细胞膜的能斯特(Nernst)能量。

设 $C_m = 1, V = E_p + V_m, A = g_p, B = E_{\mathrm{Na}} + E_p, D = E_{\mathrm{K}} - E_p, S^+ = g_{\mathrm{Na}}, S^- = g_{\mathrm{K}}$，则式 (4.33) 变为

$$\dot{V} = -AV + (B - V)S^+ - (D + V)S^- \tag{4.34}$$

式中，$V$ 表示神经元的神经活性（即膜电势）；参数 $A$、$B$、$D$ 分别表示神经元活动的负衰减率、神经激励的上限和下限；变量 $S^+$ 和 $S^-$ 分别表示相应的激励性和抑制性输入，神经元的膜电压被限制在 $[-D, B]$。

由式 (4.34) 可得实际应用的生物启发模型为

$$\dot{V}_i = -AV_i + (B - V_i)f(e_i) - (D + V_i)g(e_i)$$

式中，$f(e_i) = \max(e_i, 0), g(e_i) = \max(-e_i, 0)$。

### 4.4.2　自适应反演快速终端模糊滑模控制器设计

设 $s_i = e_{i2} + \alpha_i e_{i1} + \beta_i e_{i1}^{q/p}$，则

$$\dot{s}_i = \dot{e}_{i2} + \alpha_i \dot{e}_{i1} + \beta_i \cdot \frac{q}{p} \cdot e_{i1}^{(q/p-1)} \dot{e}_{i1} \tag{4.35}$$

式中，$\alpha_i > 0$，$\beta_i > 0$，$q$、$p$ 为正奇数且 $q < p$。

采用模糊系统 $\hat{f}_i(q_i, \dot{q}_i, \hat{\theta}_{if})$、$\hat{g}_i(q_i, \hat{\theta}_{ig})$ 和 $\hat{h}_i(|s_i|, \hat{\theta}_{ih})$ 对式 (4.3) 中的 $f_i(q_i, \dot{q}_i)$、$g_i(q_i)$ 和 $h_i(q_i, \dot{q}_i, \ddot{q}_i)$ 进行逼近。

分散控制律设计为

$$\tau_i = \frac{1}{\hat{g}_i(q_i, \hat{\theta}_{ig})} \bigg( -\hat{f}_i(q_i, \dot{q}_i, \hat{\theta}_{if}) - \hat{h}_i(|s_i|, \hat{\theta}_{ih}) + \dot{x}_{i2d} - \alpha_i \dot{e}_{i1}$$

$$- \beta_i \cdot \frac{q}{p} \cdot e_{i1}^{q/p-1} \dot{e}_{i1} - m_i s_i + u_{ic} - \frac{1}{s_i} e_{i1} e_{i2} \bigg) \tag{4.36a}$$

$$u_{ic} = -D_i \mathrm{sgn}(s_i) \tag{4.36b}$$

式中，$D_i$ 为所有模糊估计误差的上界。

为抑制抖振，标准符号函数 sgn 由非线性饱和函数取代：

$$S(x) = \begin{cases} |x|^\alpha \mathrm{sgn}(x), & \delta < |x| < \beta \\ \delta^{\alpha-1} x, & |x| \leqslant \delta \\ \beta^\alpha \mathrm{sgn}(x), & |x| \geqslant \beta \end{cases}$$

参数自适应更新律取为

$$\dot{\hat{\theta}}_{if} = \eta_{i1} s_i \xi_{if}(q_i, \dot{q}_i) \tag{4.37}$$

$$\dot{\hat{\theta}}_{ig} = \eta_{i2} s_i \xi_{ig}(q_i) \tau_i \tag{4.38}$$

$$\dot{\hat{\theta}}_{ih} = \eta_{i3} s_i \xi_{ih}(|s_i|) \tag{4.39}$$

**定理 4.3** 考虑子系统动力学模型 (4.2)，若应用式 (4.36) 所示的分散控制律及式 (4.37)~式 (4.39) 所示的参数更新律，则可保证可重构机械臂系统的轨迹跟踪误差渐近趋近于零。

**证明** 取李雅普诺夫函数为 $V = \sum_{i=1}^n V_i$，其中

$$V_i = V_{i1} + \frac{1}{2} s_i^2 + \frac{1}{2\eta_{i1}} \tilde{\theta}_{if}^{\mathrm{T}} \tilde{\theta}_{if} + \frac{1}{2\eta_{i2}} \tilde{\theta}_{ig}^{\mathrm{T}} \tilde{\theta}_{ig} + \frac{1}{2\eta_{i3}} \tilde{\theta}_{ih}^{\mathrm{T}} \tilde{\theta}_{ih} \tag{4.40}$$

对式 (4.40) 求导，可得

$$\dot{V}_i = e_{i1} \dot{e}_{i1} + s_i \dot{s}_i - \frac{1}{\eta_{i1}} \tilde{\theta}_{if}^{\mathrm{T}} \dot{\hat{\theta}}_{if} - \frac{1}{\eta_{i2}} \tilde{\theta}_{ig}^{\mathrm{T}} \dot{\hat{\theta}}_{ig} - \frac{1}{\eta_{i3}} \tilde{\theta}_{ih}^{\mathrm{T}} \dot{\hat{\theta}}_{ih} \tag{4.41}$$

将式 (4.31) 和式 (4.35) 代入式 (4.41)，可得

$$\dot{V}_i = -c_i e_{i1}^2 + e_{i1} e_{i2} + s_i \bigg( \dot{e}_{i2} + \alpha_i \dot{e}_{i1} + \beta_i \cdot \frac{q}{p} \cdot e_{i1}^{(q/p-1)} \dot{e}_{i1} \bigg)$$

$$- \frac{1}{\eta_{i1}} \tilde{\theta}_{if}^{\mathrm{T}} \dot{\hat{\theta}}_{if} - \frac{1}{\eta_{i2}} \tilde{\theta}_{ig}^{\mathrm{T}} \dot{\hat{\theta}}_{ig} - \frac{1}{\eta_{i3}} \tilde{\theta}_{ih}^{\mathrm{T}} \dot{\hat{\theta}}_{ih} \tag{4.42}$$

因 $e_{i2} = x_{i2} - x_{i2d}$，故

$$\dot{e}_{i2} = \dot{x}_{i2} - \dot{x}_{i2d} = f_i(q_i, \dot{q}_i) + h_i(q, \dot{q}, \ddot{q}) + g_i(q_i)\tau_i - \dot{x}_{i2d} \tag{4.43}$$

将式 (4.43) 代入式 (4.42)，可得

$$\dot{V}_i = -c_i e_{i1}^2 + e_{i1}e_{i2} + s_i\bigg[f_i(q_i, \dot{q}_i) + h_i(q, \dot{q}, \ddot{q}) + g_i(q_i)\tau_i - \dot{x}_{i2d} + \alpha_i \dot{e}_{i1}$$
$$+ \beta_i \cdot \frac{q}{p} \cdot e_{i1}^{q/p-1}\dot{e}_{i1}\bigg] - \frac{1}{\eta_{i1}}\tilde{\theta}_{if}^{\mathrm{T}}\dot{\hat{\theta}}_{if} - \frac{1}{\eta_{i2}}\tilde{\theta}_{ig}^{\mathrm{T}}\dot{\hat{\theta}}_{ig} - \frac{1}{\eta_{i3}}\tilde{\theta}_{ih}^{\mathrm{T}}\dot{\hat{\theta}}_{ih} \tag{4.44}$$

因为 $g_i(q_i) = \hat{g}_i(q_i) + \tilde{g}_i(q_i) + \varepsilon_g$，所以有

$$\dot{V}_i = -c_i e_{i1}^2 + e_{i1}e_{i2} + s_i\bigg[f_i(q_i, \dot{q}_i) + h_i(q, \dot{q}, \ddot{q}) + (\hat{g}_i(q_i) + \tilde{g}_i(q_i) + \varepsilon_g)\tau_i - \dot{x}_{i2d}$$
$$+ \alpha_i \dot{e}_{i1} + \beta_i \cdot \frac{q}{p} \cdot e_{i1}^{q/p-1}\dot{e}_{i1}\bigg] - \frac{1}{\eta_{i1}}\tilde{\theta}_{if}^{\mathrm{T}}\dot{\hat{\theta}}_{if} - \frac{1}{\eta_{i2}}\tilde{\theta}_{ig}^{\mathrm{T}}\dot{\hat{\theta}}_{ig} - \frac{1}{\eta_{i3}}\tilde{\theta}_{ih}^{\mathrm{T}}\dot{\hat{\theta}}_{ih} \tag{4.45}$$

即

$$\dot{V}_i = -c_i e_{i1}^2 + e_{i1}e_{i2} + s_i\bigg[f_i(q_i, \dot{q}_i) + h_i(q, \dot{q}, \ddot{q}) + \hat{g}_i(q_i)\tau_i + \tilde{g}_i(q_i)\tau_i + \varepsilon_g\tau_i - \dot{x}_{i2d}$$
$$+ \alpha_i \dot{e}_{i1} + \beta_i \cdot \frac{q}{p} \cdot e_{i1}^{q/p-1}\dot{e}_{i1}\bigg] - \frac{1}{\eta_{i1}}\tilde{\theta}_{if}^{\mathrm{T}}\dot{\hat{\theta}}_{if} - \frac{1}{\eta_{i2}}\tilde{\theta}_{ig}^{\mathrm{T}}\dot{\hat{\theta}}_{ig} - \frac{1}{\eta_{i3}}\tilde{\theta}_{ih}^{\mathrm{T}}\dot{\hat{\theta}}_{ih} \tag{4.46}$$

将式 (4.36a) 代入式 (4.46)，李雅普诺夫函数变为

$$\dot{V}_i = -c_i e_{i1}^2 - m_i s_i^2 + s_i[\tilde{f}_i(q_i, \dot{q}_i) + \varepsilon_f + \tilde{h}_i(q, \dot{q}, \ddot{q}) + \varepsilon_h + \tilde{g}_i(q_i)\tau_i + \varepsilon_g\tau_i + u_{ic}]$$
$$- \frac{1}{\eta_{i1}}\tilde{\theta}_{if}^{\mathrm{T}}\dot{\hat{\theta}}_{if} - \frac{1}{\eta_{i2}}\tilde{\theta}_{ig}^{\mathrm{T}}\dot{\hat{\theta}}_{ig} - \frac{1}{\eta_{i3}}\tilde{\theta}_{ih}^{\mathrm{T}}\dot{\hat{\theta}}_{ih} \tag{4.47}$$

$\tilde{f}_i(q_i, \dot{q}_i)$、$\tilde{h}_i(q, \dot{q}, \ddot{q})$、$\tilde{g}_i(q_i)$ 为模糊逼近误差，式 (4.47) 即

$$\dot{V}_i = -c_i e_{i1}^2 - m_i s_i^2 + s_i\bigg[\tilde{\theta}_{if}^{\mathrm{T}}\xi_{if}(q_i, \dot{q}_i) + \tilde{\theta}_{ih}^{\mathrm{T}}\xi_{ih}(|s|) + \tilde{\theta}_{ig}^{\mathrm{T}}\xi_{ig}(q_i)\tau_i + \varepsilon_f$$
$$+ \varepsilon_h + \varepsilon_g\tau_i + u_{ic}\bigg] - \frac{1}{\eta_{i1}}\tilde{\theta}_{if}^{\mathrm{T}}\dot{\hat{\theta}}_{if} - \frac{1}{\eta_{i2}}\tilde{\theta}_{ig}^{\mathrm{T}}\dot{\hat{\theta}}_{ig} - \frac{1}{\eta_{i3}}\tilde{\theta}_{ih}^{\mathrm{T}}\dot{\hat{\theta}}_{ih} \tag{4.48}$$

将参数自适应律 (4.37)~(4.39) 代入式 (4.48)，可得

$$\dot{V}_i = -c_i e_{i1}^2 - m_i s_i^2 + s_i(\varepsilon_f + \varepsilon_h + \varepsilon_g\tau_i) + s_i u_{ic}$$
$$\leqslant -c_i e_{i1}^2 - m_i s_i^2 + |s_i|\,|\varepsilon_f + \varepsilon_h + \varepsilon_g\tau_i| + s_i u_{ic} \tag{4.49}$$

因为 $|\varepsilon_f + \varepsilon_h + \varepsilon_g \tau_i| \leqslant D_i$，所以有

$$\dot{V}_i \leqslant -c_i e_{i1}^2 - m_i s_i^2 + |s_i| \, D_i + s_i u_{ic} \tag{4.50}$$

将式 (4.36b) 代入式 (4.50)，可得

$$\dot{V}_i \leqslant -c_i e_{i1}^2 - m_i s_i^2$$

故 $\dot{V} = \sum_{i=1}^{n} \dot{V}_i \leqslant \sum_{i=1}^{n} -k_i s_i^2$。

由于

$$\int_0^{\infty} \sum_{i=1}^{n} k_i s_i^2 \mathrm{d}t \leqslant -\int_0^{\infty} \dot{V} \mathrm{d}t = V(0) - V(\infty) < \infty$$

根据 Babalat 引理可知，$\lim\limits_{t \to \infty} s_i(t) = 0$，即轨迹跟踪误差 $e_{i1} = x_{i1} - y_{id}$ 渐近趋近于零。

### 4.4.3 仿真与分析

将本节所提出的方法应用到如图 4.5 所示的两个不同构型的三自由度可重构机械臂中，以此验证本节所提控制方法的有效性。

(a) 构型a        (b) 构型b

图 4.5 三自由度可重构机械臂仿真构型

构型 a 的期望轨迹为

$$y_{1r} = 0.5 \cos(t) - 0.2t$$
$$y_{2r} = 0.3 \sin(3t) - 0.5 \cos(2t)$$
$$y_{3r} = 0.2 \sin(3t)$$

构型 b 的期望轨迹为

$$y_{1r} = 0.7 \cos(t) - 0.2 \sin(3t)$$
$$y_{2r} = 0.3 \cos(3t) - 0.5t$$
$$y_{3r} = 0.4 \sin(3t) + 0.1 \cos(4t)$$

　　在不引入生物启发模型及不改变控制参数的情况下，构型 a、b 的轨迹跟踪曲线分别如图 4.6 和图 4.7 所示。

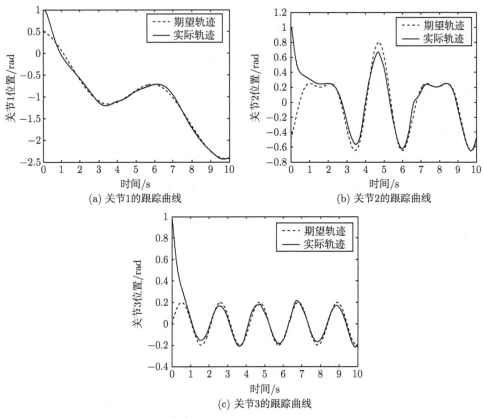

(a) 关节1的跟踪曲线　　　　　　　　　　　　(b) 关节2的跟踪曲线

(c) 关节3的跟踪曲线

图 4.6　构型 a 的跟踪曲线 1

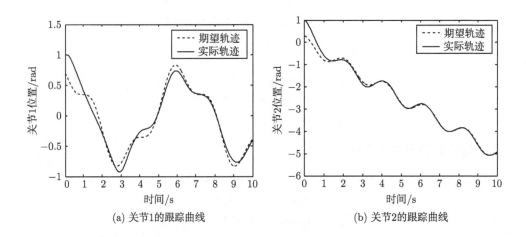

(a) 关节1的跟踪曲线　　　　　　　　　　　　(b) 关节2的跟踪曲线

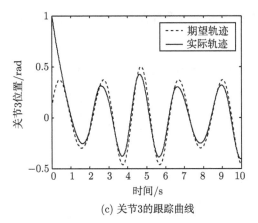

(c) 关节3的跟踪曲线

图 4.7 构型 b 的跟踪曲线 1

当可重构机械臂期望轨迹发生突变时，为使输出轨迹依然平滑，防止由其引起的速度突变，可引入生物启发模型。为突出期望轨迹发生突变时的仿真效果，这里将两种构型初始阶段的轨迹稍加变动。构型 a 的轨迹跟踪曲线如图 4.8 所示。

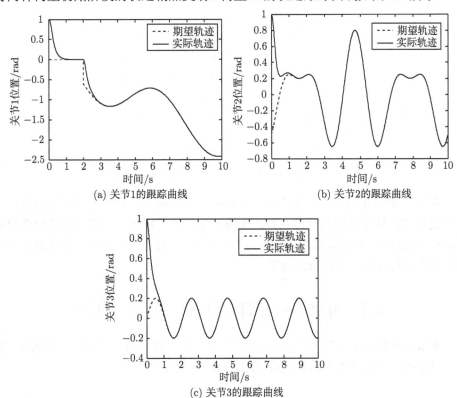

(a) 关节1的跟踪曲线

(b) 关节2的跟踪曲线

(c) 关节3的跟踪曲线

图 4.8 构型 a 的跟踪曲线 2

在引入生物启发模型及不改变控制参数的情况下，构型 b 的轨迹跟踪曲线如图 4.9 所示。

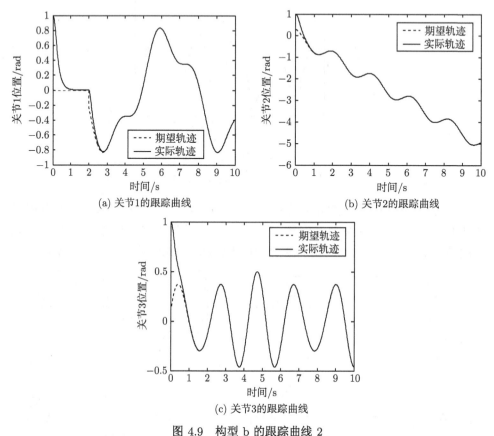

(a) 关节1的跟踪曲线　　　　　　　　　　　　(b) 关节2的跟踪曲线

(c) 关节3的跟踪曲线

图 4.9　构型 b 的跟踪曲线 2

图 4.6～图 4.9 的仿真结果表明，本节所提出的基于生物启发策略的自适应反演快速终端模糊滑模控制器能在不改变控制参数的情况下，实现对可重构机械臂不同构型的控制，且跟踪误差能够快速趋近于零，精度较高，特别是在轨迹发生突变时仍能取得较好的平滑跟踪效果。

## 4.5　可重构机械臂自适应迭代学习控制

本节首先利用迭代学习的优点，设计可重构机械臂自适应迭代学习控制器，然后对可重构机械臂各关节的轨迹进行跟踪控制，并进行仿真验证。

### 4.5.1 自适应迭代学习控制器设计

$n$ 自由度可重构机械臂的动力学模型为

$$M(q)\ddot{q} + C(q,\dot{q})\dot{q} + G(q) = \tau$$

将可重构机械臂各关节看作一个子系统，则子系统在第 $k$ 次运行时，其动力学方程为

$$M(q_k(t))\ddot{q}_k(t) + C(q_k(t),\dot{q}_k(t))\dot{q}_k(t) + G(q_k(t)) = \tau_k(t) \tag{4.51}$$

为了推导本节的控制策略，进行如下假设。

**假设 4.3**　对于 $\forall t \in [0,T]$，期望轨迹 $q_d$、$\dot{q}_d$、$\ddot{q}_d$ 有界。

**假设 4.4**　系统初始状态满足 $\dot{q}_d(0) - \dot{q}_k(0) = q_d(0) - q_k(0) = 0$。

在证明过程中，用到以下机械臂动力学结构特性。

(1) $M(q) \in \mathbf{R}^{n \times n}$ 对称正定且有界。

(2) $\forall x \in \mathbf{R}^n$，有 $x^{\mathrm{T}}(\dot{M}(q) - 2C(q,\dot{q}))x = 0$。

(3) $\|C(q,\dot{q})\| \leqslant k_c \|\dot{q}\|$，$\|G(q)\| \leqslant k_g$，其中 $k_c$ 和 $k_g$ 为正常数。

设 $\tilde{q}_k(t) = q_d(t) - q_k(t)$，$\dot{\tilde{q}}_k(t) = \dot{q}_d(t) - \dot{q}_k(t)$，在假设 4.3 及结构特性 (1) 成立的前提下，有 $\|M(q_k)\ddot{q}_d(t)\| \leqslant k_{md} \|M(q_k)\ddot{q}_d(t)\| \leqslant k_{md}$，其中 $k_{md}$ 为正常数，所以

$$\dot{\tilde{q}}_k^{\mathrm{T}}(M(q_k)\ddot{q}_d + C(q_k,\dot{q}_k)\dot{q}_d + G(q_k)) \leqslant \|\dot{\tilde{q}}_k\| (k_{md} + k_g + k_c \|\dot{q}_d\| \|\dot{q}_k\|)$$

$$\leqslant \|\dot{\tilde{q}}_k\| (k_{md} + k_g + k_c \|\dot{q}_d\|^2 + k_c \|\dot{q}_d\| \|\dot{\tilde{q}}_k\|) \leqslant \alpha \|\dot{\tilde{q}}_k\|^2 + \mu \|\dot{\tilde{q}}_k\| \tag{4.52}$$

式中，$\alpha = k_c \sup \|\dot{q}_d\|$，$\mu = k_{md} + k_g + k_c \sup \|\dot{q}_d\|^2$。

设 $\dot{\tilde{q}}_k$ 的 $L_1$ 范数为 $\|\dot{\tilde{q}}_k\|_1$，存在一个正常数 $\delta$，使得 $\mu \|\dot{\tilde{q}}_k\| \leqslant \delta \|\dot{\tilde{q}}_k\|_1 = \delta \dot{\tilde{q}}_k^{\mathrm{T}} \mathrm{sgn}(\dot{\tilde{q}}_k)$，其中 $\mathrm{sgn}(\dot{\tilde{q}}_k) = [\mathrm{sgn}(\dot{\tilde{q}}_{1,k}), \cdots, \mathrm{sgn}(\dot{\tilde{q}}_{n,k})]^{\mathrm{T}}$，则式 (4.52) 改写为

$$\dot{\tilde{q}}_k^{\mathrm{T}}(M(q_k)\ddot{q}_d + C(q_k,\dot{q}_k)\dot{q}_d + G(q_k)) \leqslant \dot{\tilde{q}}_k^{\mathrm{T}}(\alpha \dot{\tilde{q}}_k^+ \delta \mathrm{sgn}(\dot{\tilde{q}}_k)) = \dot{\tilde{q}}_k^{\mathrm{T}} \eta(\dot{\tilde{q}}_k)\rho \tag{4.53}$$

式中，$\eta(\dot{\tilde{q}}_k) = [\dot{\tilde{q}}_k, \mathrm{sgn}(\dot{\tilde{q}}_k)]$，$\rho = [\alpha, \delta]^{\mathrm{T}}$。

针对式 (4.51) 取自适应比例–微分迭代学习控制律为

$$\tau_k = K_P \tilde{q}_k + K_D \dot{\tilde{q}}_k + \eta(\dot{\tilde{q}}_k)\hat{\rho}_k \tag{4.54}$$

式中，$K_P$、$K_D$ 分别为比例、微分系数。

自适应律取为

$$(1-\gamma)\dot{\hat{\rho}}_k = -\gamma\hat{\rho}_k + \gamma\hat{\rho}_{k-1} + \beta\eta^{\mathrm{T}}(\dot{\tilde{q}}_k)\dot{\tilde{q}}_k \tag{4.55}$$

式中，$0 < \gamma < 1, \beta > 0$。参数初始值设为 $\hat{\rho}_k(0) = \hat{\rho}_{k-1}(T)$，且定义 $\hat{\rho}_0(t) = \rho_c$，$\rho_c$ 为一个常数向量。

定义 $L_p$ 范数为

$$
\|x(t)\|_p = \begin{cases} \left(\displaystyle\int_0^T \|x(t)\|^p \mathrm{d}t\right)^{1/p}, & p \in [1, \infty) \\ \displaystyle\sup_{0 \leqslant t \leqslant T} \|x(t)\|, & p = \infty \end{cases} \tag{4.56}
$$

在式 (4.56) 的基础上，给出如下定理。

**定理 4.4**　考虑可重构机械臂系统如式 (4.1) 所示，且满足结构特性 (1)~(3)，在控制律 (4.54) 及参数自适应律 (4.55) 下，如果满足假设 4.3 和假设 4.4，则第一次迭代时的 $\tilde{q}_1(t)$, $\dot{\tilde{q}}_1(t)$, $\hat{\rho}_1(t)$, $\tau_1(t) \in L_\infty[0, T]$。

**证明**　定义李雅普诺夫函数为

$$
V_k(t) = \frac{1}{2}\dot{\tilde{q}}_k^{\mathrm{T}}(t)M(q_k)\dot{\tilde{q}}_k(t) + \frac{1}{2}\tilde{q}_k^{\mathrm{T}}(t)K_P\tilde{q}_k(t) + \frac{1-\gamma}{2\beta}\tilde{\rho}_k^{\mathrm{T}}(t)\tilde{\rho}_k(t) \tag{4.57}
$$

式中，$\tilde{\rho}_k(t) = \hat{\rho}_k(t) - \rho$ 为参数估计误差。

对式 (4.57) 求微分可得

$$
\begin{aligned}
\dot{V}_k(t) &= \dot{\tilde{q}}_k^{\mathrm{T}}M(q_k)\ddot{\tilde{q}}_k + \frac{1}{2}\dot{\tilde{q}}_k^{\mathrm{T}}\dot{M}(q_k)\dot{\tilde{q}}_k + \dot{\tilde{q}}_k^{\mathrm{T}}K_P\tilde{q}_k + \frac{1-\gamma}{\beta}\tilde{\rho}_k^{\mathrm{T}}\dot{\tilde{\rho}}_k \\
&= \dot{\tilde{q}}_k^{\mathrm{T}}(M(q_k)\ddot{q}_d - M(q_k)\ddot{q}_k) + \frac{1}{2}\dot{\tilde{q}}_k^{\mathrm{T}}\dot{M}(q_k)\dot{\tilde{q}}_k + \dot{\tilde{q}}_k^{\mathrm{T}}K_P\tilde{q}_k + \frac{1-\gamma}{\beta}\tilde{\rho}_k^{\mathrm{T}}\dot{\tilde{\rho}}_k \\
&= \dot{\tilde{q}}_k^{\mathrm{T}}(M(q_k)\ddot{q}_d + C(q_k, \dot{q}_k)\dot{q}_d + G(q_k)) - \dot{\tilde{q}}_k^{\mathrm{T}}\tau_k + \dot{\tilde{q}}_k^{\mathrm{T}}K_P\tilde{q}_k + \frac{1-\gamma}{\beta}\tilde{\rho}_k^{\mathrm{T}}\dot{\tilde{\rho}}_k \quad (4.58)
\end{aligned}
$$

应用结构特性 (2)，并把式 (4.53) 和式 (4.54) 代入式 (4.58)，可得

$$
\dot{V}_k \leqslant -\dot{\tilde{q}}_k^{\mathrm{T}}K_D\dot{\tilde{q}}_k - \dot{\tilde{q}}_k^{\mathrm{T}}\eta(\dot{q}_k)\tilde{\rho}_k + \frac{1-\gamma}{\beta}\tilde{\rho}_k^{\mathrm{T}}\dot{\tilde{\rho}}_k \tag{4.59}
$$

应用式 (4.55) 且存在 $-\gamma\hat{\rho}_k + \gamma\hat{\rho}_{k-1} = -\gamma\tilde{\rho}_k + \gamma\tilde{\rho}_{k-1}$，则式 (4.59) 变为

$$
\begin{aligned}
\dot{V}_k &\leqslant -\dot{\tilde{q}}_k^{\mathrm{T}}K_D\dot{\tilde{q}}_k - \dot{\tilde{q}}_k^{\mathrm{T}}\eta(\dot{q}_k)\tilde{\rho}_k + \frac{1}{\beta}\tilde{\rho}_k^{\mathrm{T}}(-\gamma\tilde{\rho}_k + \gamma\tilde{\rho}_{k-1} + \beta\eta^{\mathrm{T}}(\dot{q}_k)\dot{\tilde{q}}_k) \\
&= -\dot{\tilde{q}}_k^{\mathrm{T}}K_D\dot{\tilde{q}}_k - \frac{\gamma}{\beta}\tilde{\rho}_k^{\mathrm{T}}\tilde{\rho}_k + \frac{\gamma}{\beta}\tilde{\rho}_k^{\mathrm{T}}\tilde{\rho}_{k-1} \\
&= -\dot{\tilde{q}}_k^{\mathrm{T}}K_D\dot{\tilde{q}}_k + \frac{\gamma}{4\beta}\tilde{\rho}_{k-1}^{\mathrm{T}}\tilde{\rho}_{k-1} - \frac{\gamma}{\beta}\left(\tilde{\rho}_k - \frac{1}{2}\tilde{\rho}_{k-1}\right)^{\mathrm{T}}\left(\tilde{\rho}_k - \frac{1}{2}\tilde{\rho}_{k-1}\right) \\
&\leqslant \frac{\gamma}{4\beta}\tilde{\rho}_{k-1}^{\mathrm{T}}\tilde{\rho}_{k-1}
\end{aligned} \tag{4.60}
$$

由于 $\hat{\rho}_0(t) = \rho_c$，有

$$
\tilde{\rho}_0(t) = \hat{\rho}_0(t) - \rho = \rho_c - \rho = \bar{\rho}_0
$$

$$\tilde{\rho}_1(0) = \hat{\rho}_1(0) - \rho = \hat{\rho}_0(T) - \rho = \rho_c - \rho = \bar{\rho}_0$$

因此，在假设 4.4 成立的前提下

$$V_1(0) = \frac{1}{2}\dot{\tilde{q}}_1^{\mathrm{T}}(0)M(q_1)\dot{\tilde{q}}_1(0) + \frac{1}{2}\tilde{q}_1^{\mathrm{T}}(0)K_P\tilde{q}_1(0) + \frac{1-\gamma}{2\beta}\tilde{\rho}_1^{\mathrm{T}}(0)\tilde{\rho}_1(0) = \frac{1-\gamma}{2\beta}\bar{\rho}_0^{\mathrm{T}}\bar{\rho}_0$$

是有界的。

当 $k=1$ 时，有

$$\dot{V}_1(t) \leqslant \frac{\gamma}{4\beta}\bar{\rho}_0^{\mathrm{T}}\bar{\rho}_0 \tag{4.61}$$

即 $\tilde{q}_1(t)$、$\dot{\tilde{q}}_1(t)$、$\hat{\rho}_1(t) \in L_\infty[0,T]$，故 $\tau_1(t) \in L_\infty[0,T]$，定理得证。

**定理 4.5**　在定理 4.4 成立的前提下，迭代学习控制律 (4.54) 及参数自适应律 (4.55) 可保证 $\dot{\tilde{q}}_k(T)$、$\tilde{q}_k(T)$、$\tilde{\rho}_k(T)$、$\int_0^T \tilde{\rho}_k^{\mathrm{T}}\tilde{\rho}_k\mathrm{d}t$ 和 $\int_0^T \dot{\tilde{q}}_k^{\mathrm{T}}\dot{\tilde{q}}_k\mathrm{d}t$ 有界且

$$\lim_{k\to\infty}\dot{\tilde{q}}_k(T) = \lim_{k\to\infty}\tilde{q}_k(T) = \lim_{k\to\infty}\int_0^T \dot{\tilde{q}}_k^{\mathrm{T}}\dot{\tilde{q}}_k\mathrm{d}t = 0$$

**证明**　定义一个正定函数

$$W_k(T) = \int_0^T \frac{\gamma}{\beta}\tilde{\rho}_k^{\mathrm{T}}\tilde{\rho}_k\mathrm{d}t + \frac{1-\gamma}{2\beta}\tilde{\rho}_k^{\mathrm{T}}(T)\tilde{\rho}_k(T) \tag{4.62}$$

由于 $\tilde{\rho}_k(0) = \tilde{\rho}_{k-1}(T)$，有

$$\begin{aligned}
\Delta W_k(T) &= W_k(T) - W_{k-1}(T) \\
&= \int_0^T \frac{\gamma}{2\beta}(\tilde{\rho}_k^{\mathrm{T}}\tilde{\rho}_k - \tilde{\rho}_{k-1}^{\mathrm{T}}\tilde{\rho}_{k-1})\mathrm{d}t + \frac{1-\gamma}{2\beta}\tilde{\rho}_k^{\mathrm{T}}(T)\tilde{\rho}_k(T) - \frac{1-\gamma}{2\beta}\tilde{\rho}_{k-1}^{\mathrm{T}}(T)\tilde{\rho}_{k-1}(T) \\
&= \int_0^T \frac{\gamma}{2\beta}(\tilde{\rho}_k^{\mathrm{T}}\tilde{\rho}_k - \tilde{\rho}_{k-1}^{\mathrm{T}}\tilde{\rho}_{k-1})\mathrm{d}t + \frac{1-\gamma}{\beta}\int_0^T \tilde{\rho}_k^{\mathrm{T}}\dot{\tilde{\rho}}_k\mathrm{d}t \\
&\quad + \frac{1-\gamma}{2\beta}\tilde{\rho}_k^{\mathrm{T}}(0)\tilde{\rho}_k(0) - \frac{1-\gamma}{2\beta}\tilde{\rho}_{k-1}^{\mathrm{T}}(T)\tilde{\rho}_{k-1}(T) \\
&= \int_0^T \frac{\gamma}{2\beta}(\tilde{\rho}_k^{\mathrm{T}}\tilde{\rho}_k - \tilde{\rho}_{k-1}^{\mathrm{T}}\tilde{\rho}_{k-1})\mathrm{d}t + \frac{1}{\beta}\int_0^T \tilde{\rho}_k^{\mathrm{T}}(-\gamma\tilde{\rho}_k + \gamma\tilde{\rho}_{k-1} + \beta\eta^{\mathrm{T}}(\dot{\tilde{q}}_k)^{\mathrm{T}}\dot{\tilde{\rho}}_k)\mathrm{d}t \\
&= -\int_0^T \frac{\gamma}{2\beta}(\tilde{\rho}_k - \tilde{\rho}_{k-1})^{\mathrm{T}}(\tilde{\rho}_k - \tilde{\rho}_{k-1})\mathrm{d}t + \int_0^T \tilde{\rho}_k^{\mathrm{T}}\eta^{\mathrm{T}}(\dot{\tilde{q}}_k)^{\mathrm{T}}\dot{\tilde{\rho}}_k\mathrm{d}t \tag{4.63}
\end{aligned}$$

为证明 $\tilde{q}_k$ 的收敛性，定义一个新的正定函数

$$U_k = \frac{1}{2}\dot{\tilde{q}}_k^{\mathrm{T}}M(q_k)\dot{\tilde{q}}_k + \frac{1}{2}\tilde{q}_k^{\mathrm{T}}K_P\tilde{q}_k \tag{4.64}$$

对式 (4.64) 求微分，可得

$$\dot{U}_k \leqslant -\dot{\tilde{q}}_k^{\mathrm{T}} K_D \dot{\tilde{q}}_k - \dot{\tilde{q}}_k^{\mathrm{T}} \eta(\dot{\tilde{q}}_k) \tilde{\rho}_k \tag{4.65}$$

对式 (4.65) 在 $[0, T]$ 求积分，可得

$$U_k(T) - U_k(0) \leqslant -\int_0^T \dot{\tilde{q}}_k^{\mathrm{T}} K_D \dot{\tilde{q}}_k \mathrm{d}t - \int_0^T \dot{\tilde{q}}_k^{\mathrm{T}} \eta(\dot{\tilde{q}}_k) \tilde{\rho}_k \mathrm{d}t$$

由假设 4.4 可知，$U_k(0) = 0$，则有

$$\int_0^T \tilde{\rho}_k^{\mathrm{T}} \eta^{\mathrm{T}}(\dot{\tilde{q}}_k) \dot{\tilde{\rho}}_k \mathrm{d}t = \int_0^T \dot{\tilde{q}}_k^{\mathrm{T}} \eta(\dot{\tilde{q}}_k) \tilde{\rho}_k \mathrm{d}t \leqslant -U_k(T) - \int_0^T \dot{\tilde{q}}_k^{\mathrm{T}} K_D \dot{\tilde{q}}_k \mathrm{d}t \tag{4.66}$$

将式 (4.65) 代入式 (4.63)，可得

$$\Delta W_k(T) = W_k(T) - W_{k-1}(T)$$

$$= -U_k(T) - \int_0^T \dot{\tilde{q}}_k^{\mathrm{T}} K_D \dot{\tilde{q}}_k \mathrm{d}t - \int_0^T \frac{\gamma}{2\beta} (\tilde{\rho}_k - \tilde{\rho}_{k-1})^{\mathrm{T}} (\tilde{\rho}_k - \tilde{\rho}_{k-1}) \mathrm{d}t$$

$$\leqslant -U_k(T) - \int_0^T \dot{\tilde{q}}_k^{\mathrm{T}} K_D \dot{\tilde{q}}_k \mathrm{d}t \leqslant 0 \tag{4.67}$$

由定理 4.4 可知，因为 $W_1(T)$ 有界，所以 $\tilde{\rho}_k^{\mathrm{T}}(T)\tilde{\rho}_k(T)$ 和 $\int_0^T \tilde{\rho}_k^{\mathrm{T}} \tilde{\rho}_k \mathrm{d}t$ 是有界的。

由式 (4.67) 可得

$$U_k(T) + \int_0^T \dot{\tilde{q}}_k^{\mathrm{T}} K_D \dot{\tilde{q}}_k \mathrm{d}t \leqslant W_{k-1}(T) - W_k(T) \leqslant W_1(T) \tag{4.68}$$

由式 (4.68) 可得，$U_k(T)$、$\tilde{q}_k(T)$、$\dot{q}_k(T)$、$\int_0^T \dot{\tilde{q}}_k^{\mathrm{T}} \dot{\tilde{q}}_k \mathrm{d}t$ 是有界的。

由式 (4.67) 还可得

$$W_k(T) \leqslant W_1(T) - \sum_{j=2}^k U_j(T) - \sum_{j=2}^k \int_0^T \dot{\tilde{q}}_j^{\mathrm{T}} K_D \dot{\tilde{q}}_j \mathrm{d}t \tag{4.69}$$

即

$$\sum_{j=2}^k U_j(T) + \sum_{j=2}^k \int_0^T \dot{\tilde{q}}_j^{\mathrm{T}} K_D \dot{\tilde{q}}_j \mathrm{d}t \leqslant W_1(T) - W_k(T) \leqslant W_1(T) \tag{4.70}$$

由式 (4.57)、式 (4.58) 和式 (4.70) 可知，$\dot{\tilde{q}}_k(T)$、$\tilde{q}_k(T)$、$\tilde{\rho}_k(T)$、$\int_0^T \tilde{\rho}_k^{\mathrm{T}} \tilde{\rho}_k \mathrm{d}t$ 和 $\int_0^T \dot{\tilde{q}}_k^{\mathrm{T}} \dot{\tilde{q}}_k \mathrm{d}t$ 是有界的，并且有

$$\lim_{k \to \infty} U_k(T) = \lim_{k \to \infty} \dot{\tilde{q}}_k(T) = \lim_{k \to \infty} \tilde{q}_k(T) = \lim_{k \to \infty} \int_0^T \dot{\tilde{q}}_k^{\mathrm{T}} \dot{\tilde{q}}_k \mathrm{d}t = 0 \tag{4.71}$$

**定理 4.6** 假设 4.3 和假设 4.4 成立，$\forall t \in [0, T]$，则存在 $\tilde{q}_k(t)$, $\dot{\tilde{q}}_k(t)$, $\tilde{\rho}_k(t)$, $\tau_k(t) \in L_\infty$，且 $\lim\limits_{k \to \infty} \tilde{q}_k(t) = \lim\limits_{k \to \infty} \dot{\tilde{q}}_k(t) = 0$。

**证明** 取李雅普诺夫函数如式 (4.57) 所示，且其微分满足式 (4.60)。对式 (4.60) 进行积分运算可得

$$V_k(t) \leqslant V_k(0) + \int_0^T \frac{\gamma}{4\beta} \tilde{\rho}_{k-1}^{\mathrm{T}}(t') \tilde{\rho}_{k-1}(t') \mathrm{d}t$$

$$\leqslant V_k(0) + \int_0^T \frac{\gamma}{4\beta} \tilde{\rho}_{k-1}^{\mathrm{T}}(t) \tilde{\rho}_{k-1}(t) \mathrm{d}t \tag{4.72}$$

在定理 4.5 中，$V_k(0) = \dfrac{1-\gamma}{2\beta} \tilde{\rho}_k^{\mathrm{T}}(0) \tilde{\rho}_k(0) = \dfrac{1-\gamma}{2\beta} \tilde{\rho}_{k-1}^{\mathrm{T}}(T) \tilde{\rho}_{k-1}(T)$ 和 $\displaystyle\int_0^T \frac{\gamma}{4\beta} \tilde{\rho}_{k-1}^{\mathrm{T}}(t) \cdot \tilde{\rho}_{k-1}(t) \mathrm{d}t$ 是有限的，由式 (4.72) 可知 $V_k(t)$、$\tilde{q}_k(t)$、$\dot{\tilde{q}}_k(t)$、$\tilde{\rho}_k(t)$ 和 $\tau_k(t)$ 是有限的。

由于 $\tilde{q}_k(t)$, $\dot{\tilde{q}}_k(t)$, $\ddot{\tilde{q}}_k(t) \in L_\infty$ 且 $\lim\limits_{k \to \infty} \displaystyle\int_0^T \dot{\tilde{q}}_k^{\mathrm{T}}(t) \dot{\tilde{q}}_k(t) \mathrm{d}t = 0$，则由 Barbalat 引理可知 $\lim\limits_{k \to \infty} \dot{\tilde{q}}_k(t) = 0$，$\lim\limits_{k \to \infty} \tilde{q}_k(t) = 0$，定理得证。

### 4.5.2 仿真与分析

为了验证本节提出的自适应迭代学习控制器的有效性，将其应用于如图 4.10 所示的两个不同构型的二自由度可重构机械臂。

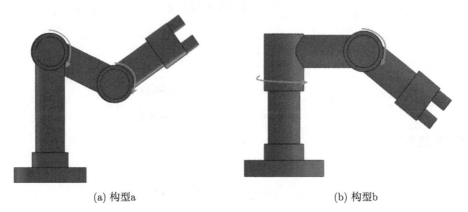

(a) 构型a        (b) 构型b

图 4.10 二自由度可重构机械臂仿真构型

构型 a 动力学模型如下：

$$M(q) = \begin{bmatrix} 0.36\cos(q_2) + 0.6066 & 0.18\cos(q_2) + 0.1233 \\ 0.18\cos(q_2) + 0.1233 & 0.1233 \end{bmatrix}$$

$$C(q, \dot{q}) = \begin{bmatrix} -0.36 \sin(q_2)\dot{q}_2 & -0.18 \sin(q_2)\dot{q}_2 \\ 0.18 \sin(q_2)(\dot{q}_1 - \dot{q}_2) & 0.18 \sin(q_2)\dot{q}_1 \end{bmatrix}$$

$$G(q) = \begin{bmatrix} -5.88 \sin(q_1 + q_2) - 17.64 \sin(q_1) \\ -5.88 \sin(q_1 + q_2) \end{bmatrix}$$

$$F(q, \dot{q}) = \begin{bmatrix} \dot{q}_1 + 10 \sin(3q_1) + 2\mathrm{sgn}(\dot{q}_1) \\ 1.2\dot{q}_2 + 5 \sin(2q_2) + \mathrm{sgn}(\dot{q}_2) \end{bmatrix}$$

期望轨迹为

$$y_{1r} = 0.5 \cos(t) + 0.2 \sin(3t)$$

$$y_{2r} = 0.3 \cos(3t) - 0.5 \sin(2t)$$

初始位置设置为 $q_1(0) = q_2(0) = 2$，初始速度设置为 $\dot{q}_1(0) = \dot{q}_2(0) = 0$。

构型 b 动力学模型如下：

$$M(q) = \begin{bmatrix} 0.17 - 0.1166 \cos^2(q_2) & -0.06 \cos(q_2) \\ -0.06 \cos(q_2) & 0.1233 \end{bmatrix}$$

$$C(q, \dot{q}) = \begin{bmatrix} 0.1166 \sin(2q_2)\dot{q}_2 & 0.06 \sin(q_2)\dot{q}_2 \\ 0.06 \sin(q_2)\dot{q}_2 - 0.0583 \sin(2q_2)\dot{q}_1 & -0.06 \sin(q_2)\dot{q}_1 \end{bmatrix}$$

$$G(q) = \begin{bmatrix} 0 \\ -5.88 \cos(q_2) \end{bmatrix}$$

$$F(q, \dot{q}) = \begin{bmatrix} 2\dot{q}_1 + 5 \sin(2q_1) + \mathrm{sgn}(\dot{q}_1) \\ 1.5\dot{q}_2 + \sin(q_2) + 1.2\mathrm{sgn}(\dot{q}_2) \end{bmatrix}$$

期望轨迹为

$$y_{1r} = 0.2 \sin(3t) + 0.1 \cos(4t)$$

$$y_{2r} = 0.3 \sin(2t) + 0.2 \cos(t)$$

初始位置设置为 $q_1(0) = q_2(0) = 2$，初始速度设置为 $\dot{q}_1(0) = \dot{q}_2(0) = 0$，$K_P = K_D = 30$，$\beta = 10$。

进行 10 次迭代，两种构型的轨迹跟踪性能分别如图 4.11 和图 4.12 所示。

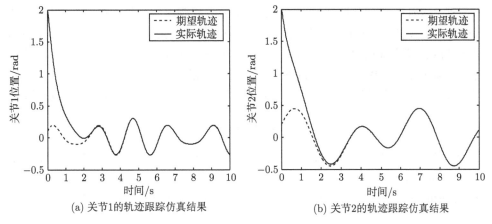

(a) 关节1的轨迹跟踪仿真结果          (b) 关节2的轨迹跟踪仿真结果

图 4.11　构型 a 的跟踪性能

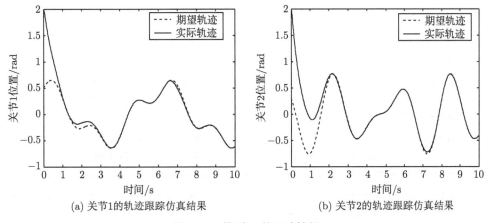

(a) 关节1的轨迹跟踪仿真结果          (b) 关节2的轨迹跟踪仿真结果

图 4.12　构型 b 的跟踪性能

由图 4.11 和图 4.12 可以看出，两个关节模块的跟踪误差都出现在仿真的初始阶段，这是因为在这个阶段缺少关于子系统动力学模型的知识。经过 3s 以后，实际轨迹与期望轨迹基本重合。仿真结果表明，本节所提出的自适应迭代学习控制方案在不修改任何控制参数的情况下可以实现对不同机械臂构型的控制。

## 4.6　本章小结

本章针对可重构机械臂在自由空间的轨迹跟踪控制问题，提出了一种基于扩张状态观测器 (ESO) 的分散自适应模糊控制方法，并在此基础上引入反演思想，设计了一种基于三阶 ESO 和 DSC 的可重构机械臂反演分散控制器。可重构机械臂各关节的状态和各子系统间的耦合关联项由三阶 ESO 进行估计，在三阶 ESO

的基础上设计了反演分散控制器, 并引入了一阶滤波器结构的 DSC 算法以解决其 "计算膨胀" 问题; 为解决关节角度突变所引起的速度突变问题, 将生物启发策略引入分散轨迹跟踪控制中, 提出了基于生物启发策略的自适应反演快速终端模糊滑模控制方法, 可保证可重构机械臂在位置轨迹发生突变时仍能得到较好的平滑跟踪效果; 利用迭代学习的优点为可重构机械臂设计了自适应迭代学习控制器。

# 参 考 文 献

[1] 朱明超, 李英, 李元春, 等. 基于观测器的可重构机械臂分散自适应模糊控制[J]. 控制与决策, 2009, 24(3): 429-434.

[2] 朱明超, 李元春, 姜日花. 可重构模块机器人分散容错控制[J]. 控制与决策, 2009, 24(8): 1247-1256.

[3] 李元春, 陆鹏, 赵博. 可重构机械臂反演时延分散容错控制[J]. 控制与决策, 2012, 27(3): 446-454.

[4] Wei Q, Ronald G H, Ganesh K. Neural network based intelligent control for improving dynamic performance of FACTS devices[C]. 2007 IREP Symposium—Bulk Power System Dynamics and Control, Charleston, 2007: 19-24.

[5] Wang D, Huang J. Neural network-based adaptive dynamic surface control for a class of uncertain nonlinear systems in strict-feedback form[J]. IEEE Transactions on Neural Networks, 2005, 16(1): 195-202.

[6] Huang S N, Tan K K, Lee T H. Decentralized control of a class of large-scale nonlinear systems using neural networks[J]. Automatica, 2005, 41(9): 1645-1649.

[7] Hernandez M, Tang Y. Adaptive output-feedback decentralized control of a class of second order nonlinear systems using recurrent fuzzy neural networks[J]. Neurocomputing, 2009, 73(13): 461-467.

[8] Tian L F, Collins C. Adaptive neuro-fuzzy control of a flexible manipulator[J]. Mechatronics, 2005, 15(10): 1305-1320.

[9] Wang Z Y, Huang L H, Wang Y N. Robust decentralized adaptive control for a class of uncertain neural networks with time-varying delays[J].Applied Mathematics and Computation, 2010, 215(12): 4154-4163.

[10] 李红春, 张天平, 孙妍. 基于动态面控制的间接自适应神经网络块控制[J]. 电机与控制学报, 2007, 11(3): 275-281.

[11] 孙杰, 韩艳, 段勇, 等. 基于改进的 PSO 算法的球磨机 PID 神经网络控制系统[J]. 工矿自动化, 2011, 37(5): 59-62.

[12] Huang Y S. $H_\infty$ tracking-based decentralized hybrid adaptive output feedback fuzzy control for a class of large-scale nonlinear systems[J]. Fuzzy Sets and Systems, 2011, 171(1): 72-92.

[13] Tan K K, Huang S N, Lee T H. Decentralized adaptive controller design of large-scale

uncertain robotic systems[J]. Automatica, 2009, 45(1): 161-166.

[14] Li Y M, Tong S C, Li T S. Adaptive fuzzy output feedback control for a single-link flexible robot manipulator driven DC motor via backstepping[J]. Nonlinear Analysis: Real World Applications, 2013, 14(1): 483-494.

[15] Labiod S, Guerra T M. Adaptive fuzzy control of a class of SISO nonaffine nonlinear systems[J]. Fuzzy Sets and Systems, 2007, 158(10): 1126-1137.

[16] Labiod S, Boucherit M S, Guerra T M. Adaptive fuzzy control of a class of MIMO nonlinear systems[J]. Fuzzy Sets and Systems, 2005, 151(1): 59-77.

[17] Wang M, Chen B, Dai S L. Direct adaptive fuzzy tracking control for a class of perturbed strict-feedback nonlinear systems[J]. Fuzzy Sets and Systems, 2007, 158(24): 2655-2670.

[18] Tong S C, Chen B, Wang Y F. Fuzzy adaptive output feedback control for MIMO nonlinear systems[J]. Fuzzy Sets and Systems, 2005, 156(2): 285-299.

[19] 朱明超, 李元春. 可重构机械臂分散自适应模糊滑模控制[J]. 吉林大学学报 (工学版)，2009, 39(1): 170-176.

[20] Zeinali M, Notash L. Adaptive sliding mode control with uncertainty estimator for robot manipulators[J]. Mechanism and Machine Theory, 2010, 45(1): 80-90.

[21] Nekoukar V, Erfanian A. Adaptive fuzzy terminal sliding mode control for a class of MIMO uncertain nonlinear systems[J]. Fuzzy Sets and Systems, 2011, 179(1): 34-49.

[22] 李涛, 孙衢, 杨莉. 基于云模型趋近律的智能滑模控制器设计[J]. 四川大学学报 (工程科学版), 2010, 42(3): 171-176.

[23] 王宗义，李艳东, 朱玲. 非完整移动机器人的双自适应神经滑模控制[J]. 机械工程学报, 2010, 46(23): 16-22.

[24] Tan C P, Yu X H, Man Z H. Terminal sliding mode observers for a class of nonlinear systems[J]. Automatica, 2010, 46(8): 1401-1404.

[25] Chen N J, Song F Z, Li G P, et al. An adaptive sliding mode backstepping control for the mobile manipulator with nonholonomic constraints[J]. Communications in Nonlinear Science and Numerical Simulation, 2013, 18(10): 2885-2899.

[26] Lin T C, Chen M C. Adaptive hybrid type-2 intelligent sliding mode control for uncertain nonlinear multivariable dynamical systems[J]. Fuzzy Sets and Systems, 2011, 171(1): 44-71.

[27] Lin T C. Based on interval type-2 fuzzy-neural network direct adaptive sliding mode control for SISO nonlinear systems[J]. Communications in Nonlinear Science and Numerical Simulation, 2010, 15(12): 4084-4099.

[28] Huang R, Lin Y, Lin Z W. Sliding mode $H_\infty$ control design for uncertain nonlinear stochastic state-delayed Markovian jump systems with actuator failures[J]. Nonlinear Analysis: Hybrid Systems, 2011, 5(4): 692-703.

[29] 李正义, 唐小琦, 熊烁, 等. 卡尔曼状态观测器在机器人力控制中的应用[J]. 华中科技大学学报 (自然科学版), 2012, 40(2): 1-4.

[30] 张袅娜, 冯勇, 邱东. 非线性不确定系统的鲁棒滑模观测器设计[J]. 控制理论与应用, 2007, 24(5): 715-718.

[31] Astolfi A, Ortega R, Venkatraman A. A globally exponentially convergent immersion and invariance speed observer for mechanical systems with non-holonomic constraints[J]. Automatica, 2010, 46(1): 182-189.

[32] Mohammadi A, Tavakoli M, Marquez H J, et al. Nonlinear disturbance observer design for robotic manipulators[J]. Control Engineering Practice, 2013, 21(3): 253-267.

[33] Smyshlyaev A, Krstic M. Backstepping observers for a class of parabolic PDEs[J]. Systems & Control Letters, 2005, 54 (7): 613-625.

[34] 陈国栋，贾培发. 基于扩张状态观测的机器人分散鲁棒跟踪控制[J]. 自动化学报, 2008, 34(7): 828-832.

[35] Chen S H, Chou J H. Robust-optimal active vibration controllers design for the uncertain flexible mechanical systems possessing integrity via genetic algorithm[J]. International Journal of Mechanical Sciences, 2008, 50(3): 455-465.

[36] Zemouche A, Boutayeb M, Bara G I. Observers for a class of Lipschitz systems with extension to $H_\infty$ performance analysis[J]. Systems & Control Letters, 2008, 57(1): 18-27.

[37] 张元涛, 石为人, 李颖. 基于反演的不确定非线性系统自适应滑模控制[J]. 华中科技大学学报 (自然科学版), 2011, 39(7): 88-93.

[38] 郑剑飞，冯勇，郑雪梅，等. 不确定非线性系统的自适应反演终端滑模控制[J]. 控制理论与应用, 2009, 26(4): 410-414.

[39] Jiang Y, Hu Q L, Ma G F. Adaptive backstepping fault-tolerant control for flexible spacecraft with unknown bounded disturbances and actuator failures[J]. ISA Transactions, 2010, 49(1): 57-69.

[40] Li C Y, Tong S C, Wang W. Fuzzy adaptive high-gain-based observer backstepping control for SISO nonlinear systems[J]. Information Sciences, 2011, 181(11): 2405-2421.

[41] Lin D, Wang X Y, Nian F Z, et al. Dynamic fuzzy neural networks modeling and adaptive backstepping tracking control of uncertain chaotic systems[J]. Neurocomputing, 2010, 73(18): 2873-881.

[42] Wu Z J, Xie X J, Zhang S Y. Adaptive backstepping controller design using stochastic small-gain theorem[J]. Automatica, 2007, 43(4): 608-620.

[43] Edwards C, Spurgeon S K, Patton R J. Sliding mode observers for fault detection and isolation[J]. Automatica, 2000, 36(3): 541-553.

[44] Krstic M, Siranosian A A, Balogh A, et al. Control of strings and flexible beams by backstepping boundary control[C]. Proceedings of the 2007 American Control Conference, New York, 2007: 882-887.

[45] Li Y H, Qiang S, Zhuang X Y, et al. Robust and adaptive backstepping control for nonlinear systems using RBF neural networks[J]. IEEE Transactions on Neural Networks, 2004, 15(3): 693-701.

[46]  Krishnamurthy P, Khorrami F, Chandra R S. Global high-gain-based observer and back-stepping controller for generalized output-feedback canonical form[J]. IEEE Transactions on Automatic Control, 2003, 48(12): 2277-2284.

[47]  徐传忠. 非线性机器人的智能反演滑模控制研究[D]. 厦门: 华侨大学, 2012.

[48]  陈洁, 周绍磊, 宋召青. 基于不确定性的高超声速飞行器动态面自适应反演控制系统设计[J]. 宇航学报, 2010, 31(11): 2550-2556.

[49]  朱明超. 可重构模块机器人运动学、动力学与控制方法研究[D]. 长春: 吉林大学, 2006.

[50]  邵立伟, 廖晓钟, 夏元清, 等. 三阶离散扩张状态观测器的稳定性分析及其综合[J]. 信息与控制, 2008, 37(2): 135-139.

[51]  孙兵, 朱大奇, 邓志刚. 开架水下机器人生物启发离散轨迹跟踪控制[J]. 控制理论与应用, 2013, 30(4): 454-462.

# 第5章 可重构机械臂分散主动容错控制

## 5.1 引　　言

可重构机械臂在完成诸如航天任务、军事侦察等遥操作和危险工作时，一旦其传感器、执行器等部件发生故障，轻则机械臂不能完成工作任务，重则导致不可预知的严重后果。为了提高可重构机械臂的可靠性，故障辨识及容错控制技术已成为迫切研究的课题。容错控制的主要目标是设计一个具有适当结构的控制器，使得系统无论是否发生故障都能保持稳定且较好地完成工作任务。如果所设计的容错控制器能够根据所发生的故障在线调整其结构和 (或) 参数，称这种控制方法为主动容错控制；如果所设计的控制器仅采用鲁棒控制技术使机械臂对某些故障不敏感 (即不依赖于故障信息)，在不改变控制器结构和参数的条件下进行容错控制，则称其为被动容错控制。实际过程中发生的故障具有多样性，而在控制器设计过程中不可能考虑到所有可能发生的故障，因此被动容错控制的能力是有限的。组成可重构机械臂系统的各个元件都有可能发生故障，其中执行器和传感器最易发生故障，这两种故障已逐渐成为导致系统部分失效甚至瘫痪的主要因素。因此，研究针对执行器和传感器故障的主动容错控制具有重要的理论和实际意义。

本章首先针对可重构机械臂的执行器故障提出一种基于迭代故障跟踪观测器的主动容错控制方法。利用迭代学习的优点，设计故障跟踪观测器以便实时观测故障，并在此基础之上设计针对执行器故障的主动容错控制器。然后针对可重构机械臂多故障同发的情况，提出基于滑模观测器的故障重构及主动容错控制器的设计方法。在各关节子系统中，通过引入一个新状态将传感器故障等效为执行器故障，在此基础之上设计滑模观测器，并用神经网络实时估计观测器中的不确定项和各子系统间的耦合关联项，利用误差信息实现对不同传感器及执行器故障的重构，用滑模观测器输出取代故障传感器输出以实现故障发生时的容错控制。最后，为解决迭代故障观测器设计中迭代公式及迭代初始值难以选择的问题，提出一种基于时延技术与反演神经网络控制的主动容错控制方法。在执行器正常运行过程中，采用反演神经网络分散控制，当执行器发生故障时，利用反演结合时延技术来重构控制器，以便在执行器部分失效时仍能保证系统的稳定性和跟踪的精确性。

## 5.2 故障分类

故障是系统因某种原因丧失既定功能，或因系统中某些元件的功能失效所导致的性能恶化现象。按此定义，故障包括两种情况：一是环境变化所引起的系统性能降低，如外界干扰、系统参数变化等；二是系统发生的实际故障，如元器件故障、传感器故障和执行器故障等，上述无论哪种情况都将严重影响系统的性能。

故障有如下三种不同的分类方式。

### 1. 发生位置

按发生位置的不同，系统故障可分为元器件故障、执行器故障和传感器故障[1]。

#### 1) 元器件故障

元器件故障指系统中的某些元器件发生异常，使得整个系统不能正常完成指定的作业任务。本节主要针对执行器故障和传感器故障，因此在此对元器件故障不予介绍。

#### 2) 执行器故障

执行器故障指系统中执行器的期望输出与其实际输出之间存在差异，故障类型包括卡死故障、恒增益故障、恒偏差故障和随机故障。

(1) 卡死故障：指执行器输出固定为某一常数，不再响应输入信号。当执行器发生卡死故障后，该故障不但会成为系统的持续扰动，还会使系统失去部分控制上的自由度。第 $i$ 个执行器发生卡死故障的模型为

$$u_i^a(t) = u_i(t) + \varphi(t - t_0)(u_{ci} - u_i(t))$$

式中，$u_i(t)$、$u_i^a(t)$ 分别为第 $i$ 个执行器的期望输出（无故障时的输出）和实际输出；$u_{ci}$ 为故障常数；$\varphi(t - t_0)$ 为故障发生的开关函数，即

$$\varphi(t - t_0) = \begin{cases} 1, & t \geqslant t_0 (\text{第 } i \text{ 个执行器发生卡死故障}) \\ 0, & t < t_0 (\text{第 } i \text{ 个执行器正常}) \end{cases}$$

在实际的可重构机械臂系统中，执行器的输出是有范围限制的，即

$$u_{i\,\min} < u_i(t) < u_{i\,\max}$$

特殊情况下，当 $u_i(t) = u_{ci} = 0$ 时，执行器故障又称为自由摆故障；当 $u_i(t) = u_{ci} = u_{i\,\max}$ 时，执行器故障又称为饱和执行器故障。

(2) 恒增益故障：指执行器期望输出与其实际输出之间有一个成比例的偏差。第 $i$ 个执行器发生恒增益故障的模型为

$$u_i^a(t) = u_i(t) + \varphi(t - t_0)(\lambda_i u_i(t) - u_i(t))$$

式中，$\lambda_i \in [0,1]$ 为第 $i$ 个执行器的失效因子。当 $\varphi(t-t_0) = 1$ 且 $\lambda_i = 0$ 时，$u_i^a(t) = 0$ 表示执行器完全失效，即发生自由摆故障；当 $\varphi(t-t_0) = 1$ 且 $\lambda_i = 1$ 时，$u_i^a(t) = u_i(t)$ 表示执行器工作正常；当 $\varphi(t-t_0) = 1$ 且 $0 < \lambda_i < 1$ 时，$u_i^a(t) = \lambda_i u_i(t)$ 表示执行器部分失效，即发生恒增益故障。

(3) 恒偏差故障：指执行器期望输出与其实际输出之间有一个固定的偏差值。第 $i$ 个执行器发生恒偏差故障的模型为

$$u_i^a(t) = u_i(t) + \varphi(t - t_0)\Delta_i$$

式中，$\Delta_i$ 为故障常数。当 $\varphi(t - t_0) = 0$ 时，执行器正常工作；当 $\varphi(t - t_0) = 1$ 时，执行器发生偏差为 $\Delta_i$ 的故障。

(4) 随机故障：指一种无规律的故障。第 $i$ 个执行器发生随机故障的模型为

$$u_i^a(t) = u_i(t) + \varphi(t - t_0)u_r$$

式中，$u_r$ 为随机干扰信号。

3) 传感器故障

传感器故障指传感器发生卡死、恒增益或恒偏差异常导致输出变量的测量值与其实际值之间存在差异。以下传感器故障的参数意义同执行器故障，故不再重复介绍。

(1) 卡死故障。第 $i$ 个传感器发生卡死故障的模型为

$$u_i^s(t) = u_i(t) + \varphi(t - t_0)(u_{ci} - u_i(t))$$

(2) 恒增益故障。第 $i$ 个传感器发生恒增益故障的模型为

$$u_i^s(t) = u_i(t) + \varphi(t - t_0)(\lambda_i u_i(t) - u_i(t))$$

(3) 恒偏差故障。第 $i$ 个传感器发生恒偏差故障的模型为

$$u_i^s(t) = u_i(t) + \varphi(t - t_0)\Delta_i$$

2. 发生形式

按发生形式的不同，系统故障可分为乘性故障和加性故障。

1) 乘性故障

乘性故障类似于恒增益故障，它能使系统输出发生变化，当系统正常运行时为 1。

2) 加性故障

加性故障类似于恒偏差故障，当系统正常运行时为零。

3. 发生时间

按发生时间的不同，系统故障可分为突变故障和缓变故障。

1) 突变故障

突变故障指突然出现很大变动、事先不可预测的故障。

2) 缓变故障

缓变故障指随时间和环境的变化而缓慢变化的故障。

## 5.3　基于迭代故障观测器的可重构机械臂执行器故障主动容错控制

为观测机械臂的执行器故障，本节首先设计基于比例–微分 (proportional differential，PD) 算法的迭代故障观测器，然后在此观测器的基础之上设计模糊自适应主动容错控制器。

### 5.3.1　迭代故障观测器设计及其收敛性分析

基于迭代故障观测器的可重构机械臂执行器故障的主动容错控制框图如图 5.1 所示。

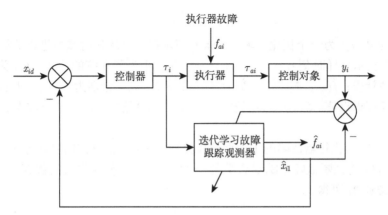

图 5.1　可重构机械臂执行器故障的主动容错控制框图

考虑到每个子系统的状态方程及证明过程相同，将以下公式中子系统的下标 $i$ 省略，以便使公式及证明过程更直观、简洁。这里采用式 (4.3) 所示的各子系统动力学方程，该子系统发生执行器故障时的模型为

$$
\begin{cases}
\dot{x}_1 = x_2 \\
\dot{x}_2 = f(q, \dot{q}) + h(q, \dot{q}, \ddot{q}) + g(q)\tau + g(q)f_a \\
y = x_1
\end{cases}
\tag{5.1}
$$

式 (5.1) 等价于

$$
\begin{cases}
\dot{x} = Ax + B\tau + B_f f_a + H \\
y = Cx
\end{cases}
\tag{5.2}
$$

式中，$f_a$ 为执行器故障；$x = \begin{bmatrix} x_1 \\ x_2 \end{bmatrix}$；$A = \begin{bmatrix} 0 & 0 \\ 0 & 1 \end{bmatrix}$；$B = \begin{bmatrix} 0 \\ g(q) \end{bmatrix}$；$B_f = \begin{bmatrix} 0 \\ g(q) \end{bmatrix}$；$C = \begin{bmatrix} 1 & 0 \end{bmatrix}$；$H = \begin{bmatrix} 0 \\ f(q, \dot{q}) + h(q, \dot{q}, \ddot{q}) \end{bmatrix}$。

针对式 (5.1)，设计迭代故障跟踪观测器如下：

$$
\begin{cases}
\dot{\hat{x}}_{1k} = \hat{x}_{2k} + L_1(y_k - \hat{y}_k) \\
\dot{\hat{x}}_{2k} = \hat{f}(\hat{x}_{1k}, \hat{x}_{2k}, \hat{\theta}_f) + \hat{h}(|s|, \hat{\theta}_h) + \hat{g}(\hat{x}_{1k}, \hat{\theta}_g)\tau_k + \hat{g}(\hat{x}_{1k}, \hat{\theta}_g)\hat{f}_{ak} + L_2(y_k - \hat{y}_k) \\
\hat{y}_k = \hat{x}_{1k}
\end{cases}
\tag{5.3}
$$

$$
\gamma_k = y - \hat{y}_k = x_1 - \hat{x}_{1k}
\tag{5.4}
$$

$$
\hat{f}_{a(k+1)} = \hat{f}_{ak} + k_p \gamma_k + k_d \dot{\gamma}_k
\tag{5.5}
$$

$$
\|y_k(t) - \hat{y}_k(t)\|_\infty \leqslant \varepsilon
\tag{5.6}
$$

式中，$t \in [t_1, t_2]$ 为一个优化时域；下标 $k$ 表示在一个优化时域内进行的第 $k$ 次迭代（不再表示采样时刻）；$x_k = [x_{1k}, x_{2k}] = [q_i, \dot{q}_i]$ 为子系统的状态；$\hat{f}_{ak}$ 为执行器故障的估计值；$\hat{f}(\hat{x}_{1k}, \hat{x}_{2k}, \hat{\theta}_f)$、$\hat{h}(|s|, \hat{\theta}_h)$ 和 $\hat{g}(\hat{x}_{1k}, \hat{\theta}_g)$ 分别为 $f(q, \dot{q})$、$h(q, \dot{q}, \ddot{q})$ 和 $g(q)$ 的模糊逼近值；$L_1$、$L_2$ 为子系统已知的观测器增益；$k_p$ 为比例系数；$k_d$ 为微分系数。

式 (5.5) 为执行器故障的 PD 型迭代算法，也可根据具体需要确定迭代更新算法；式 (5.6) 为判断故障跟踪观测器在一个优化时域内停止迭代的依据。

由式 (5.3) 可得

$$
\begin{cases}
\dot{\hat{x}}_k = A\hat{x}_k + \hat{B}\tau_k + \hat{B}_f \hat{f}_{ak} + L(y_k - \hat{y}_k) + \hat{H} \\
\hat{y}_k = C\hat{x}_k
\end{cases}
\tag{5.7}
$$

式中，$A = \begin{bmatrix} 0 & 1 \\ 0 & 0 \end{bmatrix}$；$\hat{B} = \begin{bmatrix} 0 \\ \hat{g} \end{bmatrix}$；$\hat{B}_f = \begin{bmatrix} 0 \\ \hat{g} \end{bmatrix}$；$L = \begin{bmatrix} L_1 \\ L_2 \end{bmatrix}$；$C = \begin{bmatrix} 1 & 0 \end{bmatrix}$；$\hat{H} = \begin{bmatrix} 0 \\ \hat{f} + \hat{h} \end{bmatrix}$。

**假设 5.1** 子系统 (5.1) 的初始值已知，即 $x_i(0) = [x_{i1}(0), x_{i2}(0)]$ 及 $y_i(0)$ 已知。

**假设 5.2** 各子系统执行器故障及控制力矩有界，即 $|f_{ai}| < \delta_i$，$|\tau_i| < \eta_i$，其中 $\eta_i$、$\delta_i$ 为正常数。

**假设 5.3** 式 (5.7) 中系数估计误差有界，即 $\left\| \tilde{B} \right\| \leqslant \alpha_1 \left\| x_k - \hat{x}_k \right\|$，$\left\| \tilde{H} \right\| \leqslant \alpha_2 \left\| x_k - \hat{x}_k \right\|$，其中 $\alpha_1$、$\alpha_2$ 为正常数。

**定义 5.1** 函数 $f : [0, T] \to \mathbf{R}^n$ 的 $\lambda$ 范数为 $\|f\|_\lambda = \sup\limits_{0 \leqslant t \leqslant T} \left\{ \|f(t)\| e^{-\lambda t} \right\}$。

**定理 5.1** 对子系统 (5.1) 设计如式 (5.3)~式 (5.6) 所示的迭代故障跟踪观测器，在有限优化时间内，若迭代初始条件满足 $\hat{x}_k(0) = x(0)$，则当 $k \to \infty$ 时，不但可使迭代学习执行器故障 $\hat{f}_{ak}$ 在 $\lambda$ 范数下无限逼近系统的实际故障 $f_a$，而且可保证故障跟踪观测器的输出 $\hat{y}_k$ 收敛于系统的实际输出 $y$，即 $\lim\limits_{k \to \infty} \left\| f_a(t) - \hat{f}_{ak}(t) \right\|_\lambda = 0$，$\lim\limits_{k \to \infty} \|y(t) - \hat{y}_k(t)\|_\lambda = 0$。

**证明** 在一个优化时域 $[0, t_n]$ 内，$\hat{x}_k(0) = x(0)$，$\hat{y}_k(0) = y(0)$，$k$ 表示一个优化时域内的迭代次数。

为证明上述结论，有

$$
\begin{aligned}
\|x_k - \hat{x}_k\| = &\|x_k(0) - \hat{x}_k(0) + \int_0^t [Ax_k(s) + B\tau(s) + Bf_{ak}(s) + H(s)]\mathrm{d}s \\
&- \int_0^t [A\hat{x}_k(s) + \hat{B}\tau(s) + \hat{B}\hat{f}_{ak}(s) + \hat{H}(s) + L(y_k - \hat{y}_k)]\mathrm{d}s\| \\
= &\left\| \int_0^t [Ax_k(s) + B\tau(s) + Bf_{ak}(s) + H(s)]\mathrm{d}s \right. \\
&\left. - \int_0^t [A\hat{x}_k(s) + \hat{B}\tau(s) + \hat{B}\hat{f}_{ak}(s) + \hat{H}(s) + L(y_k - \hat{y}_k)]\mathrm{d}s \right\| \\
\leqslant &\int_0^t \|A - LC\| \, \|x_k(s) - \hat{x}_k(s)\| \, \mathrm{d}s + \int_0^t \left\| \hat{B} \right\| \left\| f_{ak}(s) - \hat{f}_{ak}(s) \right\| \mathrm{d}s \\
&+ \int_0^t \left\| \tilde{B}\tau(s) + \tilde{B}f_{ak}(s) \right\| \mathrm{d}s + \int_0^t \left\| H(s) - \hat{H}(s) \right\| \mathrm{d}s
\end{aligned}
$$

设 $h_1 = \|A - LC\|$，$h_2 = \left\| \hat{B} \right\|$，则有

$$
\|x_k - \hat{x}_k\| \leqslant \int_0^t h_1 \|x_k(s) - \hat{x}_k(s)\| \, \mathrm{d}s + \int_0^t h_2 \left\| f_{ak}(s) - \hat{f}_{ak}(s) \right\| \mathrm{d}s
$$

$$+ \int_0^t [\alpha_1(\|\tau(s) + f_{ak}(s)\|) + \alpha_2] \|x_k(s) - \hat{x}_k(s)\| \, \mathrm{d}s$$

$$= \int_0^t [h_1 + \alpha_1(\|\tau(s) + f_{ak}(s)\|) + \alpha_2] \|x_k(s) - \hat{x}_k(s)\| \, \mathrm{d}s + \int_0^t h_2 \left\| f_{ak}(s) - \hat{f}_{ak}(s) \right\| \mathrm{d}s$$

$$\leqslant \int_0^t [h_1 + \alpha_1(\eta + \delta) + \alpha_2] \|x_k(s) - \hat{x}_k(s)\| \, \mathrm{d}s + \int_0^t h_2 \left\| f_{ak}(s) - \hat{f}_{ak}(s) \right\| \mathrm{d}s$$

$$= \int_0^t h_3 \|x_k(s) - \hat{x}_k(s)\| \, \mathrm{d}s + \int_0^t h_2 \left\| f_{ak}(s) - \hat{f}_{ak}(s) \right\| \mathrm{d}s$$

式中, $h_3 = h_1 + \alpha_1(\eta + \delta) + \alpha_2$。

由 Gronwall-Bellman[2] 积分不等式可得

$$\|x_k - \hat{x}_k\| \leqslant h_2 \int_0^t \exp[h_3(t - s)] \left\| f_{ak}(s) - \hat{f}_{ak}(s) \right\| \mathrm{d}s$$

设 $\Lambda(t) = h_2 \int_0^t \exp[h_3(t - s)] \left\| f_{ak}(s) - \hat{f}_{ak}(s) \right\| \mathrm{d}s$, 上式变为

$$\|x_k - \hat{x}_k\| \leqslant \Lambda(t) \tag{5.8}$$

由式 (5.5) 可得 $f_{ak} + \hat{f}_{a(k+1)} - f_{a(k+1)} - \hat{f}_{ak} = k_p \gamma_k + k_d \dot{\gamma}_k$, 因为 $\tilde{f}_a = f_a - \hat{f}_a$, 所以有

$$\tilde{f}_{a(k+1)} - \tilde{f}_{ak} = -(k_p \gamma_k + k_d \dot{\gamma}_k) \tag{5.9}$$

由式 (5.1) 和式 (5.3) 可得

$$\begin{cases} \dot{e}_{1k} = e_{2k} - L_1(y_k - \hat{y}_k) \\ \dot{e}_{2k} = \tilde{f} + \tilde{h} + \tilde{g}\tau_k + gf_a - \hat{g}\hat{f}_{ak} - L_2(y_k - \hat{y}_k) \end{cases} \tag{5.10}$$

由于 $gf_a - \hat{g}\hat{f}_{ak} = \hat{g}f_a + \tilde{g}f_a - \hat{g}\hat{f}_{ak} = \hat{g}\tilde{f}_{ak} + \tilde{g}f_a$, 式 (5.10) 可写成状态方程的形式:

$$\dot{e}_k = \begin{bmatrix} \dot{e}_{1k} \\ \dot{e}_{2k} \end{bmatrix} = \begin{bmatrix} 0 & 1 \\ 0 & 0 \end{bmatrix} \begin{bmatrix} e_{1k} \\ e_{2k} \end{bmatrix} + \begin{bmatrix} 0 \\ \tilde{g} \end{bmatrix} \tau_k + \begin{bmatrix} 0 \\ \hat{g} \end{bmatrix} \tilde{f}_{ak}$$

$$+ \begin{bmatrix} 0 \\ \tilde{f} + \tilde{h} + \tilde{g}f_a \end{bmatrix} - \begin{bmatrix} L_1 \\ L_2 \end{bmatrix} \begin{bmatrix} 1 & 0 \end{bmatrix} \begin{bmatrix} e_{1k} \\ e_{2k} \end{bmatrix}$$

$$= (A - LC)e_k + \tilde{B}\tau_k + B_f \tilde{f}_{ak} + \tilde{H} \tag{5.11}$$

式中, $\tilde{B} = \begin{bmatrix} 0 \\ \tilde{g} \end{bmatrix}$; $\tilde{H} = \begin{bmatrix} 0 \\ \tilde{f} + \tilde{h} + \tilde{g}f_a \end{bmatrix}$。

将式 (5.11) 代入式 (5.9)，可得

$$
\begin{aligned}
\tilde{f}_{a(k+1)} =& \tilde{f}_{ak} - k_p C e_k - k_d C[(A-LC)e_k + \tilde{B}\tau_k + B_f \tilde{f}_{ak} + \tilde{H}] \\
=& (I - k_d C B_f)\tilde{f}_{ak} - [k_p C + k_d C(A-LC)]e_k - k_d C(\tilde{B}\tau_k + \tilde{H}) \\
=& (I - k_d C B_f)\tilde{f}_{ak} - [k_p C + k_d C(A-LC)]\bigg[\varPhi(t)e_k(0) \\
& + \int_0^t \varPhi(t,\tau)(\tilde{B}\tau_k + B_f \tilde{f}_{ak} + \tilde{H})\mathrm{d}\tau\bigg] - k_d C(\tilde{B}\tau_k + \tilde{H}) \\
=& (I - k_d C B_f)\tilde{f}_{ak} - [k_p C + k_d C(A-LC)]\int_0^t \varPhi(t,\tau)(\tilde{B}\tau_k + B_f \tilde{f}_{ak} + \tilde{H})\mathrm{d}\tau \\
& - k_d C(\tilde{B}\tau_k + \tilde{H})
\end{aligned}
$$

对上式两边取范数可得

$$
\left\|\tilde{f}_{a(k+1)}\right\| \leqslant h_3 \left\|\tilde{f}_{ak}\right\| + h_4 h_5 \int_0^t \left\|\tilde{f}_{ak}\right\|\mathrm{d}\tau + h_4 h_6 \int_0^t \left\|\tilde{B}\tau_k + \tilde{H}\right\|\mathrm{d}\tau + h_7 \left\|\tilde{B}\tau_k + \tilde{H}\right\|
\tag{5.12}
$$

式中，$h_3 = \|(I - k_d C B_f)\|$，$h_4 = \|k_p C + k_d C(A-LC)\|$，$h_5 = \sup\limits_{t\in[0,t_n]} \|\varPhi(t,\tau)B_f\|$，$h_6 = \sup\limits_{t\in[0,t_n]} \|\varPhi(t,\tau)\|$，$h_7 = \|k_d C\|$。

由假设 5.2 和假设 5.3 可得

$$
\begin{aligned}
\left\|\tilde{f}_{a(k+1)}\right\| \leqslant& h_3 \left\|\tilde{f}_{ak}\right\| + h_4 h_5 \int_0^t \left\|\tilde{f}_{ak}\right\|\mathrm{d}\tau + h_4 h_6 (\alpha_1\eta + \alpha_2)\int_0^t \|x_k(\tau) - \hat{x}_k(\tau)\|\mathrm{d}\tau \\
& + h_7(\alpha_1\eta + \alpha_2)\|x_k(\tau) - \hat{x}_k(\tau)\| \\
=& h_3 \left\|\tilde{f}_{ak}\right\| + h_4 h_5 \int_0^t \left\|\tilde{f}_{ak}\right\|\mathrm{d}\tau \\
& + h_4 h_6 h_8 \int_0^t \|x_k(\tau) - \hat{x}_k(\tau)\|\mathrm{d}\tau + h_7 h_8 \|x_k(\tau) - \hat{x}_k(\tau)\|
\end{aligned}
\tag{5.13}
$$

式中，$h_8 = \alpha_1\eta + \alpha_2$。

将式 (5.8) 代入式 (5.13)，可得

$$
\begin{aligned}
\left\|\tilde{f}_{a(k+1)}\right\| \leqslant& h_3 \left\|\tilde{f}_{ak}\right\| + h_4 h_5 \int_0^t \left\|\tilde{f}_{ak}\right\|\mathrm{d}\tau + h_4 h_6 h_8 \int_0^t \varLambda(\tau)\mathrm{d}\tau + h_7 h_8 \varLambda(t) \\
\leqslant& h_3 \left\|\tilde{f}_{ak}\right\| + h_4 h_5 \int_0^t \left\|\tilde{f}_{ak}\right\|\mathrm{d}\tau + h_4 h_6 h_8 t_n \varLambda(t) + h_7 h_8 \varLambda(t) \\
=& h_3 \left\|\tilde{f}_{ak}\right\| + h_4 h_5 \int_0^t \left\|\tilde{f}_{ak}\right\|\mathrm{d}\tau \\
& + (h_4 h_6 h_8 t_n + h_7 h_8)\int_0^t \exp[h_3(t-s)]\left\|\tilde{f}_{ak}(s) - \hat{f}_{ak}(s)\right\|\mathrm{d}s
\end{aligned}
\tag{5.14}
$$

取 $h_9 = \max\{h_4 h_6 h_8 t_n + h_7 h_8, h_3\}$，式 (5.14) 两边取 $\lambda$ 范数可得

$$\left\|\tilde{f}_{a(k+1)}\right\|_\lambda \leqslant h_3 \left\|\tilde{f}_{ak}\right\|_\lambda + h_4 h_5 \frac{1 - \exp(-\lambda t_n)}{\lambda} \left\|\tilde{f}_{ak}\right\|_\lambda + h_9 \frac{1 - \exp(h_9 - \lambda)t_n}{\lambda - h_9} \left\|\tilde{f}_{ak}\right\|_\lambda$$

$$= \left[h_3 + h_4 h_5 \frac{1 - \exp(-\lambda t_n)}{\lambda} + h_9 \frac{1 - \exp(h_9 - \lambda)t_n}{\lambda - h_9}\right] \left\|\tilde{f}_{ak}\right\|_\lambda$$

通过选择足够大的 $\lambda$ 值，使 $h_3 + h_4 h_5 \dfrac{1 - \exp(-\lambda t_n)}{\lambda} + h_9 \dfrac{1 - \exp(h_9 - \lambda)t_n}{\lambda - h_9} < 1$，可得到结论 $\lim\limits_{k \to \infty} \left\|f_a(t) - \hat{f}_{ak}(t)\right\|_\lambda = 0$，根据式 (5.8) 可得 $\lim\limits_{k \to \infty} \|x(t) - \hat{x}_k(t)\|_\lambda = 0$，即 $\lim\limits_{k \to \infty} \|y(t) - \hat{y}_k(t)\|_\lambda = 0$。

### 5.3.2    主动容错控制器设计

设 $e_i = \hat{x}_{i1} - y_{id}$，$s_i = \dot{e}_i + m_i e_i$，则有

$$\begin{aligned} \dot{s}_i =& \ddot{e}_i + m_i \dot{e}_i = \ddot{\hat{x}}_{i1} - \ddot{y}_{id} + m_i \dot{e}_i \\ =& \hat{f}_i(\hat{q}_i, \dot{\hat{q}}_i) + \hat{h}_i(\hat{q}, \dot{\hat{q}}, \ddot{\hat{q}}) + \hat{g}_i(\hat{q}_i)\tau_i + \hat{g}_i(\hat{q}_i)\hat{f}_{ia} \\ & + L_{i2}(y_i - \hat{y}_i) + L_{i1}(\dot{y}_i - \dot{\hat{y}}_i) - \ddot{y}_{id} + m_i \dot{e}_i \end{aligned} \tag{5.15}$$

得到控制律为

$$\begin{aligned} \tau_i =& \frac{1}{\hat{g}_i(\hat{q}_i)}[-\hat{f}_i(\hat{q}_i, \dot{\hat{q}}_i) - \hat{h}_i(\hat{q}, \dot{\hat{q}}, \ddot{\hat{q}}) - L_{i2}(y_i - \hat{y}_i) - L_{i1}(\dot{y}_i - \dot{\hat{y}}_i) + \ddot{y}_{id} \\ & - c_i \dot{e}_i - m_i s_i + u_{ic}] - \hat{f}_{ia} \end{aligned} \tag{5.16a}$$

$$u_{ic} = -D_i \mathrm{sgn}(s_i) \tag{5.16b}$$

式中，参数 $D_i$ 值将在后续给出。

将式 (5.16) 代入式 (5.15)，可得

$$\begin{aligned} \dot{s}_i =& -k_i s_i + u_{ic} = -k_i s_i + u_{ic} + \tilde{\theta}_{ig}^{\mathrm{T}} \xi_{ig} \tau_i + \tilde{\theta}_{if}^{\mathrm{T}} \xi_{if} + \tilde{\theta}_{ih}^{\mathrm{T}} \xi_{ih} \\ & - \tilde{\theta}_{ig}^{\mathrm{T}} \xi_{ig} \tau_i - \tilde{\theta}_{if}^{\mathrm{T}} \xi_{if} - \tilde{\theta}_{ih}^{\mathrm{T}} \xi_{ih} \\ =& -k_i s_i + u_{ic} + \tilde{\theta}_{ig}^{\mathrm{T}} \xi_{ig} \tau_i + \tilde{\theta}_{if}^{\mathrm{T}} \xi_{if} + \tilde{\theta}_{ih}^{\mathrm{T}} \xi_{ih} + \varphi_{i1} + \varphi_{i2} \end{aligned}$$

式中，$\varphi_{i1} = -\tilde{\theta}_{if}^{\mathrm{T}} \xi_{if} - \tilde{\theta}_{ig}^{\mathrm{T}} \xi_{ig} \tau_i$；$\varphi_{i2} = -\tilde{\theta}_{ih}^{\mathrm{T}} \xi_{ih}$。

**假设 5.4** $\varphi_{i1}$、$\varphi_{i2}$ 是有界的，即满足 $|\varphi_{i1}| \leqslant \rho_i^*$，$|\varphi_{i2}| \leqslant \lambda_i^*$，其中，$\rho_i^* = \hat{\rho}_i + \tilde{\rho}_i$，$\lambda_i^* = \hat{\lambda}_i + \tilde{\lambda}_i$，式 (5.16b) 中的 $D_i = \hat{\rho}_i + \hat{\lambda}_i$。

模糊系统的参数自适应律取为

$$\dot{\hat{\theta}}_{if} = \eta_{i1} s_i \xi_{if}(\hat{q}_i, \dot{\hat{q}}_i) \tag{5.17}$$

$$\dot{\hat{\theta}}_{ig} = \eta_{i2} s_i \xi_{ig}(\hat{q}_i) \tau_i \tag{5.18}$$

$$\dot{\hat{\theta}}_{ih} = \eta_{i3} s_i \xi_{if}(|s_i|) \tag{5.19}$$

$$\dot{\hat{\rho}}_i = r_{i1} |s_i| \tag{5.20}$$

$$\dot{\hat{\lambda}}_i = r_{i2} |s_i| \tag{5.21}$$

式中，$\eta_{i1}$、$\eta_{i2}$、$\eta_{i3}$、$r_{i1}$、$r_{i2}$ 均为正常数。

**定理 5.2** 考虑发生执行器故障的可重构机械臂子系统动力学模型 (5.1)，在定理 5.1 成立的前提下，应用式 (5.16) 所示的分散控制律及式 (5.17)~式 (5.21) 所示的参数自适应律，可保证发生执行器故障的可重构机械臂系统的轨迹跟踪误差仍将渐近趋近于零。

**证明** 李雅普诺夫函数定义为

$$V = \sum_{i=1}^{n} V_i$$

式中，$V_i = \dfrac{1}{2} s_i^2 + \dfrac{1}{2\eta_{i1}} \tilde{\theta}_{if}^{\mathrm{T}} \tilde{\theta}_{if} + \dfrac{1}{2\eta_{i2}} \tilde{\theta}_{ig}^{\mathrm{T}} \tilde{\theta}_{ig} + \dfrac{1}{2\eta_{i3}} \tilde{\theta}_{ih}^{\mathrm{T}} \tilde{\theta}_{ih} + \dfrac{1}{2r_{i1}} \tilde{\rho}_i^2 + \dfrac{1}{2r_{i2}} \tilde{\lambda}_i^2$。

因此，有

$$
\begin{aligned}
\dot{V}_i =& s_i \dot{s}_i - \frac{1}{\eta_{i1}} \tilde{\theta}_{if}^{\mathrm{T}} \dot{\hat{\theta}}_{if} - \frac{1}{\eta_{i2}} \tilde{\theta}_{ig}^{\mathrm{T}} \dot{\hat{\theta}}_{ig} - \frac{1}{\eta_{i3}} \tilde{\theta}_{ih}^{\mathrm{T}} \dot{\hat{\theta}}_{ih} - \frac{1}{r_{i1}} \tilde{\rho}_i \dot{\hat{\rho}}_i - \frac{1}{r_{i2}} \tilde{\lambda}_i \dot{\hat{\lambda}}_i \\
=& s_i \left( -k_i s_i + u_{ic} + \tilde{\theta}_{ig}^{\mathrm{T}} \xi_{ig} \tau_i + \tilde{\theta}_{if}^{\mathrm{T}} \xi_{if} + \tilde{\theta}_{ih}^{\mathrm{T}} \xi_{ih} + \varphi_{i1} + \varphi_{i2} \right) - \frac{1}{\eta_{i1}} \tilde{\theta}_{if}^{\mathrm{T}} \dot{\hat{\theta}}_{if} \\
& - \frac{1}{\eta_{i2}} \tilde{\theta}_{ig}^{\mathrm{T}} \dot{\hat{\theta}}_{ig} - \frac{1}{\eta_{i3}} \tilde{\theta}_{ih}^{\mathrm{T}} \dot{\hat{\theta}}_{ih} - \frac{1}{r_{i1}} \tilde{\rho}_i \dot{\hat{\rho}}_i - \frac{1}{r_{i2}} \tilde{\lambda}_i \dot{\hat{\lambda}}_i \\
=& -k_i s_i^2 + s_i u_{ic} + s_i \tilde{\theta}_{ig}^{\mathrm{T}} \xi_{ig} \tau_i + s_i \tilde{\theta}_{if}^{\mathrm{T}} \xi_{if} + s_i \tilde{\theta}_{ih}^{\mathrm{T}} \xi_{ih} + s_i \varphi_{i1} + s_i \varphi_{i2} \\
& - \frac{1}{\eta_{i1}} \tilde{\theta}_{if}^{\mathrm{T}} \dot{\hat{\theta}}_{if} - \frac{1}{\eta_{i2}} \tilde{\theta}_{ig}^{\mathrm{T}} \dot{\hat{\theta}}_{ig} - \frac{1}{\eta_{i3}} \tilde{\theta}_{ih}^{\mathrm{T}} \dot{\hat{\theta}}_{ih} - \frac{1}{r_{i1}} \tilde{\rho}_i \dot{\hat{\rho}}_i - \frac{1}{r_{i2}} \tilde{\lambda}_i \dot{\hat{\lambda}}_i
\end{aligned} \tag{5.22}
$$

将式 (5.17)~式 (5.19) 代入式 (5.22)，可得

$$
\begin{aligned}
\dot{V}_i =& -k_i s_i^2 + s_i u_{ic} + s_i \varphi_{i1} + s_i \varphi_{i2} - \frac{1}{r_{i1}} \tilde{\rho}_i \dot{\hat{\rho}}_i - \frac{1}{r_{i2}} \tilde{\lambda}_i \dot{\hat{\lambda}}_i \\
\leqslant& -k_i s_i^2 + s_i u_{ic} + |s_i| \rho_i^* + |s_i| \lambda_i^* - \frac{1}{r_{i1}} \tilde{\rho}_i \dot{\hat{\rho}}_i - \frac{1}{r_{i2}} \tilde{\lambda}_i \dot{\hat{\lambda}}_i \\
=& -k_i s_i^2 + s_i u_{ic} + |s_i| (\tilde{\rho}_i + \hat{\rho}_i) + |s_i| (\tilde{\lambda}_i + \hat{\lambda}_i) - \frac{1}{r_{i1}} \tilde{\rho}_i \dot{\hat{\rho}}_i - \frac{1}{r_{i2}} \tilde{\lambda}_i \dot{\hat{\lambda}}_i
\end{aligned} \tag{5.23}
$$

将式 (5.20) 和式 (5.21) 代入式 (5.23)，可得

$$\dot{V}_i \leqslant -k_i s_i^2 + s_i u_{ic} + |s_i| \hat{\rho}_i + |s_i| \hat{\lambda}_i$$

将式 (5.16b) 代入上式并根据 Babalat 引理, 可得 $\lim\limits_{t\to\infty} s_i(t) = 0$, 即轨迹跟踪误差 $e_i = \hat{x}_{i1} - y_{id}$ 也将渐近趋近于零。

### 5.3.3　仿真与分析

本节对如图 4.5 所示的两个不同构型的三自由度可重构机械臂进行仿真来验证所设计的容错控制方法的有效性。

构型 a 的期望轨迹为

$$y_{1r} = 0.2\sin(t) - 0.5\cos(t)$$
$$y_{2r} = 0.6\cos(3t) - 0.2t$$
$$y_{3r} = 0.5\sin(3t) + t$$

假设关节 1、3 分别在 2s 和 4s 发生执行器随机故障及执行器恒偏差故障, 应用本节所设计的迭代学习故障跟踪观测器, 可重构机械臂构型 a 的各关节故障的估计值如图 5.2 所示。

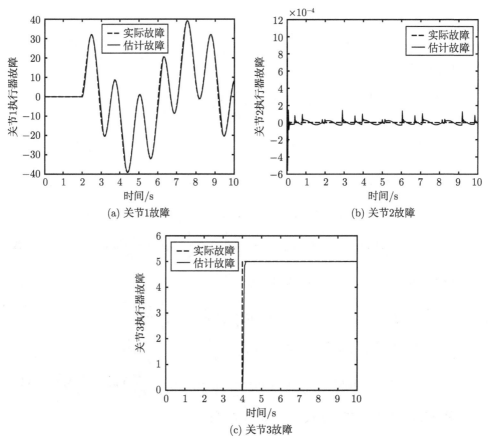

(a) 关节1故障　　　　　　　　　　(b) 关节2故障

(c) 关节3故障

图 5.2　构型 a 各关节故障的估计值

采用式 (5.16) 所示的控制律及式 (5.17)~式 (5.21) 所示的自适应律，可重构机械臂构型 a 各关节的容错轨迹跟踪曲线如图 5.3 所示。

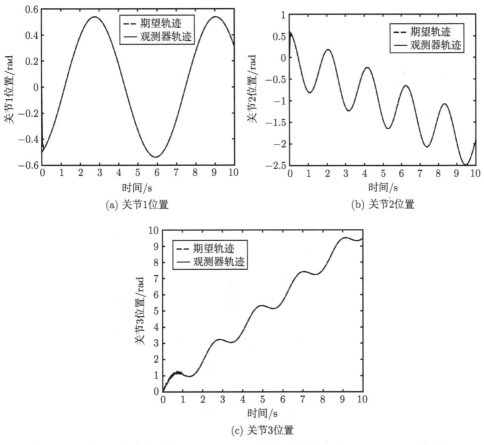

图 5.3 构型 a 各关节的容错轨迹跟踪曲线

构型 b 的期望轨迹为

$$y_{1r} = 0.5\cos(t) - 0.2\cos(3t)$$
$$y_{2r} = 0.4\sin(3t) + 0.5\sin(4t)$$
$$y_{3r} = 0.3\cos(2t) - 0.2t$$

同样假设关节 1、3 分别在 2s 和 4s 发生执行器随机故障及执行器恒偏差故障，可重构机械臂构型 b 的各关节故障的估计值如图 5.4 所示。

可重构机械臂构型 b 各关节的容错轨迹跟踪曲线如图 5.5 所示。

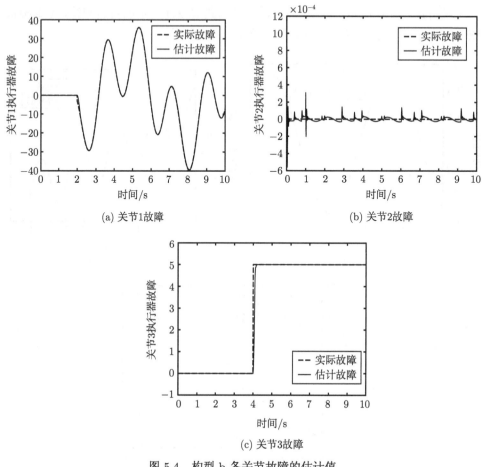

(a) 关节1故障

(b) 关节2故障

(c) 关节3故障

图 5.4　构型 b 各关节故障的估计值

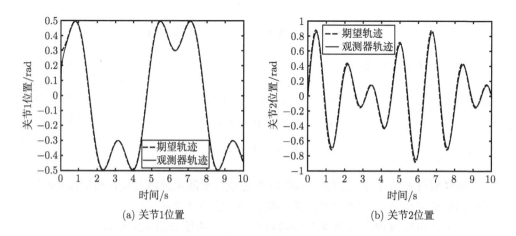

(a) 关节1位置

(b) 关节2位置

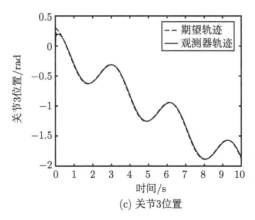

(c) 关节3位置

图 5.5　构型 b 各关节的容错轨迹跟踪曲线

通过图 5.2~图 5.5 的仿真结果可以看出，本节所设计的迭代学习故障跟踪观测器能够很好地逼近所发生的执行器故障，故在此基础之上应用本节所设计的分散控制器能够实现对不同构型可重构机械臂的容错控制。

## 5.4　多故障同发的可重构机械臂主动容错控制

本节针对可重构机械臂的传感器故障和执行器故障，提出基于滑模观测器的故障诊断方法。首先采用状态变量的扩展方法引入新的状态变量，用伪执行器故障来等效传感器故障；然后针对总的执行器故障，把实际系统的输出信号与观测器的输出信号做差得到的残差信号和给定的阈值进行比较，当输出残差值小于阈值时系统正常运行，当输出残差值大于或等于阈值时系统出现故障，以此达到故障检测的目的；接着运用多滑模观测器技术进行传感器与执行器故障隔离，并对故障进行实时估计；最后针对含有执行器故障和传感器故障的可重构机械臂系统，基于在线故障诊断的结果，提出一种基于滑模观测器的容错控制方法，采用神经网络实时估计观测器中的不确定项和各子系统间的耦合关联项，从而实现故障容错，使系统在发生故障后仍然能够保持精确性和稳定性。

### 5.4.1　执行器和传感器的故障检测

1. 基于自适应神经网络的观测器设计及稳定性分析

前面章节提出了可重构机械臂的动力学模型和子系统动力学模型，为阅读方便，此处再次列出。

$n$ 自由度可重构机械臂的动力学模型如下：

$$M(q)\ddot{q} + C(q,\dot{q})\dot{q} + G(q) = \tau \tag{5.24}$$

可重构机械臂的子系统动力学模型如下：

$$M_i(q_i)\ddot{q}_i + C_i(q_i,\dot{q}_i)\dot{q}_i + G_i(q_i) + Z_i(q,\dot{q},\ddot{q}) = \tau_i \tag{5.25}$$

设 $x_i = [x_{i1}, x_{i2}]^{\mathrm{T}} = [q_i, \dot{q}_i]^{\mathrm{T}}(i = 1, 2, \cdots, n)$，式 (5.25) 可以用下面的状态方程表示：

$$\begin{cases} \dot{x}_i = A_i x_i + B_i[W_i(q_i,\dot{q}_i) + Q_i(q_i)\tau_i + h_i(q,\dot{q},\ddot{q})] \\ y_i = C_i x_i \end{cases} \tag{5.26}$$

式中

$$A_i = \begin{bmatrix} 0 & 1 \\ 0 & 0 \end{bmatrix}, \quad B_i = \begin{bmatrix} 0 \\ 1 \end{bmatrix}, \quad C_i = \begin{bmatrix} 1 & 0 \\ 0 & 1 \end{bmatrix}$$

$$W_i(q_i,\dot{q}_i) = M_i^{-1}(q_i)\left[-C_i(q_i,\dot{q}_i)\dot{q}_i - G_i(q_i)\right]$$

$$Q_i(q_i) = M_i^{-1}(q_i)$$

$$h_i(q,\dot{q},\ddot{q}) = -M_i^{-1}(q_i)H_i(q,\dot{q},\ddot{q})$$

当发生执行器故障和传感器故障时，机械臂子系统的状态空间方程变为

$$\begin{cases} \dot{x}_i = A_i x_i + B_i\left[W_i(q_i,\dot{q}_i) + Q_i(q_i)\tau_i + h_i(q,\dot{q},\ddot{q}) + Q_i(q_i)f_{ia}\right] \\ y_i = C_i x_i + [f_{is}, 0]^{\mathrm{T}} \end{cases} \tag{5.27}$$

式中，$f_{ia}$ 和 $f_{is}$ 分别表示执行器和传感器的故障函数，它们未知但有界。

**假设 5.5**　当子系统执行器没有发生故障时，$f_{ia} = 0$；当子系统执行器发生故障时，$f_{ia}$ 是上界已知的非零函数，即 $\|f_{ia}\| \leqslant \alpha_{ia} \leqslant \rho_i$，$\alpha_{ia}$、$\rho_i$ 为正常数。

**假设 5.6**　当子系统传感器没有发生故障时，$f_{is} = 0$；当子系统传感器发生故障时，$f_{is}$ 是上界已知的非零函数，即 $\|f_{is}\| \leqslant \alpha_{is} \leqslant \gamma_i$，$\alpha_{is}$、$\gamma_i$ 为正常数。

这里引入一个新的状态变量 $z_i$ 作为一阶滤波器的输出信号，其表达式为

$$\dot{z}_i = -az_i + by_i \tag{5.28}$$

式中，$y_i$ 表示关节位置的传感器输出信号；$a$、$b$ 都为非零常数且 $a$ 大于零。

将式 (5.27) 代入式 (5.28)，可得

$$\dot{z}_i = -az_i + bx_i + bf_{is} \tag{5.29}$$

令 $\bar{x}_i = [x_{i1}, x_{i2}, x_{i3}]^{\mathrm{T}} = [q_i, \dot{q}_i, z_i]^{\mathrm{T}}$，则新的子系统状态变量方程为

$$\begin{cases} \dot{\bar{x}}_i = \bar{A}_i \bar{x}_i + \bar{B}_i\left[W_i(q_i,\dot{q}_i) + Q_i(q_i)\tau_i + h_i(q,\dot{q},\ddot{q})\right] + \bar{E}_i f_i \\ \bar{y}_i = \bar{C}_i \bar{x}_i \end{cases} \tag{5.30}$$

式中

$$\bar{A}_i = \begin{bmatrix} 0 & 1 & 0 \\ 0 & 0 & 0 \\ b & 0 & -a \end{bmatrix}, \quad \bar{B}_i = \begin{bmatrix} 0 \\ 1 \\ 0 \end{bmatrix}, \quad \bar{C}_i = \begin{bmatrix} 0 & 0 \\ 1 & 0 \\ 0 & 1 \end{bmatrix}^{\mathrm{T}}, \quad f_i = \begin{bmatrix} f_{ia} \\ f_{is} \end{bmatrix}$$

$$\bar{E}_i = [\bar{E}_{i1}, \bar{E}_{i2}] = \begin{bmatrix} 0 & 0 \\ Q_i(q_i) & 0 \\ 0 & 1 \end{bmatrix} (\bar{E}_{i1}、\bar{E}_{i2} 线性无关)$$

经证明可知，$(\bar{A}_i, \bar{B}_i)$ 可控，$(\bar{A}_i, \bar{C}_i)$ 可观。

**假设 5.7** 因为 $(\bar{A}_i, \bar{C}_i)$ 是可观的，所以存在矩阵 $L_i$ 使得矩阵 $A_{0i} = \bar{A}_i - L_i\bar{C}_i$，并且存在李雅普诺夫方程如下：

$$A_{0i}^{\mathrm{T}} P_i + P_i A_{0i} = -I_i \tag{5.31}$$

式中，$P_i$、$I_i$ 为对称正定矩阵。

**假设 5.8** $P_i$、$F_i$ 的选择满足

$$P_i \bar{B}_i = \bar{C}_i^{\mathrm{T}} F_i^{\mathrm{T}} \tag{5.32}$$

式中，$F_i = [F_{i1}, F_{i2}] \in \mathbf{R}^{1 \times 2}$。

定义 $e_i = \hat{\bar{x}}_i - \bar{x}_i$，$e_{iy} = \hat{\bar{y}}_i - \bar{y}_i$，其中 $\hat{\bar{x}}_i$、$\hat{\bar{y}}_i$ 分别为 $\bar{x}_i$、$\bar{y}_i$ 的估计值。

针对式 (5.30) 所描述的子系统状态空间方程，设计基于神经网络的非线性观测器：

$$\begin{cases} \dot{\hat{\bar{x}}}_i = \bar{A}_i \hat{\bar{x}}_i + \bar{B}_i \left[ \hat{W}_i(\hat{q}_i, \dot{\hat{q}}_i) + \hat{Q}_i(\hat{q}_i)\tau_i + v_i - \beta_i \mathrm{sgn}(e_i^{\mathrm{T}} P_i \bar{B}_i) \right] + L_i(\bar{y}_i - \hat{\bar{y}}_i) \\ \hat{\bar{y}}_i = \bar{C}_i \hat{\bar{x}}_i \end{cases} \tag{5.33}$$

式中，$\beta_i \mathrm{sgn}(e_i^{\mathrm{T}} P_i \bar{B}_i)$ 为鲁棒项，用于抵消神经网络逼近误差对观测器的影响。

由式 (5.30) 和式 (5.33) 可以得到观测器所对应的误差动力学方程：

$$\begin{aligned} \dot{e}_i =& (\bar{A}_i - L_i \bar{C}_i)e_i - \bar{E}_i f_i - \bar{B}_i \beta_i \mathrm{sgn}(e_i^{\mathrm{T}} P_i \bar{B}_i) \\ &+ \bar{B}_i \left[ (\hat{W}_i - W_i) + (\hat{Q}_i - Q_i)\tau_i + (v_i - h_i) \right] \end{aligned} \tag{5.34}$$

式中，$v_i$ 项用来补偿关联项对观测器的影响，可描述为

$$v_i(t) = -\mathrm{sgn}(e_i^{\mathrm{T}} P_i \bar{B}_i)\hat{R}_i(\| e_i^{\mathrm{T}} P_i \bar{B}_i \|, \hat{\theta}_{ip}) \tag{5.35}$$

应用径向基函数 (radial basis function, RBF) 神经网络对各子系统间的耦合关联项进行补偿, 即

$$\hat{R}_i(\|e_i^{\mathrm{T}} P_i \bar{B}_i\|, \hat{\theta}_{ip}) = \hat{\theta}_{ip}^{\mathrm{T}} \sigma_{ip}(\|e_i^{\mathrm{T}} P_i \bar{B}_i\|) \tag{5.36}$$

式中, $\hat{\theta}_{ip}$、$\hat{\sigma}_{ip}$ 分别是 $\theta_{ip}$ 和 $\sigma_{ip}$ 的估计值, 估计误差分别为 $\tilde{\theta}_{ip} = \hat{\theta}_{ip} - \theta_{ip}$、$\tilde{\sigma}_{ip} = \hat{\sigma}_{ip} - \sigma_{ip}$。

设神经网络理想的权值是 $\theta_{iW}$ 和 $\theta_{iQ}$, $\sigma(\cdot)$ 是神经网络的基函数, $\varepsilon_{iW}$ 和 $\varepsilon_{iQ}$ 是逼近误差且是未知有界的。对系统的不确定项采用 RBF 神经网络进行逼近, 理想逼近状况如下:

$$W_i(q_i, \dot{q}_i) = \theta_{iW}^{\mathrm{T}} \sigma_{iW}(q_i, \dot{q}_i) - \varepsilon_{iW} \tag{5.37}$$

$$Q_i(q_i) = \theta_{iQ}^{\mathrm{T}} \sigma_{iQ}(q_i) - \varepsilon_{iQ} \tag{5.38}$$

定义 $\hat{\theta}_{iW}$、$\hat{\theta}_{iQ}$ 分别是 $\theta_{iW}$ 和 $\theta_{iQ}$ 的估计值, 估计的误差分别为 $\tilde{\theta}_{iW} = \hat{\theta}_{iW} - \theta_{iW}$, $\tilde{\theta}_{iQ} = \hat{\theta}_{iQ} - \theta_{iQ}$, 则有

$$\hat{W}_i(\hat{q}_i, \dot{\hat{q}}_i) = \hat{\theta}_{iQ}^{\mathrm{T}} \hat{\sigma}_{iW}(\hat{q}_i, \dot{\hat{q}}_i) \tag{5.39}$$

$$\hat{Q}_i(\hat{q}_i) = \hat{\theta}_{iQ}^{\mathrm{T}} \hat{\sigma}_{iQ}(\hat{q}_i) \tag{5.40}$$

$$\begin{aligned} \tilde{W}_i &= \hat{W}_i(\hat{q}_i, \dot{\hat{q}}_i) - W_i(q_i, \dot{q}_i) \\ &= \tilde{\theta}_{iW}^{\mathrm{T}} \hat{\sigma}_{iW}(\hat{q}_i, \dot{\hat{q}}_i) + \theta_{iW}^{\mathrm{T}}(\hat{\sigma}_{iW}(\hat{q}_i, \dot{\hat{q}}_i) - \sigma_{iW}(q_i, \dot{q}_i)) + \varepsilon_{iW} \end{aligned} \tag{5.41}$$

$$\tilde{Q}_i = \hat{Q}_i(\hat{q}_i) - Q_i(q_i) = \tilde{\theta}_{iQ}^{\mathrm{T}} \hat{\sigma}_{iQ}(\hat{q}_i) + \theta_{iQ}^{\mathrm{T}}(\hat{\sigma}_{iQ}(\hat{q}_i) - \sigma_{iQ}(q_i)) + \varepsilon_{iQ} \tag{5.42}$$

定义神经网络的最小逼近误差如下:

$$\omega_{i1} = \theta_{iW}^{\mathrm{T}}(\hat{\sigma}_{iW}(\hat{q}_i, \dot{\hat{q}}_i) - \sigma_{iW}(q_i, \dot{q}_i)) + \varepsilon_{iW} + \theta_{iQ}^{\mathrm{T}}(\hat{\sigma}_{iQ}(\hat{q}_i) - \sigma_{iQ}(q_i))\tau_i + \varepsilon_{iQ}\tau_i \tag{5.43}$$

$$\omega_{i2} = R_i(\|e_i^{\mathrm{T}} P_i \bar{B}_i\|) - \theta_{ip}^{\mathrm{T}} \hat{\sigma}_{ip}(\|e_i^{\mathrm{T}} P_i \bar{B}_i\|) \tag{5.44}$$

$$\omega_i = |\omega_{i1}| + |\omega_{i2}| \tag{5.45}$$

式中, $R_i(\|e_i^{\mathrm{T}} P_i \bar{B}_i\|) = n \max_{ij}\{d_{ij}\} E_i$, $d_{ij} \geqslant 0$ 为未知常数, $E_i = 1 + \|e_i^{\mathrm{T}} P_i \bar{B}_i\| + \|e_i^{\mathrm{T}} P_i \bar{B}_i\|^2$。

**假设 5.9**　关联项 $h_i(q, \dot{q}, \ddot{q})$ 是有界的, 且满足如下不等式:

$$|h_i(q, \dot{q}, \ddot{q})| \leqslant \sum_{j=1}^{n} d_{ij} E_j \tag{5.46}$$

**假设 5.10** 神经网络最小逼近误差 $\omega_i$ 是有界的，即 $\|\omega_i\| \leqslant \beta_i$，其中 $\beta_i$ 为正常数。

参数的自适应律取为

$$\dot{\hat{\theta}}_{iW} = -2\eta_{iW}e_i^{\mathrm{T}}P_i\bar{B}_i\hat{\sigma}_{iW} \tag{5.47}$$

$$\dot{\hat{\theta}}_{iQ} = -2\eta_{iQ}e_i^{\mathrm{T}}P_i\bar{B}_i\hat{\sigma}_{iQ}u_i \tag{5.48}$$

$$\dot{\hat{\theta}}_{ip} = 2\eta_{ip}\left\|e_i^{\mathrm{T}}P_i\bar{B}_i\right\|\hat{\sigma}_{ip} \tag{5.49}$$

**定理 5.3** 针对可重构机械臂子系统动力学模型 (5.25)，应用式 (5.34) 所示的误差动力学方程式和式 (5.47)~式 (5.49) 所示的参数自适应更新律，能够实时检测出系统是否发生故障。

(1) 当系统不发生执行器故障或者传感器故障时，$e_i$ 渐近收敛到零。

(2) 当系统发生执行器故障或者传感器故障时，$e_i$ 不能渐近收敛到零。

**证明** (1) 当系统不发生执行器故障或者传感器故障时，定义李雅普诺夫函数为如下形式：

$$V = \sum_{i=1}^{n} V_i = \sum_{i=1}^{n}\left(e_i^{\mathrm{T}}P_ie_i + \frac{1}{2\eta_{iW}}\tilde{\theta}_{iW}^{\mathrm{T}}\tilde{\theta}_{iW} + \frac{1}{2\eta_{iQ}}\tilde{\theta}_{iQ}^{\mathrm{T}}\tilde{\theta}_{iQ} + \frac{1}{2\eta_{ip}}\tilde{\theta}_{ip}^{\mathrm{T}}\tilde{\theta}_{ip}\right) \tag{5.50}$$

式 (5.50) 对时间的导数为

$$\dot{V} = \sum_{i=1}^{n}\left[\dot{e}_i^{\mathrm{T}}P_ie_i + e_i^{\mathrm{T}}P_i\dot{e}_i + \frac{1}{\eta_{iW}}\tilde{\theta}_{iW}^{\mathrm{T}}\dot{\hat{\theta}}_{iW} + \frac{1}{\eta_{iQ}}\tilde{\theta}_{iQ}^{\mathrm{T}}\dot{\hat{\theta}}_{iQ} + \frac{1}{\eta_{ip}}\tilde{\theta}_{ip}^{\mathrm{T}}\dot{\hat{\theta}}_{ip}\right] \tag{5.51}$$

将式 (5.31)、式 (5.34)~式 (5.36)、式 (5.41)~式 (5.43) 代入式 (5.51)，可得

$$\dot{V} = \sum_{i=1}^{n}\left[e_i^{\mathrm{T}}(A_{0i}^{\mathrm{T}}P_i + P_iA_{0i})e_i + 2e_i^{\mathrm{T}}P_i\bar{B}_i(\tilde{W}_i + \tilde{Q}_i\tau_i) + 2e_i^{\mathrm{T}}P_i\bar{B}_i(v_i - h_i)\right.$$

$$\left. - 2\beta_i\left\|e_i^{\mathrm{T}}P_i\bar{B}_i\right\| + \frac{1}{\eta_{iW}}\tilde{\theta}_{iW}^{\mathrm{T}}\dot{\hat{\theta}}_{iW} + \frac{1}{\eta_{ip}}\tilde{\theta}_{ip}^{\mathrm{T}}\dot{\hat{\theta}}_{ip}\right]$$

$$\leqslant \sum_{i=1}^{n}\left[e_i^{\mathrm{T}}(-I_i)e_i + 2\left\|e_i^{\mathrm{T}}P_i\bar{B}_i\right\||h_i| - 2e_i^{\mathrm{T}}P_i\bar{B}_i\mathrm{sgn}(e_i^{\mathrm{T}}P_i\bar{B}_i)\hat{\theta}_{ip}^{\mathrm{T}}\hat{\sigma}_{ip}\right.$$

$$+ \left(2e_i^{\mathrm{T}}P_i\bar{B}_i\tilde{\theta}_{iW}^{\mathrm{T}}\hat{\sigma}_{iW} + \frac{1}{\eta_{iW}}\tilde{\theta}_{iW}^{\mathrm{T}}\dot{\hat{\theta}}_{iW}\right) + \left(2e_i^{\mathrm{T}}P_i\bar{B}_i\tilde{\theta}_{iQ}^{\mathrm{T}}\hat{\sigma}_{iQ} + \frac{1}{\eta_{iQ}}\tilde{\theta}_{iQ}^{\mathrm{T}}\dot{\hat{\theta}}_{iQ}\right)$$

$$\left. + 2\left\|e_i^{\mathrm{T}}P_i\bar{B}_i\right\||w_{i1}| - 2\beta_i\left\|e_i^{\mathrm{T}}P_i\bar{B}_i\right\| + \frac{1}{\eta_{ip}}\tilde{\theta}_{ip}^{\mathrm{T}}\dot{\hat{\theta}}_{ip}\right] \tag{5.52}$$

将式 (5.46)~式 (5.48) 代入式 (5.52)，并且设 $\lambda_{\min}(I_i)$ 是 $I_i$ 的最小特征值，由此可得

$$
\begin{aligned}
\dot{V} \leqslant & -\lambda_{\min}(I_i)\left\|e_i\right\|^2 + 2\left\|e_i^{\mathrm{T}}P_i\bar{B}_i\right\|\sum_{j=1}^{n}d_{ij}E_j - 2\left\|e_i^{\mathrm{T}}P_i\bar{B}_i\right\|\hat{\theta}_{ip}^{\mathrm{T}}\hat{\sigma}_{ip}(\left\|e_i^{\mathrm{T}}P_i\bar{B}_i\right\|) \\
& + 2\left\|e_i^{\mathrm{T}}P_i\bar{B}_i\right\|\left|w_{i1}\right| - 2\beta_i\left\|e_i^{\mathrm{T}}P_i\bar{B}_i\right\| + \frac{1}{\eta_{ip}}\tilde{\theta}_{ip}^{\mathrm{T}}\dot{\hat{\theta}}_{ip} \\
\leqslant & \sum_{i=1}^{n}\Bigg[-\lambda_{\min}(I_i)\left\|e_i\right\|^2 - 2\left\|e_i^{\mathrm{T}}P_i\bar{B}_i\right\|\hat{\theta}_{ip}^{\mathrm{T}}\hat{\sigma}_{ip}(\left\|e_i^{\mathrm{T}}P_i\bar{B}_i\right\|) + 2\left\|e_i^{\mathrm{T}}P_i\bar{B}_i\right\|\left|w_{i1}\right| \\
& + 2n\max_{ij}\{d_{ij}\}\sum_{i=1}^{n}\left\|e_i^{\mathrm{T}}P_i\bar{B}_i\right\|\sum_{j=1}^{n}E_j - 2\beta_i\left\|e_i^{\mathrm{T}}P_i\bar{B}_i\right\| + \frac{1}{\eta_{ip}}\tilde{\theta}_{ip}^{\mathrm{T}}\dot{\hat{\theta}}_{ip}\Bigg]
\end{aligned}
\tag{5.53}
$$

因为 $\left\|e_i^{\mathrm{T}}P_i\bar{B}_i\right\| \leqslant \left\|e_j^{\mathrm{T}}P_j\bar{B}_j\right\| \Leftrightarrow E_i \leqslant E_j$，所以应用 Chebyshev 不等式可得

$$
\sum_{i=1}^{n}\left\|e_i^{\mathrm{T}}P_i\bar{B}_i\right\|\sum_{j=1}^{n}E_j \leqslant n\sum_{i=1}^{n}\left\|e_i^{\mathrm{T}}P_i\bar{B}_i\right\|E_i
\tag{5.54}
$$

将式 (5.44)、式 (5.45)、式 (5.49)、式 (5.54) 代入式 (5.53)，可得

$$
\begin{aligned}
\dot{V} \leqslant & \sum_{i=1}^{n}\Bigg[-\lambda_{\min}(I_i)\left\|e_i\right\|^2 + 2\left\|e_i^{\mathrm{T}}P_i\bar{B}_i\right\|\left(n\max_{ij}\{d_{ij}\}E_i - \hat{\theta}_{ip}^{\mathrm{T}}\hat{\sigma}_{ip}\right) + \frac{1}{\eta_{ip}}\tilde{\theta}_{ip}^{\mathrm{T}}\dot{\hat{\theta}}_{ip} \\
& + 2\left\|e_i^{\mathrm{T}}P_i\bar{B}_i\right\|\left|w_{i1}\right| - 2\beta_i\left\|e_i^{\mathrm{T}}P_i\bar{B}_i\right\|\Bigg] \\
\leqslant & \sum_{i=1}^{n}\left[-\lambda_{\min}(I_i)\left\|e_i\right\|^2 + 2\left\|e_i^{\mathrm{T}}P_i\bar{B}_i\right\|\left\|w_i\right\| - 2\beta_i\left\|e_i^{\mathrm{T}}P_i\bar{B}_i\right\|\right]
\end{aligned}
\tag{5.55}
$$

由假设 5.10 可得

$$
\begin{aligned}
\dot{V} \leqslant & \sum_{i=1}^{n}\left[-\lambda_{\min}(I_i)\left\|e_i\right\|^2 - 2\left\|e_i^{\mathrm{T}}P_i\bar{B}_i\right\|(\beta_i - \left\|w_i\right\|)\right] \\
\leqslant & \sum_{i=1}^{n}\left[-\lambda_{\min}(I_i)\left\|e_i\right\|^2\right]
\end{aligned}
\tag{5.56}
$$

可知 $V(t) \leqslant V(0)$，所以 $e_i$ 有界。设函数 $\Phi(t) = \displaystyle\sum_{i=1}^{n}\lambda_{\min}(I_i)\left\|e_i\right\|^2 \leqslant -\dot{V}$，则其积分为

$$
\int_{0}^{t}\Phi(t)\mathrm{d}\tau \leqslant -\int_{0}^{t}\dot{V}\mathrm{d}\tau = V(0) - V(t)
\tag{5.57}
$$

因为 $V(0)$ 有界且 $V(t)$ 非增有下界，所以可得

$$\lim_{t\to\infty}\int_0^t \Phi(t)\mathrm{d}\tau < \infty \tag{5.58}$$

由式 (5.58) 可知 $\Phi \in L_2$，由于 $\Phi \in L_\infty$，根据 Barbalat 引理可知 $t \to \infty$ 时 $\Phi(t) \to 0$，进一步可得 $\lim\limits_{t\to\infty} e_i = 0$，相应地看 $\hat{\bar{x}}_i \to \bar{x}_i$，故可以得出以下结论。

(1) $e_i$ 按指数规律收敛到零。

(2) 当传感器发生故障时，$\bar{E}_i f_i \neq 0$，因此 $\lim\limits_{t\to\infty} e_i \neq 0$，即 $e_i$ 对故障敏感且不收敛到零。

2. 仿真与分析

将本节所提出的故障检测方法应用于如图 5.6 所示的两个不同构型的三自由度可重构机械臂中。

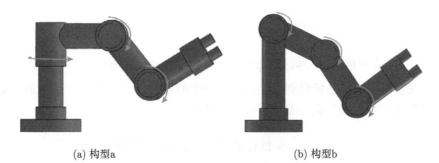

(a) 构型a      (b) 构型b

图 5.6 三自由度可重构机械臂的不同构型

构型 a 的期望轨迹为

$$q_{1d} = 0.5\cos(t) + 0.2\sin(3t)$$
$$q_{2d} = -0.2\sin(t) + 0.4\cos(2t)$$
$$q_{3d} = 0.3\cos(3t) - 0.5\sin(2t)$$

构型 b 的期望轨迹为

$$q_{1d} = 0.3\cos(2t) + 0.1\sin(t)$$
$$q_{2d} = 0.2\sin(3t) + 0.3\cos(2t)$$
$$q_{3d} = 0.5\sin(2t) + 0.3\cos(t)$$

这里采用如下所示控制律：

$$\tau_i = \hat{\theta}_{i\varphi}^{\mathrm{T}} \sigma_{i\varphi}(\hat{x}_i) - \hat{\theta}_{iM}^{\mathrm{T}} \sigma_{iM}(\hat{q}_i)\dot{f}_i(t) - \hat{\theta}_{iC}^{\mathrm{T}} \sigma_{iC}(\hat{q}_i,\dot{\hat{q}}_i)f_i(t) + k_i \hat{s}_i + \varepsilon_0 \mathrm{sgn}(\hat{s}_i) + \hat{\delta}_i \mathrm{sgn}(\hat{s}_i)\hat{S}_i$$

式中，$\hat{x}_i = [\hat{q}_i, \dot{\hat{q}}_i, q_{id}, \dot{q}_{id}, \ddot{q}_{id}]^{\mathrm{T}}$；$\hat{e}_i = q_{id} - \hat{q}_i$；$\hat{s}_i = \dot{\hat{e}}_i + \lambda_i \hat{e}_i - f_i(t)$；$\hat{S}_i = 1 + |\hat{s}_i| + |\hat{s}_i|^2$。

观测器的初始位置为 $\hat{q}_1(0) = \hat{q}_2(0) = \hat{q}_3(0) = 1$，初始速度为 $\dot{\hat{q}}_1(0) = \dot{\hat{q}}_2(0) = \dot{\hat{q}}_3(0) = 0$。设定观测器输出误差的阈值 $\varphi_i = 0.03$，观测器增益 $L_{i1} = 3000$，$L_{i2} = 2000$，$L_{i3} = 50$，自适应律增益 $\eta_{iW} = 0.02$，$\eta_{iQ} = 0.02$，$\eta_{ip} = 0.01$，鲁棒项系数 $\beta_i = 0.02$，滤波器系数 $a = 1$，$b = 1$。故障函数为 $f_{1a} = 10\sin(2q_1)\dot{q}_1$，$f_{2s} = -0.5q_2$，$f_{3s} = 0.3$。

针对可重构机械臂的各个子系统，采用 RBF 神经网络对 $W_i(q_i, \dot{q}_i)$、$Q_i(q_i)$ 和 $R_i(\|e_i^{\mathrm{T}} P_i \bar{B}_i\|)$ 进行逼近。设网络输入向量为 $X = [x_1, x_2, \cdots, x_n]^{\mathrm{T}}$，径向基向量为 $\sigma = [\sigma_1, \sigma_2, \cdots, \sigma_m]^{\mathrm{T}}$，高斯基函数为

$$\sigma_j = \exp\left(-\frac{\|X - c_j\|^2}{2b_j^2}\right), \quad j = 1, 2, \cdots, m \tag{5.59}$$

式中，$b_j$、$c_j$ 分别是 RBF 神经网络的第 $j$ 个节点的宽度和中心。

定义由第 $i$ 个子系统观测器输出误差产生的误差为 $r_i = \|e_{iy}\|$，可以通过如下准则判断系统是否发生执行器故障或传感器故障：

$$r_i \leqslant \varphi_i \Rightarrow \text{执行器或传感器未发生故障}$$
$$r_i > \varphi_i \Rightarrow \text{执行器或传感器发生故障}$$

假设构型 a、b 各关节分别在 3s、5s、6s 发生执行器故障、传感器恒增益故障和传感器恒偏差故障，这里分别给出其正常运行和发生故障时的输出误差曲线，仿真结果如图 5.7~图 5.10 所示。

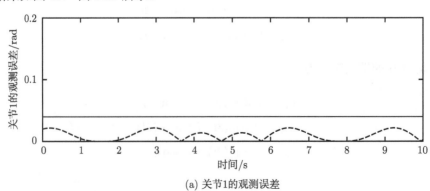

(a) 关节1的观测误差

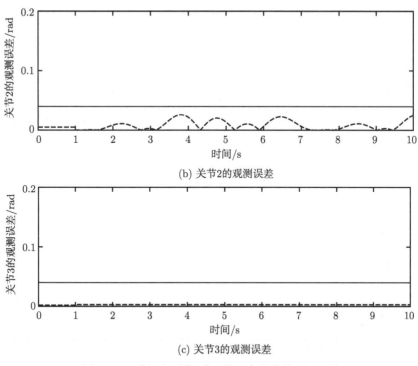

(b) 关节2的观测误差

(c) 关节3的观测误差

图 5.7　正常运行时构型 a 的三个关节的观测误差

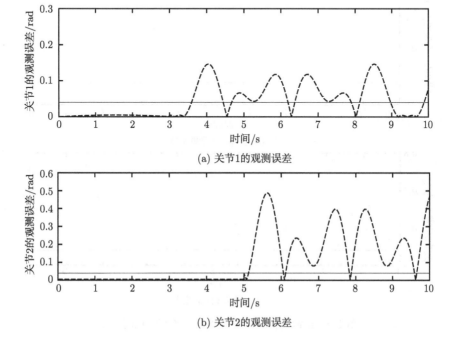

(a) 关节1的观测误差

(b) 关节2的观测误差

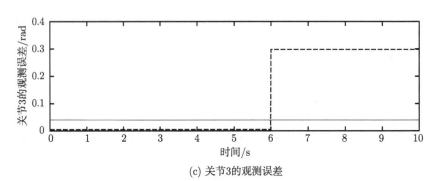

(c) 关节3的观测误差

图 5.8　发生故障时构型 a 的三个关节的观测误差

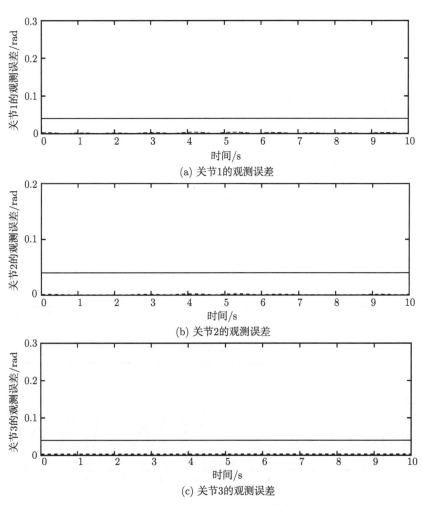

(a) 关节1的观测误差

(b) 关节2的观测误差

(c) 关节3的观测误差

图 5.9　正常运行时构型 b 的三个关节的观测误差

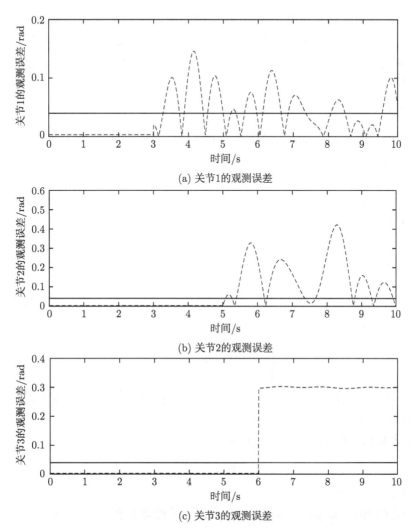

(a) 关节1的观测误差

(b) 关节2的观测误差

(c) 关节3的观测误差

图 5.10 发生故障时构型 b 的三个关节的观测误差

图 5.7～图 5.10 中定值直线代表每个关节的输出误差阈值。由仿真结果可以看出，当系统无故障发生时，3 个关节的观测器输出误差一直保持在阈值范围内；当关节 1、2、3 分别在 3s、5s、6s 发生执行器故障、传感器恒增益故障和传感器恒偏差故障时，其观测器输出误差超过了阈值范围。由此说明本节所设计的故障检测方法能够实时检测出系统是否发生故障。

### 5.4.2 基于多滑模观测器的故障隔离

5.4.1 节中自适应神经网络观测器的输出信号和子系统输出信号产生的残差只能检测出是否发生故障，不能得到更具体的故障信息。本节基于多滑模观测器故障隔离方法，对可重构机械臂子系统可能会发生故障的执行器和传感器分别建立故障模型，使得执行器故障观测器产生的残差只受执行器故障的影响，而不受传感器故障的影响。同理，传感器故障观测器也是如此，这样就可以根据残差类型来确定系统发生何种故障与何时发生故障。

1. 观测器设计及稳定性分析

定义 $k=s$ 为传感器故障观测器，此时 $\bar{E}_{is}=\bar{E}_{i1}\neq\bar{E}_{i2}$；定义 $k=a$ 为执行器故障观测器，此时 $\bar{E}_{ia}=\bar{E}_{i2}\neq\bar{E}_{i1}$。

1）当 $k=s$ 时

定义 $e_{is}=\hat{x}_{is}-\bar{x}_i$ 为状态观测误差，$e_{iys}=\hat{y}_{is}-\bar{y}_i$ 为输出误差，则传感器故障观测器设计如下：

$$
\begin{cases}
\dot{\hat{x}}_{is}=\bar{A}_i\hat{x}_{is}+\bar{B}_i[\hat{W}_i(\hat{q}_i,\dot{\hat{q}}_i)+\hat{Q}_i(\hat{q}_i)\tau_i+v_i-\beta_i\mathrm{sgn}(e_{is}^{\mathrm{T}}P_i\bar{B}_i)]+\bar{E}_{is}v_{is}+L_i(\bar{y}_i-\hat{y}_{is}) \\
\hat{y}_{is}=\bar{C}_i\hat{x}_{is}
\end{cases}
\tag{5.60}
$$

式中，$v_{is}$ 是滑模变结构输出信号，当传感器不发生故障时，用来切断其他故障对系统的影响，其表达式如下：

$$
v_{is}=\begin{cases}
-\rho_i\dfrac{F_{is}e_{iys}}{\|F_{is}e_{iys}\|}, & \|e_{iys}\|>\varsigma \\
0, & \|e_{iys}\|\leqslant\varsigma
\end{cases}
\tag{5.61}
$$

式中，$\rho_i$ 是 $v_{is}$ 的可调参数；$\varsigma$ 为正常数且充分小，使得输出误差被限制在一个很小的邻域范围内。

**假设 5.11**　$P_i$ 和 $F_{is}$ 选择应满足

$$
P_i\bar{E}_{is}=\bar{C}_i^{\mathrm{T}}F_{is}^{\mathrm{T}}
\tag{5.62}
$$

式中，$F_{is}=[F_{is1},F_{is2}]\in\mathbf{R}^{1\times2}$。

由式 (5.30)、式 (5.60) 得到对应的观测误差的动力学方程如下：

$$
\begin{aligned}
\dot{e}_{is}={}&(\bar{A}_i-L_i\bar{C}_i)e_{is}+\bar{B}_i[(\hat{W}_i-W_i)+(\hat{Q}_i-Q_i)\tau_i+(v_i-h_i)] \\
&+\bar{E}_{is}v_{is}-\bar{E}_{i1}f_{ia}-\bar{E}_{i2}f_{is}-\bar{B}_i\beta_i\mathrm{sgn}(\bar{e}_{is}^{\mathrm{T}}P_i\bar{B}_i)
\end{aligned}
\tag{5.63}
$$

式中，$v_i(\|\bar{e}_{is}^{\mathrm{T}}P_i\bar{B}_i\|,\hat{\theta}_{ip})$（式中简写为 $v_i$）用来补偿关联项对观测器的影响；$\beta_i\mathrm{sgn}(\bar{e}_{is}^{\mathrm{T}}P_i\bar{B}_i)$ 是用于抵消神经网络逼近误差对观测影响的鲁棒项；$\hat{W}_i(\hat{q}_i,\dot{\hat{q}}_i,\hat{\theta}_{iW})$（式中简写为 $\hat{W}_i$）和 $\hat{Q}_i(\hat{q}_i,\hat{\theta}_{iQ})$（式中简写为 $\hat{Q}_i$）分别是不确定项 $W_i(q_i,\dot{q}_i)$ 和 $Q_i(q_i)$ 的神经网络估计值。

2）当 $k=a$ 时

定义 $e_{ia}=\bar{x}_i-\hat{x}_{ia}$ 为状态观测误差，$e_{ias}=\bar{y}_i-\hat{y}_{ia}$ 为输出误差，则执行器故障观测器的设计如下：

$$
\begin{cases}
\dot{\hat{x}}_{ia1} = \hat{x}_{ia2} + K_{i1}e_{ia1} \\
\dot{\hat{x}}_{ia2} = \hat{W}_i(\hat{q}_i, \dot{\hat{q}}_i, \hat{\theta}_{iW}) + \hat{Q}_i(\hat{q}_i, \hat{\theta}_{iQ})\tau_i + v_i(e_{ia2}, \hat{\theta}_{ip}) + K_{i2}e_{ia2} \\
\dot{\hat{x}}_{ia3} = b\hat{x}_{ia1} - a\hat{x}_{ia3} + bv_{ia} + K_{i3}e_{ia3}
\end{cases}
\tag{5.64}
$$

式中，$v_{ia}$ 是滑模变结构输出信号，当执行器不发生故障时，用于切断其他故障对系统的影响，其表达式如下：

$$
v_{ia} = \begin{cases}
-\gamma_i \dfrac{e_{ia3}}{\|e_{ia3}\|}, & \|e_{ia3}\| > \varsigma \\
0, & \|e_{ia3}\| \leqslant \varsigma
\end{cases}
\tag{5.65}
$$

式中，$\gamma_i$ 是 $v_{ia}$ 的可调参数；$\varsigma$ 为正常数且充分小。

由式 (5.30)、式 (5.64) 得到对应的观测误差的动力学方程如下：

$$
\begin{cases}
\dot{e}_{ia1} = e_{ia2} - K_{i1}e_{ia1} \\
\dot{e}_{ia2} = (W_i - \hat{W}_i) + (Q_i - \hat{Q}_i)u_i + h_i - v_i + Q_i f_{ia} - K_{i2}e_{ia2} \\
\dot{e}_{ia3} = be_{ia1} - ae_{ia3} + bf_{is} - bv_{ia} - K_{i3}e_{ia3}
\end{cases}
\tag{5.66}
$$

**定理 5.4**　(1) 当子系统未发生第 $k$ 种故障时，根据第 $k$ 种故障观测器方程和子系统状态空间方程 (5.30) 得到的相应误差动力学方程和假设 5.5～假设 5.11，同时应用式 (5.47)～式 (5.49) 所示的自适应更新律，可以发现状态观测误差 $e_{ik}$ 将在有限的时间内按指数规律收敛到零，即估计状态 $\hat{x}_{ik}$ 将会渐近收敛到实际状态 $\bar{x}_i$。

(2) 当子系统发生第 $k$ 种故障时，因为 $\bar{E}_{i1}$、$\bar{E}_{i2}$ 是线性无关的，所以 $e_{ik}$ 对故障敏感且不收敛到零，也就是 $\lim\limits_{t \to \infty} e_{ik} \neq 0$。

具体证明如下。

1) 当 $k = s$ 时

定义李雅普诺夫函数如下：

$$
V_s = \sum_{i=1}^{n} V_{is} = \sum_{i=1}^{n} \left( e_{is}^{\mathrm{T}} P_i e_{is} + \frac{1}{2\eta_{iW}} \tilde{\theta}_{iW}^{\mathrm{T}} \tilde{\theta}_{iW} + \frac{1}{2\eta_{iQ}} \tilde{\theta}_{iQ}^{\mathrm{T}} \tilde{\theta}_{iQ} + \frac{1}{2\eta_{ip}} \tilde{\theta}_{ip}^{\mathrm{T}} \tilde{\theta}_{ip} \right)
\tag{5.67}
$$

式 (5.67) 对时间的导数如下：

$$
\dot{V}_s = \sum_{i=1}^{n} \left( \dot{e}_{is}^{\mathrm{T}} P_i e_{is} + e_{ia}^{\mathrm{T}} P_i \dot{e}_{is} + \frac{1}{2\eta_{iW}} \tilde{\theta}_{iW}^{\mathrm{T}} \dot{\tilde{\theta}}_{iW} + \frac{1}{2\eta_{iQ}} \tilde{\theta}_{iQ}^{\mathrm{T}} \dot{\tilde{\theta}}_{iQ} + \frac{1}{\eta_{ip}} \tilde{\theta}_{ip}^{\mathrm{T}} \dot{\tilde{\theta}}_{ip} \right)
\tag{5.68}
$$

将式 (5.30)、式 (5.60) 代入式 (5.68)，可得

$$
\dot{V}_s = \sum_{i=1}^{n} [e_{is}^{\mathrm{T}} (A_{0i}^{\mathrm{T}} P_i + \bar{P}_i A_{0i}) e_{is} + 2e_{is}^{\mathrm{T}} P_i \bar{B}_i (\tilde{W}_i + \tilde{Q}_i \tau_i)
$$

$$- 2\beta_i \left\| e_{is}^{\mathrm{T}} P_i \bar{B}_i \right\| + \frac{1}{2\eta_{iW}} \tilde{\theta}_{iW}^{\mathrm{T}} \dot{\tilde{\theta}}_{iW} + \frac{1}{2\eta_{iQ}} \tilde{\theta}_{iQ}^{\mathrm{T}} \dot{\tilde{\theta}}_{iQ} + \frac{1}{\eta_{ip}} \tilde{\theta}_{ip}^{\mathrm{T}} \dot{\tilde{\theta}}_{ip}$$

$$+ 2e_{is}^{\mathrm{T}} P_i \bar{B}_i (v_i - h_i)] + \sum_{i=1}^{n} [2e_{is}^{\mathrm{T}} P_i \bar{E}_i (v_{is} - f_{ia})] \tag{5.69}$$

由式 (5.50)~式 (5.55)、式 (5.62) 和假设 5.8 可得

$$\dot{V}_s \leqslant \sum_{i=1}^{n} \left[ -\lambda_{\min}(Q_i) \left\| e_{is} \right\|^2 + 2e_{is}^{\mathrm{T}} P_i \bar{E}_{is} (v_{is} - f_{ia}) \right]$$

$$\leqslant \sum_{i=1}^{n} \left[ -\lambda_{\min}(Q_i) \left\| e_{is} \right\|^2 - 2 \left\| F_{is} e_{iys} \right\| (\rho_i - \alpha_{i1}) \right]$$

$$\leqslant \sum_{i=1}^{n} \left[ -\lambda_{\min}(Q_i) \left\| e_{is} \right\|^2 \right] \tag{5.70}$$

由此可得 $V_s(t) \leqslant V_s(0)$，$e_{is}$ 是有界的。由式 (5.57) 和式 (5.58) 可以得到 $\Phi_s \in L_2$ 且 $\Phi_s \in L_\infty$，根据 Barbalat 引理可以得到 $\lim\limits_{t \to \infty} e_{is} = 0$，即 $e_{is}$ 按照指数规律收敛到零。

2) 当 $k = a$ 时

定义李雅普诺夫函数为

$$V_a = V_{a1} + V_{a2} + V_{a3} \tag{5.71}$$

式中

$$V_{a1} = \sum_{i=1}^{n} \frac{1}{2} e_{ia1}^2 \tag{5.72}$$

$$V_{a2} = \sum_{i=1}^{n} \left( \frac{1}{2} e_{ia2}^2 + \frac{1}{2\eta_{iW}} \tilde{\theta}_{iW}^2 + \frac{1}{2\eta_{iQ}} \tilde{\theta}_{iQ}^2 + \frac{1}{2\eta_{ip}} \tilde{\theta}_{ip}^2 \right) \tag{5.73}$$

$$V_{a3} = \sum_{i=1}^{n} \frac{1}{2} e_{ia3}^2 \tag{5.74}$$

$V_{a1}$ 对时间的导数如下：

$$\dot{V}_{a1} = \sum_{i=1}^{n} (e_{ia1} \dot{e}_{ia1}) = \sum_{i=1}^{n} [e_{ia1}(e_{ia2} - K_{i1} e_{ia1})]$$

$$\leqslant \sum_{i=1}^{n} [- |e_{ia1}| (K_{i1} |e_{ia1}| - |e_{ia2}|)] \tag{5.75}$$

如果选择 $K_{i1}$ 使得 $K_{i1} |e_{ia1}| - |e_{ia2}| > 0$，则 $\dot{V}_{a1} \leqslant 0$，系统在经过有限的时间后达到滑动模态。

$V_{a2}$ 对时间的导数如下：

$$\dot{V}_{a2} = \sum_{i=1}^{n} \left[ e_{ia2}((W_i - \hat{W}_i) + (Q_i - \hat{Q}_i)\tau_i + h_i - v_i - K_{i2}e_{ia2}) \right.$$
$$\left. - \frac{1}{\eta_{iW}}\tilde{\theta}_{iW}\dot{\hat{\theta}}_{iW} - \frac{1}{\eta_{iQ}}\tilde{\theta}_{iQ}\dot{\hat{\theta}}_{iQ} - \frac{1}{\eta_{ip}}\tilde{\theta}_{ip}\dot{\hat{\theta}}_{ip} \right]$$
$$\leqslant \sum_{i=1}^{n} \left[ \left( e_{ia2}\tilde{\theta}_{iW}\hat{\sigma}_{iW} - \frac{1}{\eta_{iW}}\tilde{\theta}_{iW}\dot{\hat{\theta}}_{iQ} \right) + \left( e_{ia2}\tilde{\theta}_{iQ}\hat{\sigma}_{iQ}u_i - \frac{1}{\eta_{iQ}}\tilde{\theta}_{iQ}\dot{\hat{\theta}}_{iQ} \right) + |e_{ia2}|\,|\omega_{i1}| \right.$$
$$\left. + |e_{ia2}|\,|h_i| - |e_{ia2}|\hat{\theta}_{ip}\hat{\sigma}_{ip} - K_{i2}|e_{ia2}|^2 - \frac{1}{\eta_{ip}}\tilde{\theta}_{ip}\dot{\hat{\theta}}_{ip} \right]$$
$$\leqslant \sum_{i=1}^{n} \left[ |e_{ia2}|\,|\omega_1| + |e_{ia2}|\,|h_i| - |e_{ia2}|\hat{\theta}_{ip}\hat{\sigma}_{ip} - K_{i2}|e_{ia2}|^2 - \frac{1}{\eta_{ip}}\tilde{\theta}_{ip}\dot{\hat{\theta}}_{ip} \right]$$
$$\leqslant \sum_{i=1}^{n} \left[ - |e_{ia2}|\hat{\theta}_{ip}\hat{\sigma}_{ip} - K_{i2}|e_{ia2}|^2 + |e_{ia2}|\,|\omega_{i1}| - \frac{1}{\eta_{ip}}\tilde{\theta}_{ip}\dot{\hat{\theta}}_{ip} \right]$$
$$+ \max_{ij}\{d_{ij}\}\sum_{i=1}^{n}|e_{ia2}|\sum_{j=1}^{n}E_j \tag{5.76}$$

因为 $|e_{ia2}| \leqslant |e_{ja2}| \Leftrightarrow E_i \leqslant E_j$，所以应用 Chebyshev 不等式可得

$$\sum_{i=1}^{n}|e_{ia2}|\sum_{j=1}^{n}E_j \leqslant n\sum_{i=1}^{n}|e_{ia2}|E_i \tag{5.77}$$

将式 (5.77) 代入式 (5.76)，可得

$$\dot{V}_{a2} \leqslant \sum_{i=1}^{n} \left[ |e_{ia2}|\left( n\max_{ij}\{d_{ij}\}E_i - \hat{\theta}_{ip}\hat{\sigma}_{ip} \right) + |e_{ia2}|\,|\omega_{i1}| - K_{i2}|e_{ia2}|^2 - \frac{1}{\eta_{ip}}\tilde{\theta}_{ip}\dot{\hat{\theta}}_{ip} \right]$$
$$\leqslant \sum_{i=1}^{n} \left[ |e_{ia2}|\left( R_i(|e_{ia2}|) - \hat{\theta}_{ip}\hat{\sigma}_{ip} \right) + |e_{ia2}|\,|\omega_{i1}| - K_{i2}|e_{ia2}|^2 - \frac{1}{\eta_{ip}}\tilde{\theta}_{ip}\dot{\hat{\theta}}_{ip} \right]$$
$$\leqslant \sum_{i=1}^{n} \left[ \left( |e_{ia2}|\tilde{\theta}_{ip}\hat{\sigma}_{ip} - \frac{1}{\eta_{ip}}\tilde{\theta}_{ip}\dot{\hat{\theta}}_{ip} \right) + |e_{ia2}|\,|\omega_{i1}| + |e_{ia2}|\,|\omega_{i2}| - K_{i2}|e_{ia2}|^2 \right]$$
$$\leqslant \sum_{i=1}^{n} [|e_{ia2}|\,(|\omega_i| - K_{i2}|e_{ia2}|)] \tag{5.78}$$

如果选择 $K_{i2}$ 使得 $K_{i2}|e_{ia2}| - |\omega_i| > 0$，则 $\dot{V}_{a2} \leqslant 0$，系统在经过有限的时间后会达到滑动模态。

$V_{a3}$ 对时间的导数如下：

$$\dot{V}_{a3} = \sum_{i=1}^{n}(e_{ia3}\dot{e}_{ia3})$$

$$= \sum_{i=1}^{n} [e_{ia3}(be_{ia1} - ae_{ia3} + bf_{is} - bv_{ia} - K_{i3}e_{ia3})]$$

$$\leqslant \sum_{i=1}^{n} [-(a + K_{i3})e_{ia3}^2 + b|e_{ia1}||e_{ia3}| + b\alpha_{i2}|e_{ia3}| - b\gamma_i e_{ia3}\operatorname{sgn}(e_{ia3})]$$

$$\leqslant \sum_{i=1}^{n} [-|e_{ia3}|((a + K_{i3})|e_{ia3}| - b|e_{ia1}|) - b|e_{ia3}|(\gamma_i - \alpha_{i2})] \tag{5.79}$$

如果选择能同时满足 $(a + K_{i3})|e_{ia3}| - b|e_{ia1}| > 0$ 且 $\gamma_i - \alpha_{i2} > 0$ 的 $K_{i3}$、$\gamma_i$，则 $\dot{V}_{a3} \leqslant 0$，系统在经过有限的时间后可以达到滑动模态。根据滑模变结构的等值原理可得

$$((\gamma_i - \alpha_{i2})\operatorname{sgn}(e_{ia3}))_{eq} = e_{ia1} \tag{5.80}$$

式中，$(\gamma_i - \alpha_{i2})\operatorname{sgn}(e_{ia3})$ 为不连续项的等效输出注入值。

通过以上分析可知，$V_a(t) \leqslant V_a(0)$，故 $e_{ia}$ 是有界的。

设 $\Phi_a = \sum_{i=1}^{n} [|e_{ia2}|(K_{i2}|e_{ia2}| - |\omega_i|)]$，由式 (5.57)、式 (5.58) 可以得到 $\Phi_a \in L_2$ 且 $\Phi_a \in L_\infty$，因此根据 Barbalat 引理可以得到 $\lim_{t \to \infty} e_{ia} = 0$，即 $e_{ia}$ 按指数规律收敛到零。

**2. 仿真与分析**

这里将提出的故障隔离方法应用于如图 5.6 所示的 a 和 b 两个不同构型的三自由度可重构机械臂中，构型 a、b 的期望轨迹、控制器的参数和故障观测器的参数与 5.4.1 节中相同。执行器故障观测器的增益为 $K_{i1} = 200$，$K_{i2} = 300$，$K_{i3} = 10$；滑模变结构的可调参数 $\rho_i = 100$，$\gamma_i = 500$。假设关节 1、2、3 分别在 3s、5s、6s 发生执行器故障、传感器恒增益故障和传感器恒偏差故障，故障隔离的仿真结果如图 5.11~图 5.16 所示。

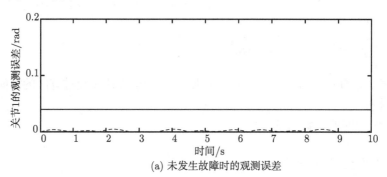

(a) 未发生故障时的观测误差

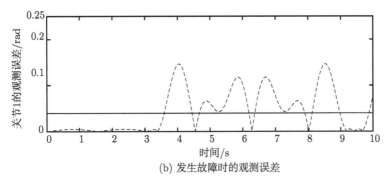

(b) 发生故障时的观测误差

图 5.11 构型 a 的关节 1 的观测误差

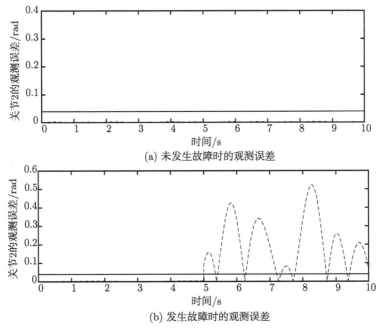

(a) 未发生故障时的观测误差

(b) 发生故障时的观测误差

图 5.12 构型 a 的关节 2 的观测误差

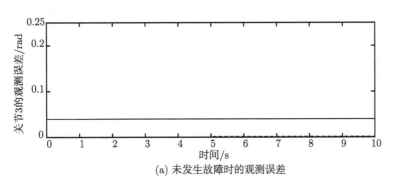

(a) 未发生故障时的观测误差

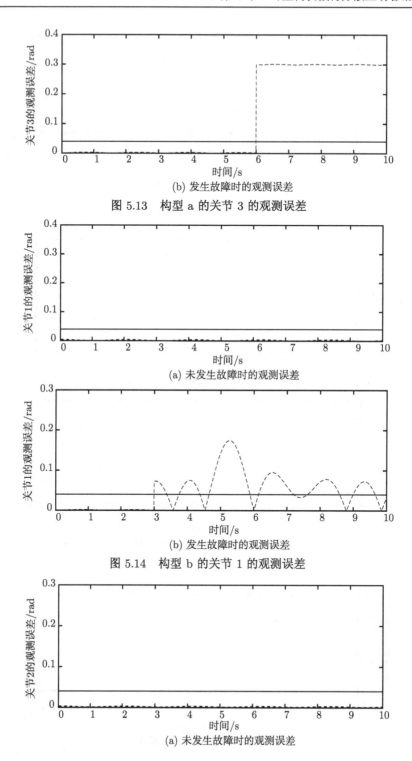

(b) 发生故障时的观测误差

图 5.13　构型 a 的关节 3 的观测误差

(a) 未发生故障时的观测误差

(b) 发生故障时的观测误差

图 5.14　构型 b 的关节 1 的观测误差

(a) 未发生故障时的观测误差

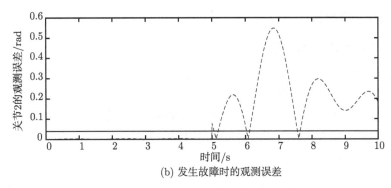

(b) 发生故障时的观测误差

图 5.15　构型 b 的关节 2 的观测误差

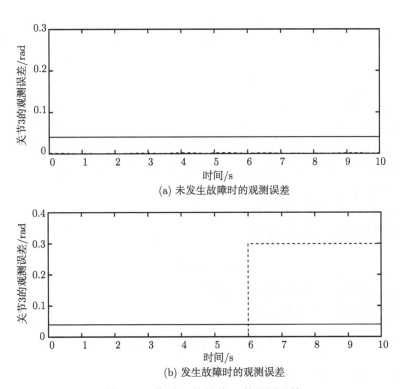

(a) 未发生故障时的观测误差

(b) 发生故障时的观测误差

图 5.16　构型 b 的关节 3 的观测误差

图 5.11~图 5.16 中的定值直线表示各个关节的阈值。由仿真结果可以看到,关节 1 在 3s 时发生了执行器故障,关节 2、3 分别在 5s、6s 时发生了传感器故障,由此可以证明本节所设计的故障隔离的方法能够成功地把执行器故障和传感器故障隔离开。

### 5.4.3　容错控制器设计

1. 基于双闭环积分滑模的容错控制及稳定性分析

根据可重构机械臂子系统的执行器故障和传感器故障，这里设计了如图 5.17 所示的双闭环积分滑模容错控制器，它可以对关节位置和速度同时进行跟踪。首先，它的位置环把期望的关节位置作为虚拟的输入，对关节位置进行跟踪；其次，速度环把控制力矩作为输入，对关节速度进行跟踪。

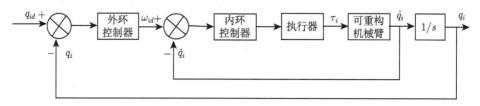

图 5.17　双闭环积分滑模容错控制系统结构图

当系统发生执行器故障或传感器故障时，原有控制律对故障的容错能力比较差，可能会导致控制器部分失效甚至完全失效，本节根据在线故障诊断结果进行控制律重构，设计双闭环积分滑模容错控制器。当位置传感器发生故障时，用速度传感器的积分信号代替位置传感器的输出信号来作为外环的反馈值，并且应用神经网络补偿可重构机械臂的执行器故障，以此来实现系统的故障容错，使系统在发生故障后依然保持其稳定性和跟踪的精确性。

1) 内环积分滑模控制律设计

定义内环的速度跟踪误差为

$$e_{in} = \omega_{id} - \dot{q}_i \tag{5.81}$$

式中，$\omega_{id}$ 为图 5.17 中外环控制器的输出。

定义内环积分滑模函数如下：

$$S_{in} = e_{in} + m_{i2} \int_0^{t_{a0}} e_{in} \mathrm{d}t \tag{5.82}$$

式中，$m_{i2} > 0$；$t_{a0}$ 为积分上限。

对式 (5.82) 求导，可得

$$\begin{aligned}
\dot{S}_{in} &= \dot{e}_{in} + m_{i2}e_{in} = \dot{\omega}_{id} - \ddot{q}_i + m_{i2}e_{in} \\
&= \dot{\omega}_{id} - W_i(q_i, \dot{q}_i) - Q(q_i)(\tau_i + f_{ia}) - h_i(q, \dot{q}, \ddot{q}) + m_{i2}e_{in}
\end{aligned} \tag{5.83}$$

为了补偿第 $i$ 个子系统的执行器故障，设计 RBF 神经网络补偿控制器如下：

$$f_{ia}(z_{ia}) = \theta_{ia}\sigma_{ia}(z_{ia}) - \varepsilon_{ia} \tag{5.84}$$

式中, $z_{ia} = [q_i, \dot{q}_i, \tau_i]^{\mathrm{T}}$ 是神经网络输入。神经网络的输出如下:

$$\hat{f}_{ia}(z_{ia}) = \hat{\theta}_{ia}\hat{\sigma}_{ia}(z_{ia}) \tag{5.85}$$

式中, $\hat{\theta}_{ia}$ 是隐层到输出层的权值 $\theta_{ia}$ 的估计值; $\hat{\sigma}_{ia}(z_{ia})$ 是神经网络高斯基函数。

内环容错控制律取为

$$\begin{aligned} \tau_i =& \hat{Q}_i^{-1}(q_i, \hat{\theta}_{iQ})(-\hat{W}_i(q_i, \dot{q}_i, \hat{\theta}_{iW}) + v_i(S_{in}, \hat{\theta}_{ip}) + \dot{\omega}_{id} + m_{i2}e_{in} \\ & - \hat{Q}_i(q_i, \hat{\theta}_{iQ})\hat{f}_{ia}(q_i, \dot{q}_i, \tau_i) + \mu_i S_{in} + \rho_{i2}\mathrm{sgn}(S_{in})) \end{aligned} \tag{5.86}$$

式中, $v_i(S_{in}, \hat{\theta}_{ip})$ 用来补偿关联项对系统的影响, 其表达形式如下:

$$v_i(S_{in}, \hat{\theta}_{ip}) = -\mathrm{sgn}(S_{in})\hat{\theta}_{ip}\hat{\sigma}_{ip}(|S_{in}|) \tag{5.87}$$

式中, $\hat{\theta}_{ip}\hat{\sigma}_{ip}(|S_{in}|)$ 是 RBF 神经网络项, $\hat{\theta}_{ip}$ 是 $\theta_{ip}$ 的估计值, $\hat{\sigma}_{ip}$ 是 $\sigma_{ip}$ 的估计值。定义权值估计误差为 $\tilde{\theta} = \hat{\theta}_{ip} - \theta_{ip}$, 高斯基函数估计误差为 $\tilde{\sigma}_{ip} = \hat{\sigma}_{ip} - \sigma_{ip}$。

设 $\theta_{iW}$ 和 $\theta_{iQ}$ 是理想的神经网络权值, $\sigma(\cdot)$ 是神经网络基函数, $\varepsilon_{iW}$ 和 $\varepsilon_{iQ}$ 是未知有界的逼近误差, 采用神经网络来逼近系统的不确定项 $W_i(q_i, \dot{q}_i)$ 和 $Q_i(q_i)$, 理想神经网络的逼近如下:

$$W_i(q_i, \dot{q}_i) = \theta_{iW}^{\mathrm{T}}\sigma_{iW}(q_i, \dot{q}_i) - \varepsilon_{iW} \tag{5.88}$$

$$Q_i(q_i) = \theta_{iQ}^{\mathrm{T}}\sigma_{iQ}(q_i) - \varepsilon_{iQ} \tag{5.89}$$

定义 $\hat{\theta}_{iW}$ 和 $\hat{\theta}_{iQ}$ 分别是 $\theta_{iW}$ 和 $\theta_{iQ}$ 的估计值, 相应的估计误差分别是 $\tilde{\theta}_{iW} = \hat{\theta}_{iW} - \theta_{iW}$ 和 $\tilde{\theta}_{iQ} = \hat{\theta}_{iQ} - \theta_{iQ}$, 则

$$\hat{W}_i(q_i, \dot{q}_i) = \hat{\theta}_{iW}^{\mathrm{T}}\hat{\sigma}_{iW}(q_i, \dot{q}_i) \tag{5.90}$$

$$\hat{Q}_i(q_i) = \hat{\theta}_{iQ}^{\mathrm{T}}\hat{\sigma}_{iQ}(q_i) \tag{5.91}$$

$$\tilde{W}_i = \hat{W}_i(q_i, \dot{q}_i) - W_i(q_i, \dot{q}_i) = \tilde{\theta}_{iW}^{\mathrm{T}}\hat{\sigma}_{iW}(q_i, \dot{q}_i) + \theta_{iW}^{\mathrm{T}}\tilde{\sigma}_{iW}(q_i, \dot{q}_i) + \varepsilon_{iW} \tag{5.92}$$

$$\tilde{Q}_i = \hat{Q}_i(q_i) - Q_i(q_i) = \tilde{\theta}_{iQ}^{\mathrm{T}}\hat{\sigma}_{iQ}(q_i) + \theta_{iQ}^{\mathrm{T}}\tilde{\sigma}_{iQ}(q_i) + \varepsilon_{iQ} \tag{5.93}$$

定义神经网络的最小逼近误差如下:

$$\omega_{i1} = \theta_{iW}^{\mathrm{T}}\tilde{\sigma}_{iW}(q_i, \dot{q}_i) + \varepsilon_{iW} + \theta_{iQ}^{\mathrm{T}}\tilde{\sigma}_{iQ}(q_i)\tau_i + \varepsilon_{iQ}\tau_i + \hat{Q}_i\theta_{ia}^{\mathrm{T}}\tilde{\sigma}_{ia}(q_i, \dot{q}_i, \tau_i) + \hat{Q}_i\varepsilon_{ia} \tag{5.94}$$

$$\omega_{i2} = R_i(|S_{in}|) - \theta_{ip}^{\mathrm{T}}\hat{\sigma}_{ip}(|S_{in}|) \tag{5.95}$$

$$\omega_i = |\omega_{i1}| + |\omega_{i2}| \tag{5.96}$$

式中，$R_i(|S_{in}|) = n\max\limits_{ij}\{d_{ij}\}E_i$，其中 $d_{ij} \geqslant 0$ 为未知常数，$E_j = 1 + \|S_{in}\| + \|S_{in}\|^2$。

**假设 5.12**　关联项 $h_i(q, \dot{q}, \ddot{q})$ 有界且满足

$$|h_i(q, \dot{q}, \ddot{q})| \leqslant \sum_{j=1}^{n} d_{ij}E_j \tag{5.97}$$

**假设 5.13**　神经网络的最小逼近误差 $\omega_i$ 是有界的，即 $\|\omega_i\| \leqslant \beta_i$，$\beta_i$ 是正常数。

$\hat{\theta}_{iW}$、$\hat{\theta}_{iQ}$、$\hat{\theta}_{ip}$、$\hat{\theta}_{ia}$ 的参数自适应律取为

$$\dot{\hat{\theta}}_{iW} = -\eta_{iW}S_{in}\hat{\sigma}_{iW} \tag{5.98}$$

$$\dot{\hat{\theta}}_{iQ} = -\eta_{iQ}S_{in}\hat{\sigma}_{iQ}(\tau_i + f_{ia}) \tag{5.99}$$

$$\dot{\hat{\theta}}_{ip} = -\eta_{ip}|S_{in}|\hat{\sigma}_{ip} \tag{5.100}$$

$$\dot{\hat{\theta}}_{ia} = -\eta_{ia}S_{in}Q_i\hat{\sigma}_{ia} \tag{5.101}$$

2) 外环积分滑模控制律设计

外环的位置跟踪误差为

$$e_{iw} = q_{id} - q_i \tag{5.102}$$

式中，$q_{id}$ 为期望轨迹。

定义外环积分滑模函数为

$$S_{iw} = e_{iw} + m_{i1}\int_0^{t_{a0}} e_{iw}\mathrm{d}t \tag{5.103}$$

式中，$m_{i1} > 0$。

对式 (5.103) 求导，可得

$$\dot{S}_{iw} = \dot{e}_{iw} + m_{i1}e_{iw} = \dot{q}_{id} - \dot{q}_i + m_{i1}e_{iw} \tag{5.104}$$

当 $e_{iw} \to 0$ 时，存在非常小的正整数 $\varepsilon > 0$，有

$$\dot{q}_i = \omega_{id} + \varepsilon \tag{5.105}$$

将式 (5.105) 代入式 (5.104)，可得

$$\dot{S}_{iw} = \dot{e}_{iw} + m_{i1}e_{iw} = \dot{q}_{id} - \omega_{id} - \varepsilon + m_{i1}e_{iw} \tag{5.106}$$

外环的控制律取为

$$\omega_{id} = \dot{q}_{id} + m_{i1}e_{iw} + \rho_{i1}\mathrm{sgn}(S_{iw}) \tag{5.107}$$

式中，$\rho_{i1} > 0$。

**定理 5.5** 针对可重构机械臂子系统动力学模型 (5.25)，当系统发生执行器故障或传感器故障时，基于在线故障诊断结果设计出由式 (5.86)、式 (5.107) 构成的容错控制律和式 (5.98)～式 (5.101) 所示的参数自适应更新律，可使得系统的轨迹跟踪误差渐近趋近于零，从而达到故障容错的目的。

**证明** 定义李雅普诺夫函数为

$$V = V_1 + V_2 \tag{5.108}$$

式中

$$V_1 = \sum_{i=1}^{n} \left( \frac{1}{2} S_{in}^2 + \frac{1}{2\eta_{iW}} \tilde{\theta}_{iW}^2 + \frac{1}{2\eta_{iQ}} \tilde{\theta}_{iQ}^2 + \frac{1}{2\eta_{ip}} \tilde{\theta}_{ip}^2 + \frac{1}{2\eta_{ia}} \tilde{\theta}_{ia}^2 \right) \tag{5.109}$$

$$V_2 = \sum_{i=1}^{n} \frac{1}{2} S_{iw}^2 \tag{5.110}$$

$V_1$ 对时间的导数如下：

$$
\begin{aligned}
\dot{V}_1 &= \sum_{i=1}^{n} \left[ S_{in}(\hat{W}_i - W_i) + (\hat{Q}_i - Q_i)(\tau_i + f_{ia}) - h_i(q, \dot{q}, \ddot{q}) - v_i + \hat{Q}_i(\hat{f}_{ia} - f_{ia}) \right. \\
&\qquad \left. - \mu_i S_{in} - \rho_{i2}\mathrm{sgn}(S_{in}) + \frac{1}{\eta_{iW}} \tilde{\theta}_{iW} \dot{\tilde{\theta}}_{iW} + \frac{1}{\eta_{iQ}} \tilde{\theta}_{iQ} \dot{\tilde{\theta}}_{iQ} + \frac{1}{\eta_{ip}} \tilde{\theta}_{ip} \dot{\tilde{\theta}}_{ip} + \frac{1}{\eta_{ia}} \tilde{\theta}_{ia} \dot{\tilde{\theta}}_{ia} \right] \\
&\leqslant \sum_{i=1}^{n} \left[ \left( S_{in}\tilde{\theta}_{iW}\hat{\sigma}_{iW} + \frac{1}{\eta_{iW}} \tilde{\theta}_{iW} \dot{\tilde{\theta}}_{iW} \right) + \left( S_{in}\tilde{\theta}_{iQ}\hat{\sigma}_{iQ}(\tau_i + f_{ia}) + \frac{1}{\eta_{iQ}} \tilde{\theta}_{iQ} \dot{\tilde{\theta}}_{iQ} \right) + |S_{in}||h_i| \right. \\
&\qquad \left. \times \left( S_{in}\hat{Q}_i\tilde{\theta}_{ia}\hat{\sigma}_{ia} + \frac{1}{\eta_{ia}} \tilde{\theta}_{ia} \dot{\tilde{\theta}}_{ia} \right) + |S_{in}||\omega_{i1}| - \mu_i S_{in}^2 - \rho_{i2}|S_{in}| - |S_{in}|\hat{\theta}_{ip}\hat{\sigma}_{ip} + \frac{1}{\eta_{ip}} \tilde{\theta}_{ip} \dot{\tilde{\theta}}_{ip} \right] \\
&\leqslant \sum_{i=1}^{n} \left[ |S_{in}||\omega_{i1}| + |S_{in}|\sum_{j=1}^{n} d_{ij} E_j - \mu_i S_{in}^2 - \rho_{i2}|S_{in}| - |S_{in}|\hat{\theta}_{ip}\hat{\sigma}_{ip} + \frac{1}{\eta_{ip}} \tilde{\theta}_{ip} \dot{\tilde{\theta}}_{ip} \right] \\
&\leqslant \sum_{i=1}^{n} \left[ |S_{in}||\omega_{i1}| - \mu_i S_{in}^2 - \rho_{i2}|S_{in}| - |S_{in}|\hat{\theta}_{ip}\hat{\sigma}_{ip} + \frac{1}{\eta_{ip}} \tilde{\theta}_{ip} \dot{\tilde{\theta}}_{ip} \right] \\
&\qquad + \max_{ij}\{d_{ij}\} \sum_{i=1}^{n} |S_{in}| \sum_{j=1}^{n} E_j \\
&\leqslant \sum_{i=1}^{n} \left[ |S_{in}||\omega_{i1}| - \mu_i S_{in}^2 - \rho_{i2}|S_{in}| - |S_{in}|\hat{\theta}_{ip}\hat{\sigma}_{ip} \right. \\
&\qquad \left. + \left( n\max_{ij}\{d_{ij}\}|S_{in}| E_j + \frac{1}{\eta_{ip}} \tilde{\theta}_{ip} \dot{\tilde{\theta}}_{ip} \right) \right]
\end{aligned}
$$

$$\leqslant \sum_{i=1}^{n} \left[ |S_{in}| |\omega_{i1}| - \mu_i S_{in}^2 - \rho_{i2} |S_{in}| + |S_{in}| \left( n \max_{ij} \{d_{ij}\} E_j - \hat{\theta}_{ip} \hat{\sigma}_{ip} \right) + \frac{1}{\eta_{ip}} \tilde{\theta}_{ip} \dot{\hat{\theta}}_{ip} \right]$$

$$\leqslant \sum_{i=1}^{n} \left[ |S_{in}| |\omega_{i1}| - \mu_i S_{in}^2 - \rho_{i2} |S_{in}| + \left( |S_{in}| \theta_{ip} \hat{\sigma}_{ip} + \frac{1}{\eta_{ip}} \tilde{\theta}_{ip} \dot{\hat{\theta}}_{ip} \right) \right]$$

$$\leqslant \sum_{i=1}^{n} [|S_{in}| |\omega_{i1}| + |S_{in}| |\omega_{i2}| - \mu_i S_{in}^2 - \rho_{i2} |S_{in}|]$$

$$\leqslant \sum_{i=1}^{n} [-\mu_i S_{in}^2 - (\rho_{i2} - |\omega_i|) |S_{in}|] \tag{5.111}$$

如果选择 $\rho_{i2}$, 使得 $\rho_{i2} - |\omega_i| > \alpha > 0$, 则 $\dot{V}_1 \leqslant \sum_{i=1}^{n} [-\mu_i S_{in}^2 - \alpha |S_{in}|] \leqslant 0$。

$V_2$ 对时间的导数如下:

$$\dot{V}_2 = \sum_{i=1}^{n} (S_{iw} \dot{S}_{iw}) = \sum_{i=1}^{n} [S_{iw} - (\rho_{i1} \text{sgn}(S_{iw}) - \varepsilon)]$$

$$\leqslant \sum_{i=1}^{n} [-|S_{iw}| (\rho_{i1} - \varepsilon)] \tag{5.112}$$

如果选择 $\rho_{i1}$, 使得 $\rho_{i1} - \varepsilon > \beta > 0$, 则 $\dot{V}_2 \leqslant \sum_{i=1}^{n} (-\beta |S_{iw}|) \leqslant 0$。

通过以上分析, 根据李雅普诺夫稳定性理论和 Barbalat 引理可知, 系统的状态误差 $e_i = [e_{iw}, e_{in}]^{\text{T}}$ 将在有限的时间内按指数规律渐近趋近于零。

2. 仿真与分析

将定理 5.5 应用于如图 5.6 所示的两个不同构型的三自由度可重构机械臂中, 假设关节 1、2、3 分别在 3s、5s 和 6s 发生执行器故障、传感器恒增益故障、传感器恒偏差故障。控制器参数取为 $m_{i1} = 20$, $m_{i2} = 0.1$, $\rho_{i1} = 0.01$, $\rho_{i2} = 0.1$, $\mu_i = 5$; 自适应增益系数取为 $\eta_{iW} = 0.01$, $\eta_{iQ} = 0.02$, $\eta_{ip} = 0.01$, $\eta_{ia} = 50$, 得到如图 5.18 和图 5.19 所示的容错控制仿真结果。

从图 5.18 和图 5.19 可以看出, 当关节 1、2、3 分别在 3s、5s 和 6s 发生执行器故障、传感器恒增益故障、传感器恒偏差故障后, 采用基于双闭环积分滑模的主动容错控制, 系统的跟踪精度仍然保持得非常好。

由此证明, 本节提出的基于双闭环积分滑模的主动容错控制方法是可行的, 它能够在执行器和传感器发生故障的情况下, 保证可重构机械臂的跟踪精度达到故障前的精度要求。

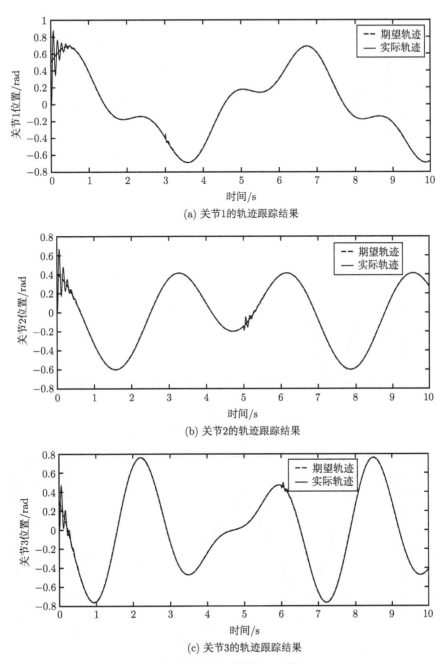

(a) 关节1的轨迹跟踪结果

(b) 关节2的轨迹跟踪结果

(c) 关节3的轨迹跟踪结果

图 5.18 构型 a 的轨迹跟踪性能

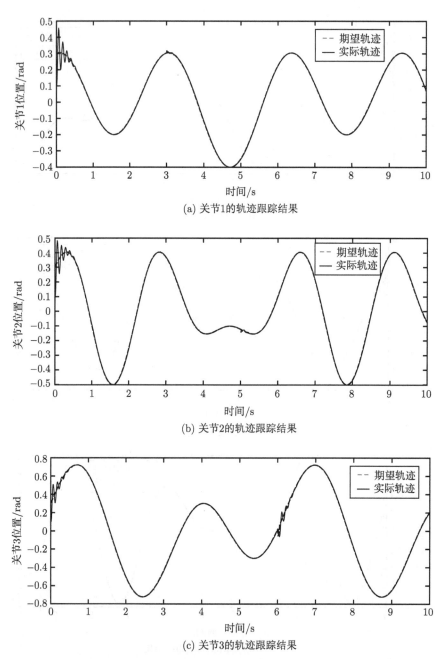

(a) 关节1的轨迹跟踪结果

(b) 关节2的轨迹跟踪结果

(c) 关节3的轨迹跟踪结果

图 5.19　构型 b 的轨迹跟踪性能

### 5.4.4 基于自适应模糊神经网络的主动容错控制

#### 1. 容错控制器设计及稳定性证明

当发生传感器故障和执行器故障时, 4.2 节中可重构机械臂各关节子系统的动力学模型 (4.3) 可以写成以下形式的状态空间模型:

$$
\begin{cases}
\dot{x}_{i1} = x_{i2} \\
\dot{x}_{i2} = f_i(q_i, \dot{q}_i) + h_i(q, \dot{q}, \ddot{q}) + g_i(q_i)\tau_i + g_i(q_i)f_{ia} \\
y_i = x_{i1} + f_{is}
\end{cases}
\tag{5.113}
$$

式中, $f_{ia}$、$f_{is}$ 分别为子系统 $i$ 的执行器故障和传感器故障。

**假设 5.14** $f_i(q_i, \dot{q}_i)$、$h_i(q, \dot{q}, \ddot{q})$、$g_i(q_i)$ 的模糊神经网络估计误差均有界, 即

$$
\left| f_i(q_i, \dot{q}_i) - \hat{f}_i(\hat{q}_i, \dot{\hat{q}}_i) \right| \leqslant \xi_i
$$

$$
\left| h_i(q, \dot{q}, \ddot{q}) - \hat{h}_i(\hat{q}, \dot{\hat{q}}, \ddot{\hat{q}}) \right| \leqslant \sigma_i
$$

$$
\left| g_i(q_i) - \hat{g}_i(\hat{q}_i) \right| \leqslant \mu_i
$$

式中, $\xi_i$、$\sigma_i$、$\mu_i$ 均为正常数。

**假设 5.15** 传感器故障 $f_{is}$ 有界, 即

$$
|f_{is}| \leqslant \vartheta_i
$$

式中, $\vartheta_i$ 为正常数。

在式 (5.113) 的基础上, 引入一个新增状态 $x_{i3}$:

$$
\dot{x}_{i3} = -a_i x_{i3} + b_i y_i
\tag{5.114}
$$

式中, $a_i$ 和 $b_i$ 是常数。

综合式 (5.113) 可得新系统为

$$
\begin{cases}
\dot{x}_{i1} = x_{i2} \\
\dot{x}_{i2} = f_i(q_i, \dot{q}_i) + h_i(q, \dot{q}, \ddot{q}) + g_i(q_i)\tau_i + g_i(q_i)f_{ia} \\
\dot{x}_{i3} = -a_i x_{i3} + b_i(x_{i1} + f_{is}) \\
y_i = x_{i3}
\end{cases}
\tag{5.115}
$$

在式 (5.115) 的新系统中相当于只发生了执行器故障。针对新系统 (5.115) 设

计滑模观测器：

$$
\begin{cases}
\dot{\hat{x}}_{i1} = \hat{x}_{i2} + v_{i1}, \quad i = 1, 2, \cdots, n \\
\dot{\hat{x}}_{i2} = \hat{f}_i(\hat{q}_i, \dot{\hat{q}}_i, W_{if}) + \hat{h}_i(|s_i|, W_{ih}) + \hat{g}_i(\hat{q}_i, W_{ig})\tau_i \\
\qquad + \hat{g}_i(\hat{q}_i, W_{ig})\hat{f}_{ia} + v_{i2} \\
\dot{\hat{x}}_{i3} = -a_i\hat{x}_{i3} + b_i(\hat{x}_{i1} + \hat{f}_{is}) + v_{i3} \\
v_{i1} = L_{i1}|y_i - \hat{y}_i|^{\frac{1}{2}}\,\mathrm{sgn}(y_i - \hat{y}_i) \\
v_{ik} = L_{ik}\mathrm{sgn}(v_{i(k-1)}), \quad k = 2, 3 \\
\hat{y}_i = \hat{x}_{i3}
\end{cases}
\tag{5.116}
$$

观测器误差定义为 $e_{ij} = x_{ij} - \hat{x}_{ij}(i = 1, 2, \cdots, n; \; j = 1, 2, 3)$，执行器故障观测误差为 $e_{ia} = f_{ia} - \hat{f}_{ia}$，传感器故障观测误差为 $e_{is} = f_{is} - \hat{f}_{is}$。

**定理 5.6**　在任意初始条件下总是存在一个正常数 $L_{i1}$ 使得式 (5.116) 的观测器误差 $e_{i1}$ 在有限时间内收敛到零。

**证明**　设 $\dot{e}_{i1} = \dot{x}_{i1} - \dot{\hat{x}}_{i1} = e_{i2} - v_{i1}$，定义滑模面为 $S(e_{i1}) = e_{i1} = 0$，选择函数 $V_{i1} = \frac{1}{2}e_{i1}^2 = \frac{1}{2}S^2$，其对时间的导数为

$$
\dot{V}_{i1} = e_{i1}\dot{e}_{i1} = e_{i1}(e_{i2} - v_{i1}) = e_{i1}[e_{i2} - L_{i1}|y_i - \hat{y}_i|^{\frac{1}{2}}\,\mathrm{sgn}(y_i - \hat{y}_i)]
$$

通过选择 $L_{i1} > \dfrac{|e_{i2}|_{\max}}{|y_i - \hat{y}_i|^{\frac{1}{2}} + 0.001}$，可使 $\dot{V}_{i1} < 0$，滑动模态存在的条件得以满足，即经过有限的时间 $t_1$ 后可到达滑模状态，$\forall t > t_1, x_{i1} = \hat{x}_{i1}$。

**定理 5.7**　若执行器故障的自适应律取为

$$
\dot{\hat{f}}_{ia} = K_i e_{i2}\hat{g}_i(\hat{q}_i, W_{ig})
\tag{5.117}
$$

则存在一个正常数 $L_{i2}$，使得 $e_{i2}$ 和 $e_{ia}$ 在一定时间内趋近于零。式中，$K_i$ 为正常数。

**证明**　选择李雅普诺夫函数为

$$
V_{i2} = \frac{1}{2}e_{i2}^2 + \frac{1}{2}K_i^{-1}e_{ia}^2
\tag{5.118}
$$

式 (5.118) 对时间的导数为

$$
\begin{aligned}
\dot{V}_{i2} =&\, e_{i2}\dot{e}_{i2} + K_i^{-1}e_{ia}\dot{e}_{ia} \\
=&\, e_{i2}[f_i(q_i, \dot{q}_i) - \hat{f}_i(\hat{q}_i, \dot{\hat{q}}_i, W_{if}) + (g_i(q_i) - \hat{g}_i(\hat{q}_i, W_{ig}))\tau_i \\
&+ h_i(q, \dot{q}, \ddot{q}) - \hat{h}_i(|s_i|, W_{ih}) + g_i(q_i)f_{ia} - \hat{g}_i(\hat{q}_i, W_{ig})\hat{f}_{ia} - v_{i2}] - K_i^{-1}e_{ia}\dot{\hat{f}}_{ia}
\end{aligned}
$$

$$
\begin{aligned}
=&e_{i2}[f_i(q_i,\dot{q}_i)-\hat{f}_i(\hat{q}_i,\dot{\hat{q}}_i,W_{if})+(g_i(q_i)-\hat{g}_i(\hat{q}_i,W_{ig}))\tau_i+h_i(q,\dot{q},\ddot{q})-\hat{h}_i(|s_i|,W_{ih})\\
&+(g_i(q_i)-\hat{g}_i(\hat{q}_i,W_{ig}))f_{ia}+\hat{g}_i(\hat{q}_i,W_{ig})(f_{ia}-\hat{f}_{ia})-v_{i2}]-K_i^{-1}e_{ia}\dot{\hat{f}}_{ia}\\
=&e_{i2}[f_i(q_i,\dot{q}_i)-\hat{f}_i(\hat{q}_i,\dot{\hat{q}}_i,W_{if})+(g_i(q_i)-\hat{g}_i(\hat{q}_i,W_{ig}))\tau_i+h_i(q,\dot{q},\ddot{q})\\
&-\hat{h}_i(|s_i|,W_{ih})+(g_i(q_i)-\hat{g}_i(\hat{q}_i,W_{ig}))f_{ia}-v_{i2}]+e_{i2}\hat{g}_i(\hat{q}_i,W_{ig})e_{ia}-K_i^{-1}e_{ia}\dot{\hat{f}}_{ia}
\end{aligned}
$$

将式 (5.117) 代入上式，可得

$$
\begin{aligned}
\dot{V}_{i2}=&e_{i2}[f_i(q_i,\dot{q}_i)-\hat{f}_i(\hat{q}_i,\dot{\hat{q}}_i,W_{if})+(g_i(q_i)-\hat{g}_i(\hat{q}_i,W_{ig}))\tau_i+h_i(q,\dot{q},\ddot{q})\\
&-\hat{h}_i(|s_i|,W_{ih})+(g_i(q_i)-\hat{g}_i(\hat{q}_i,W_{ig}))f_{ia}-v_{i2}]
\end{aligned}
$$

由假设 5.14 和假设 5.15 可得

$$
\dot{V}_{i2}\leqslant e_{i2}(\xi_i+\mu_i\eta_i+\sigma_i+\mu_i\delta_i-v_{i2})
$$

通过选择 $L_{i2}>\xi_i+\mu_i\eta_i+\sigma_i+\mu_i\delta_i$，使得 $\dot{V}_{i2}<0$，定理得证。

**定理 5.8**　若传感器故障的自适应律算法取为

$$
\dot{\hat{f}}_{is}=P_i b_i e_{i3} \tag{5.119}
$$

则存在一个正常数 $L_{i3}$，使得 $e_{i3}$ 和 $e_{is}$ 在一定时间内趋近于零，其中 $P_i$ 为正常数。

**证明**　李雅普诺夫函数取为

$$
V_i=\frac{1}{2}e_{i3}^2+\frac{1}{2}P_i^{-1}e_{is}^2 \tag{5.120}
$$

对式 (5.120) 求导，可得

$$
\begin{aligned}
\dot{V}_i&=e_{i3}\dot{e}_{i3}+P_i^{-1}e_{is}\dot{e}_{is}\\
&=e_{i3}(-a_ie_{i3}+b_ie_{i1}+b_ie_{is}-v_{i3})+P_i^{-1}e_{is}\dot{e}_{is}\\
&=-a_ie_{i3}^2+e_{i3}(b_ie_{i1}-v_{i3})+b_ie_{i3}e_{is}+P_i^{-1}e_{is}\dot{e}_{is}\\
&\leqslant e_{i3}(b_ie_{i1}-v_{i3})+e_{is}(b_ie_{i3}-P_i^{-1}\dot{\hat{f}}_{is}) \tag{5.121}
\end{aligned}
$$

将式 (5.119) 代入式 (5.121)，可得

$$
\dot{V}_i\leqslant e_{i3}(b_ie_{i1}-v_{i3})
$$

通过选择 $L_{i3}>b_i|e_{i1}|_{\max}$，可使 $\dot{V}_i\leqslant e_{i3}(b_ie_{i1}-v_{i3})<0$，定理得证。

式 (5.115) 中的 $f_i(q_i,\dot{q}_i)$、$g_i(q_i)$ 及 $h_i(q,\dot{q},\ddot{q})$ 由模糊神经网络进行逼近，模糊神经网络共分为输入层、隶属度函数层、规则层和输出层，具体描述如下。

1) 输入层

输入层神经元个数取决于输入变量的个数，设输入变量为 $x_i$, $i=1,2,\cdots,r$。

2) 隶属度函数层

隶属度函数层的函数为 $\mu_i^k(x_i) = \exp[-(x_i - m_i^k)^2/(s_i^k)^2]$，$k = 1, 2, \cdots, N_m$，其中 $N_m$ 为每个输入的隶属度函数个数。

3) 规则层

规则层的第 $p$ 个输出为 $l_p = \prod_{i=1}^{r} \mu_i^p(x_i) = \prod_{i=1}^{r} \exp[-(x_i - m_i^p)^2/(s_i^p)^2]$，$p = 1, 2, \cdots, N$，其中 $N$ 为规则总数。

4) 输出层

输出层的输出函数为 $y_j = \sum_{p=1}^{N} \omega_j^p l_p$，$j = 1, 2, \cdots, n$，其中 $n$ 为输出个数。

权值向量、中心向量及宽度向量分别定义为

$$W = [w_1, w_2, \cdots, w_n]^T \in \mathbf{R}^{n \times N}, \quad w_j = [w_j^1, w_j^2, \cdots, w_j^N]$$
$$m = [m_1^1 \cdots m_r^1, m_1^2 \cdots m_r^2, \cdots, m_1^N \cdots m_r^N]^T \in \mathbf{R}^{Nr \times 1}$$
$$s = [s_1^1 \cdots s_r^1, s_1^2 \cdots s_r^2, \cdots, s_1^N \cdots s_r^N]^T \in \mathbf{R}^{Nr \times 1}$$

因此，模糊神经网络的输出可表示为

$$y = [y_1, y_2, \cdots, y_n] = Wl(X, m, s) = f_{\text{FNN}}(X, W, m, s)$$

式中，$l(X, m, s) = [l_1, l_2, \cdots, l_N]^T$。

已知最优模糊神经网络输出与其估计函数 $f(X)$ 的关系为

$$f(X) = f_{\text{FNN}}^*(X, W^*, m^*, s^*) + \varepsilon(X) = W^* l(X, m^*, s^*) + \varepsilon(X)$$

式中，$\varepsilon(X) = [\varepsilon_1, \varepsilon_2, \cdots, \varepsilon_n]^T$ 是最小估计误差向量。

$W^*$、$m^*$、$s^*$ 为最优参数向量，定义为

$$(W^*, m^*, s^*) \overset{\text{def}}{=} \arg\min_{(W, m, s)} (\sup_{X \in U_x} \|f_{\text{FNN}}(X, W, m, s) - f(X)\|)$$

模糊神经网络的估计输出为

$$\hat{f}_{\text{FNN}}(X, \hat{W}, \hat{m}, \hat{s}) = \hat{W}\hat{l}(X, \hat{m}, \hat{s})$$

式中，$\hat{W}$、$\hat{m}$、$\hat{s}$ 分别是其最优参数的估计值，定义 $\tilde{W} = W^* - \hat{W}, \tilde{m} = m^* - \hat{m}, \tilde{s} = s^* - \hat{s}$。

$l$ 的最优参数向量为

$$l^* = \hat{l} + \left[\begin{array}{c} \dfrac{\partial l_1}{\partial m} \\ \vdots \\ \dfrac{\partial l_N}{\partial m} \end{array}\right]\Bigg|_{\substack{m = \hat{m} \\ s = \hat{s}}} (m^* - \hat{m}) + \left[\begin{array}{c} \dfrac{\partial l_1}{\partial s} \\ \vdots \\ \dfrac{\partial l_N}{\partial s} \end{array}\right]\Bigg|_{\substack{m = \hat{m} \\ s = \hat{s}}} (s^* - \hat{s}) + O_{nv}(X, \tilde{m}, \tilde{s})$$

$$= \hat{l} + l_m \tilde{m} + l_s \tilde{s} + O_{nv}(X, \tilde{m}, \tilde{s})$$

式中，$l_m = \left[ \dfrac{\partial l_1}{\partial m}, \cdots, \dfrac{\partial l_N}{\partial m} \right]^{\mathrm{T}} \Bigg|_{\substack{m=\hat{m} \\ s=\hat{s}}} \in \mathbf{R}^{N \times Nr}$；$l_s = \left[ \dfrac{\partial l_1}{\partial s}, \cdots, \dfrac{\partial l_N}{\partial s} \right]^{\mathrm{T}} \Bigg|_{\substack{m=\hat{m} \\ s=\hat{s}}} \in$

$\mathbf{R}^{N \times Nr}$；$O_{nv}(X, \tilde{m}, \tilde{s})$ 是高阶残差项。

逼近误差为

$$\begin{aligned}
\tilde{f} &= f(X) - \hat{W}\hat{l} = W^* l^* - \hat{W}\hat{l} + \varepsilon(x) \\
&= (\hat{w}_f + \tilde{w}_f)(\hat{l}_f + l_{mf}\tilde{m} + l_{sf}\tilde{s}) + w_f^* O_{nv} - \hat{w}_f \hat{l}_f + \varepsilon(x) \\
&= \hat{w}_f(l_{mf}\tilde{m} + l_{sf}\tilde{s}) + \tilde{w}_f(\hat{l}_f + l_{mf}\tilde{m} + l_{sf}\tilde{s}) + w_f^* O_{nv} + \varepsilon(x) \\
&= \hat{w}_f l_{mf}\tilde{m} + \hat{w}_f l_{sf}\tilde{s} + \tilde{w}_f(\hat{l}_f - l_{mf}\hat{m} - l_{sf}\hat{s}) - y_f
\end{aligned}$$

式中，$y_f = -[\tilde{w}_f(l_{mf}m^* + l_{sf}s^*) + w_f^* O_{nv} + \varepsilon(x)]$ 为逼近误差中的非线性项，且 $|y_f| \leqslant b_f^*$，$b_f^*$ 为常数。

在式 (5.116) 中，模糊神经网络系统 $\hat{f}_i(\hat{q}_i, \dot{\hat{q}}_i, W_{if})$、$\hat{g}_i(\hat{q}_i, W_{ig})$ 和 $\hat{h}_i(|s_i|, W_{ih})$ 分别逼近 $f_i(q_i, \dot{q}_i)$、$g_i(q_i)$ 和关联项 $h_i(q, \dot{q}, \ddot{q})$，可表示为

$$\hat{f}_i(\hat{q}_i, \dot{\hat{q}}_i, W_{if}) = W_{if} l(\hat{q}_i, \dot{\hat{q}}_i, m_{if}, s_{if})$$

$$\hat{g}_i(\hat{q}_i, W_{ig}) = W_{ig} l(\hat{q}_i, m_{ig}, s_{ig})$$

$$\hat{h}_i(|s_i|, W_{ih}) = W_{ih} l(|s_i|, m_{ih}, s_{ih})$$

式中，$m_{if}$、$m_{ig}$、$m_{ih}$ 为隶属度函数层函数的中心；$s_{if}$、$s_{ig}$、$s_{ih}$ 为隶属度函数层函数的宽度；$W_{if}$、$W_{ig}$、$W_{ih}$ 为规则层到输出层的可调权值向量。

设 $e_i = \hat{x}_{i1} - y_{ri}$，$s_i = \dot{e}_i + m_i e_i$，则

$$\begin{aligned}
\dot{s}_i =& \ddot{e}_i + m_i \dot{e}_i = \ddot{\hat{x}}_{i1} - \ddot{y}_{ri} + m_i \dot{e}_i \\
=& \hat{f}_i(\hat{q}_i, \dot{\hat{q}}_i, W_{if}) + \hat{h}_i(|s_i|, W_{ih}) + \hat{g}_i(\hat{q}_i, W_{ig})\tau_i \\
& + \hat{g}_i(\hat{q}_i, W_{ig})\hat{f}_{ia} + v_{i2} - \ddot{y}_{ri} + m_i \dot{e}_i
\end{aligned} \tag{5.122}$$

可得控制律为

$$\begin{aligned}
\tau_i =& \frac{1}{\hat{g}_i(\hat{q}_i, W_{ig})}(-\hat{f}_i(\hat{q}_i, \dot{\hat{q}}_i, W_{if}) - \hat{h}_i(|s_i|, W_{ih}) \\
& - \hat{g}_i(\hat{q}_i, W_{ig})\hat{f}_{ia} - v_{i2} + \ddot{y}_{ri} - m_i \dot{e}_i - k_i s_i + u_{ic})
\end{aligned} \tag{5.123a}$$

$$u_{ic} = -(\hat{b}_{if} + \hat{b}_{ig} + \hat{b}_{ih} + \hat{\rho}_{ifg} + \hat{\rho}_{ih})\mathrm{sgn}(s_i) \tag{5.123b}$$

模糊神经网络的权值、隶属度函数中心及宽度、$\hat{\rho}_{ifg}$ 和 $\hat{\rho}_{ih}$ 的自适应律算法分别如下：

$$\begin{cases} \dot{\hat{W}}_{if} = a_1 s_i (\hat{l}_{if} - l_{imf}\hat{m}_{if} - l_{isf}\hat{s}_{if})^{\mathrm{T}} \\[2mm] \dot{\hat{m}}_{if} = a_2 (s_i \hat{W}_{if} l_{imf})^{\mathrm{T}} \\[2mm] \dot{\hat{s}}_{if} = a_3 (s_i \hat{W}_{if} l_{isf})^{\mathrm{T}} \end{cases} \tag{5.124}$$

$$\begin{cases} \dot{\hat{W}}_{ig} = b_1 s_i \tau_i (\hat{l}_{ig} - l_{img}\hat{m}_{ig} - l_{isg}\hat{s}_{ig})^{\mathrm{T}} \\[2mm] \dot{\hat{m}}_{ig} = b_2 (s_i \hat{W}_{ig} l_{img} \tau_i)^{\mathrm{T}} \\[2mm] \dot{\hat{s}}_{ig} = b_3 (s_i \hat{W}_{ig} l_{isg} \tau_i)^{\mathrm{T}} \end{cases} \tag{5.125}$$

$$\begin{cases} \dot{\hat{W}}_{ih} = c_1 s_i (\hat{l}_{ih} - l_{imh}\hat{m}_{ih} - l_{ish}\hat{s}_{ih})^{\mathrm{T}} \\[2mm] \dot{\hat{m}}_{ih} = c_2 (s_i \hat{W}_{ih} l_{imh})^{\mathrm{T}} \\[2mm] \dot{\hat{s}}_{ih} = c_3 (s_i \hat{W}_{ih} l_{ish})^{\mathrm{T}} \end{cases} \tag{5.126}$$

$$\begin{cases} \dot{\hat{b}}_{if} = a_4 |s_i| \\[2mm] \dot{\hat{b}}_{ig} = b_4 |s_i \tau_i| \\[2mm] \dot{\hat{b}}_{ih} = c_4 |s_i| \end{cases} \tag{5.127}$$

$$\begin{cases} \dot{\hat{\rho}}_{ifg} = r_1 |s_i| \\[2mm] \dot{\hat{\rho}}_{ih} = r_2 |s_i| \end{cases} \tag{5.128}$$

式中的自适应律系数均为正常数。

将式 (5.123a) 代入式 (5.122)，可得

$$\dot{s}_i = -k_i s_i + u_{ic} = -k_i s_i + u_{ic} + \tilde{f}_i - \tilde{f}_i + \tilde{g}_i \tau_i - \tilde{g}_i \tau_i + \tilde{h}_i - \tilde{h}_i$$
$$= -k_i s_i + u_{ic} + \tilde{f}_i + \tilde{g}_i \tau_i + \tilde{h}_i + \varphi_{ifg} + \varphi_{ih}$$

设 $\varphi_{ifg} = -\tilde{f}_i - \tilde{g}_i \tau_i$，$|\varphi_{ifg}| \leqslant \rho_{ifg}^*$，$\varphi_{ih} = -\tilde{h}_i$，$|\varphi_{ih}| \leqslant \rho_{ih}^*$，其中 $\rho_{ifg}^*$、$\rho_{ih}^*$ 均为正常数。

**定理 5.9**　考虑同时发生执行器故障和传感器故障的可重构机械臂子系统模型 (5.113)，应用式 (5.116) 所示的滑模观测器、式 (5.123) 所示的分散控制律及式 (5.124)~式 (5.128) 所示的参数自适应律，则可重构机械臂的轨迹跟踪误差将渐近趋近于零。

**证明**　李雅普诺夫函数定义为

$$V = \sum_{i=1}^{n} V_i \tag{5.129}$$

式中

$$
\begin{aligned}
V_i =\,& \frac{1}{2}s_i^2 + \frac{1}{2a_1}\tilde{W}_{if}\tilde{W}_{if}^{\mathrm{T}} + \frac{1}{2a_2}\tilde{m}_{if}^{\mathrm{T}}\tilde{m}_{if} + \frac{1}{2a_3}\tilde{s}_{if}^{\mathrm{T}}\tilde{s}_{if} + \frac{1}{2a_4}\tilde{b}_{if}^2 + \frac{1}{2b_1}\tilde{W}_{ig}\tilde{W}_{ig}^{\mathrm{T}} \\
& + \frac{1}{2b_2}\tilde{m}_{ig}^{\mathrm{T}}\tilde{m}_{ig} + \frac{1}{2b_3}\tilde{s}_{ig}^{\mathrm{T}}\tilde{s}_{ig} + \frac{1}{2b_4}\tilde{b}_{ig}^2 + \frac{1}{2c_1}\tilde{W}_{ih}\tilde{W}_{ih}^{\mathrm{T}} + \frac{1}{2c_2}\tilde{m}_{ih}^{\mathrm{T}}\tilde{m}_{ih} \\
& + \frac{1}{2c_3}\tilde{s}_{ih}^{\mathrm{T}}\tilde{s}_{ih} + \frac{1}{2c_4}\tilde{b}_{ih}^2 + \frac{1}{2r_1}\tilde{\rho}_{ifg}^2 + \frac{1}{2r_2}\tilde{\rho}_{ih}^2
\end{aligned} \tag{5.130}
$$

其时间导数为

$$
\begin{aligned}
\dot{V}_i =\,& s_i(-k_is_i + u_{ic} + \tilde{f}_i + \tilde{g}_i\tau_i + \tilde{h}_i + \varphi_{ifg} + \varphi_{ih}) - \frac{1}{a_1}\tilde{W}_{if}\dot{\tilde{W}}_{if}^{\mathrm{T}} - \frac{1}{a_2}\tilde{m}_{if}^{\mathrm{T}}\dot{\tilde{m}}_{if} \\
& - \frac{1}{a_3}\tilde{s}_{if}^{\mathrm{T}}\dot{\tilde{s}}_{if} - \frac{1}{a_4}\tilde{b}_{if}\dot{\tilde{b}}_{if} - \frac{1}{b_1}\tilde{W}_{ig}\dot{\tilde{W}}_{ig}^{\mathrm{T}} - \frac{1}{b_2}\tilde{m}_{ig}^{\mathrm{T}}\dot{\tilde{m}}_{ig} - \frac{1}{b_3}\tilde{s}_{ig}^{\mathrm{T}}\dot{\tilde{s}}_{ig} - \frac{1}{b_4}\tilde{b}_{ig}\dot{\tilde{b}}_{ig} \\
& - \frac{1}{c_1}\tilde{W}_{ih}\dot{\tilde{W}}_{ih}^{\mathrm{T}} - \frac{1}{c_2}\tilde{m}_{ih}^{\mathrm{T}}\dot{\tilde{m}}_{ih} - \frac{1}{c_3}\tilde{s}_{ih}^{\mathrm{T}}\dot{\tilde{s}}_{ih} - \frac{1}{c_4}\tilde{b}_{ih}\dot{\tilde{b}}_{ih} - \frac{1}{r_1}\tilde{\rho}_{ifg}\dot{\tilde{\rho}}_{ifg} - \frac{1}{r_2}\tilde{\rho}_{ih}\dot{\tilde{\rho}}_{ih}
\end{aligned}
$$

则

$$
\begin{aligned}
\dot{V}_i =\,& -k_is_i^2 + s_iu_{ic} + s_i[\hat{W}_{if}l_{imf}\tilde{m}_{if} + \hat{W}_{if}l_{isf}\tilde{s}_{if} + \tilde{W}_{if}(\hat{l}_{if} - l_{imf}\hat{m}_{if} - l_{isf}\hat{s}_{if}) - y_{if}] \\
& - \frac{1}{a_1}\tilde{W}_{if}\dot{\tilde{W}}_{if}^{\mathrm{T}} - \frac{1}{a_2}\tilde{m}_{if}^{\mathrm{T}}\dot{\tilde{m}}_{if} - \frac{1}{a_3}\tilde{s}_{if}^{\mathrm{T}}\dot{\tilde{s}}_{if} - \frac{1}{a_4}\tilde{b}_{if}\dot{\tilde{b}}_{if} + s_i(\tilde{g}_i\tau_i + \tilde{h}_i + \varphi_{ifg} + \varphi_{ih}) \\
& - \frac{1}{b_1}\tilde{W}_{ig}\dot{\tilde{W}}_{ig}^{\mathrm{T}} - \frac{1}{b_2}\tilde{m}_{ig}^{\mathrm{T}}\dot{\tilde{m}}_{ig} - \frac{1}{b_3}\tilde{s}_{ig}^{\mathrm{T}}\dot{\tilde{s}}_{ig} - \frac{1}{b_4}\tilde{b}_{ig}\dot{\tilde{b}}_{ig} - \frac{1}{c_1}\tilde{W}_{ih}\dot{\tilde{W}}_{ih}^{\mathrm{T}} - \frac{1}{c_2}\tilde{m}_{ih}^{\mathrm{T}}\dot{\tilde{m}}_{ih} \\
& - \frac{1}{c_3}\tilde{s}_{ih}^{\mathrm{T}}\dot{\tilde{s}}_{ih} - \frac{1}{c_4}\tilde{b}_{ih}\dot{\tilde{b}}_{ih} - \frac{1}{r_1}\tilde{\rho}_{ifg}\dot{\tilde{\rho}}_{ifg} - \frac{1}{r_2}\tilde{\rho}_{ih}\dot{\tilde{\rho}}_{ih}
\end{aligned}
$$

将式 (5.124) 代入上式, 可得

$$
\begin{aligned}
\dot{V}_i =\,& -k_is_i^2 + s_iu_{ic} - s_iy_{if} - \frac{1}{a_4}\tilde{b}_{if}\dot{\tilde{b}}_{if} + s_i(\tilde{g}_i\tau_i + \tilde{h}_i + \varphi_{ifg} + \varphi_{ih}) - \frac{1}{b_1}\tilde{W}_{ig}\dot{\tilde{W}}_{ig}^{\mathrm{T}} \\
& - \frac{1}{b_2}\tilde{m}_{ig}^{\mathrm{T}}\dot{\tilde{m}}_{ig} - \frac{1}{b_3}\tilde{s}_{ig}^{\mathrm{T}}\dot{\tilde{s}}_{ig} - \frac{1}{b_4}\tilde{b}_{ig}\dot{\tilde{b}}_{ig} - \frac{1}{c_1}\tilde{W}_{ih}\dot{\tilde{W}}_{ih}^{\mathrm{T}} - \frac{1}{c_2}\tilde{m}_{ih}^{\mathrm{T}}\dot{\tilde{m}}_{ih} - \frac{1}{c_3}\tilde{s}_{ih}^{\mathrm{T}}\dot{\tilde{s}}_{ih} \\
& - \frac{1}{c_4}\tilde{b}_{ih}\dot{\tilde{b}}_{ih} - \frac{1}{r_1}\tilde{\rho}_{ifg}\dot{\tilde{\rho}}_{ifg} - \frac{1}{r_2}\tilde{\rho}_{ih}\dot{\tilde{\rho}}_{ih} \\
\leqslant\,& -k_is_i^2 + s_iu_{ic} + |s_i|(\hat{b}_{if} + \tilde{b}_{if}) - \frac{1}{a_4}\tilde{b}_{if}\dot{\tilde{b}}_{if} + s_i(\tilde{g}_i\tau_i + \tilde{h}_i + \varphi_{ifg} + \varphi_{ih}) \\
& - \frac{1}{b_1}\tilde{W}_{ig}\dot{\tilde{W}}_{ig}^{\mathrm{T}} - \frac{1}{b_2}\tilde{m}_{ig}^{\mathrm{T}}\dot{\tilde{m}}_{ig} - \frac{1}{b_3}\tilde{s}_{ig}^{\mathrm{T}}\dot{\tilde{s}}_{ig} - \frac{1}{b_4}\tilde{b}_{ig}\dot{\tilde{b}}_{ig} - \frac{1}{c_1}\tilde{W}_{ih}\dot{\tilde{W}}_{ih}^{\mathrm{T}} \\
& - \frac{1}{c_2}\tilde{m}_{ih}^{\mathrm{T}}\dot{\tilde{m}}_{ih} - \frac{1}{c_3}\tilde{s}_{ih}^{\mathrm{T}}\dot{\tilde{s}}_{ih} - \frac{1}{c_4}\tilde{b}_{ih}\dot{\tilde{b}}_{ih} - \frac{1}{r_1}\tilde{\rho}_{ifg}\dot{\tilde{\rho}}_{ifg} - \frac{1}{r_2}\tilde{\rho}_{ih}\dot{\tilde{\rho}}_{ih} \\
\leqslant\,& -k_is_i^2 + s_iu_{ic} + |s_i|(\hat{b}_{if} + \tilde{b}_{if}) - \frac{1}{a_4}\tilde{b}_{if}\dot{\tilde{b}}_{if} + s_i[\hat{W}_{ig}l_{img}\tilde{m}_{ig} + \hat{W}_{ig}l_{isg}\tilde{s}_{ig}
\end{aligned}
$$

$$+ \tilde{W}_{ig}(\hat{l}_{ig} - l_{img}\hat{m}_{ig} - l_{isg}\hat{s}_{ig}) - y_{ig}]\tau_i + s_i(\tilde{h}_i + \varphi_{ifg} + \varphi_{ih}) - \frac{1}{b_1}\tilde{W}_{ig}\dot{\tilde{W}}_{ig}^{\mathrm{T}}$$

$$- \frac{1}{b_2}\tilde{m}_{ig}^{\mathrm{T}}\dot{\hat{m}}_{ig} - \frac{1}{b_3}\tilde{s}_{ig}^{\mathrm{T}}\dot{\hat{s}}_{ig} - \frac{1}{b_4}\tilde{b}_{ig}\dot{\hat{b}}_{ig} - \frac{1}{c_1}\tilde{W}_{ih}\dot{\hat{W}}_{ih}^{\mathrm{T}} - \frac{1}{c_2}\tilde{m}_{ih}^{\mathrm{T}}\dot{\hat{m}}_{ih}$$

$$- \frac{1}{c_3}\tilde{s}_{ih}^{\mathrm{T}}\dot{\hat{s}}_{ih} - \frac{1}{c_4}\tilde{b}_{ih}\dot{\hat{b}}_{ih} - \frac{1}{r_1}\tilde{\rho}_{ifg}\dot{\hat{\rho}}_{ifg} - \frac{1}{r_2}\tilde{\rho}_{ih}\dot{\hat{\rho}}_{ih}$$

将式 (5.125) 代入上式，可得

$$\dot{V}_i \leqslant - k_i s_i^2 + s_i u_{ic} + |s_i|(\hat{b}_{if} + \tilde{b}_{if}) - \frac{1}{a_4}\tilde{b}_{if}\dot{\hat{b}}_{if} + |s_i|(\hat{b}_{ig} + \tilde{b}_{ig})\tau_i$$

$$+ s_i(\tilde{h}_i + \varphi_{ifg} + \varphi_{ih}) - \frac{1}{b_4}\tilde{b}_{ig}\dot{\hat{b}}_{ig} - \frac{1}{c_1}\tilde{W}_{ih}\dot{\hat{W}}_{ih}^{\mathrm{T}} - \frac{1}{c_2}\tilde{m}_{ih}^{\mathrm{T}}\dot{\hat{m}}_{ih} - \frac{1}{c_3}\tilde{s}_{ih}^{\mathrm{T}}\dot{\hat{s}}_{ih}$$

$$- \frac{1}{c_4}\tilde{b}_{ih}\dot{\hat{b}}_{ih} - \frac{1}{r_1}\tilde{\rho}_{ifg}\dot{\hat{\rho}}_{ifg} - \frac{1}{r_2}\tilde{\rho}_{ih}\dot{\hat{\rho}}_{ih}$$

同理，将式 (5.126)~式 (5.128) 及式 (5.123b) 代入上式可得 $\dot{V}_i \leqslant -k_i s_i^2$，即 $\dot{V} = \sum\limits_{i=1}^{n} \dot{V}_i \leqslant \sum\limits_{i=1}^{n} -k_i s_i^2$，又根据 Babalat 引理，可得 $\lim\limits_{t\to\infty} s_i(t) = 0$，即轨迹跟踪误差 $e_i = \hat{x}_{i1} - y_{ir}$ 也将渐近趋近于零。

**2. 仿真与分析**

这里采用如图 4.5 所示的两个不同构型的三自由度可重构机械臂作为仿真对象。

构型 a 的期望轨迹为

$$y_{1r} = 0.7\sin(t) - 0.2\sin(3t)$$
$$y_{2r} = 0.3\cos(3t) - 0.5\cos(2t)$$
$$y_{3r} = 0.4\sin(3t) + 0.1\sin(4t)$$

构型 b 的期望轨迹为

$$y_{1r} = 0.5\cos(t) - 0.2\sin(3t)$$
$$y_{2r} = 0.3\cos(3t) - 0.5\sin(2t)$$
$$y_{3r} = 0.2\sin(3t) + 0.1\cos(4t)$$

假设机械臂关节 1、2、3 分别在 0.5s、1s、2s 发生传感器恒增益故障、传感器卡死故障和执行器恒偏差故障，设置各关节初始位置 $q_1(0) = q_2(0) = q_3(0) = 1$，初始速度 $\dot{q}_1(0) = \dot{q}_2(0) = \dot{q}_3(0) = 0$。采用式 (5.116) 设计的滑模观测器，并应用式 (5.117) 和式 (5.119) 所示的故障自适应律，可重构机械臂构型 a 的各关节实际故障及其重构值如图 5.20 所示。

采用式 (5.123) 所示的控制律及式 (5.124)~式 (5.128) 所示的自适应律，设置 $a_i = 50$, $b_i = 50$, $a_1 = 5$, $a_2 = 3$, $a_3 = 2$, $a_4 = 0.1$, $b_1 = 0.01$, $b_2 = 0.05$, $b_3 = 0.05$,

$b_4 = 0.1$，$c_1 = 5$，$c_2 = 3$，$c_3 = 2, c_4 = 0.1$，$r_1 = 25$，$r_2 = 25$，$m_i = 2$，$k_i = 5$，$L_1 = 0.1$，$L_2 = 100$，$L_3 = 0.1$，$K_i = 2$，$P_i = 0.5$。可重构机械臂构型 a 的各关节的轨迹跟踪曲线如图 5.21 所示。

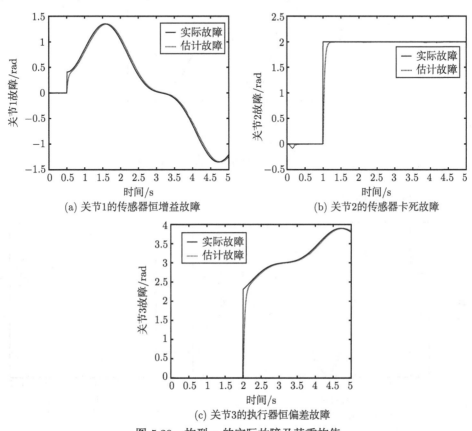

(a) 关节1的传感器恒增益故障　　　　(b) 关节2的传感器卡死故障

(c) 关节3的执行器恒偏差故障

图 5.20　构型 a 的实际故障及其重构值

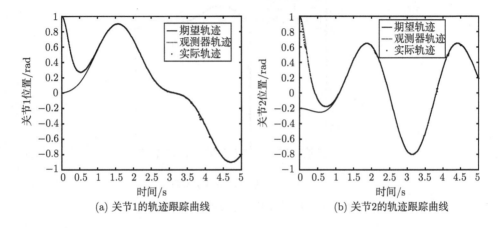

(a) 关节1的轨迹跟踪曲线　　　　(b) 关节2的轨迹跟踪曲线

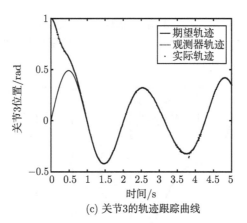

(c) 关节3的轨迹跟踪曲线

图 5.21　构型 a 的各关节轨迹跟踪曲线

可重构机械臂构型 b 的各关节故障如图 5.22 所示。

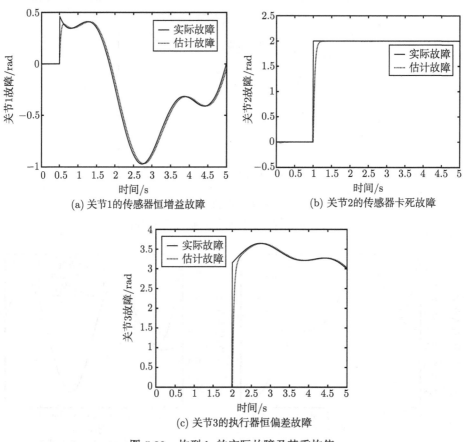

(a) 关节1的传感器恒增益故障　　　　　　(b) 关节2的传感器卡死故障

(c) 关节3的执行器恒偏差故障

图 5.22　构型 b 的实际故障及其重构值

在不改变控制器参数的前提下，可重构机械臂构型 b 的各关节的轨迹跟踪曲线如图 5.23 所示。

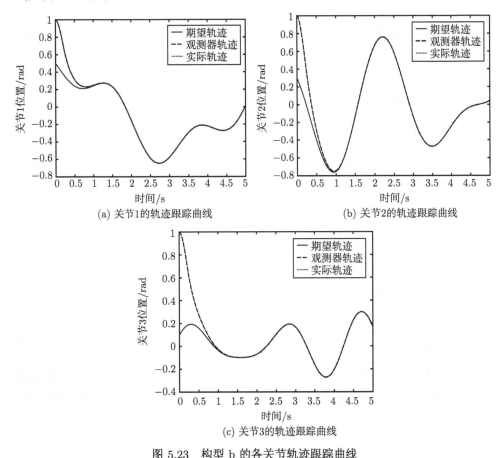

(a) 关节1的轨迹跟踪曲线　　　　　　(b) 关节2的轨迹跟踪曲线

(c) 关节3的轨迹跟踪曲线

图 5.23　构型 b 的各关节轨迹跟踪曲线

从图 5.20~图 5.23 的仿真结果可以看出，对于可重构机械臂各关节同时发生执行器和传感器故障的情况，通过设计观测器并利用观测器误差实时重构故障，将所设计的分散控制律应用到发生故障的不同构型可重构机械臂中，各关节子系统仍能各自跟踪其期望轨迹，增强了故障发生时的可靠性。

## 5.5　可重构机械臂反演时延主动容错控制

5.3 节中基于迭代故障观测器对可重构机械臂的执行器故障进行了主动容错控制，但如果迭代公式选择不当，或迭代的初始值选择不合理，都会导致迭代失败。本节提出一种基于时延技术与反演神经网络控制的主动容错控制方法。在执行器正常运行过程中，采用反演神经网络分散控制，不但继承了反演控制的优点，而且可利用神经网络来补偿模型参数不确定项和各个子系统之间关联项的影响。当执行器发生故障时，利用反演的设计思路，再结合时延技术重构控制器，从而在执行器部分失效时仍能保证系统的稳定性和跟踪的精确性。相对于其他容错控制方法，该方法的优点在于不需要在线进行故障诊断，且对执行器的失效具有很强的容错能力。

### 5.5.1　反演神经网络分散控制

带有摩擦项的 $n$ 自由度可重构机械臂的动力学方程可以表示为

$$M(q)\ddot{q} + C(q,\dot{q})\dot{q} + G(q) + F(q,\dot{q}) = \tau \tag{5.131}$$

式中，$F(q,\dot{q}) \in \mathbf{R}^n$ 为摩擦力项。

为分解模型，将式 (5.131) 改写为

$$\sum_{j=1}^{n} M_{ij}(q)\ddot{q}_j + \sum_{j=1}^{n} C_{ij}(q,\dot{q})\dot{q}_j + \bar{G}_i(q) + F_i(q_i,\dot{q}_i) = \tau_i \tag{5.132}$$

式中，$F_i(q_i,\dot{q}_i)$ 为向量 $F(q,\dot{q})$ 的第 $i$ 个分量。

从式 (5.132) 分离出局部变量 $(q_i,\dot{q}_i,\ddot{q}_i)$，子系统的动力学模型可以描述为

$$M_i(q_i)\ddot{q}_i + C_i(q_i,\dot{q}_i)\dot{q}_i + G_i(q_i) + F_i(q_i,\dot{q}_i) + Z_i(q,\dot{q},\ddot{q}) = \tau_i \tag{5.133}$$

测量误差环境和负载扰动的存在影响这些参数的精确值。因此，这里先假设各个子系统的实际参数 $M_i(q_i)$、$C_i(q_i,\dot{q}_i)$、$G_i(q_i)$ 可以分解成名义部分和建模不确定性部分，如

$$M_i(q_i) = M_{i0}(q_i) - \Delta M_i(q_i)$$
$$C_i(q_i,\dot{q}_i) = C_{i0}(q_i,\dot{q}_i) - \Delta C_i(q_i,\dot{q}_i)$$
$$G_i(q_i) = G_{i0}(q_i) - \Delta G_i(q_i)$$

之后子系统的动力学方程可写为

$$\begin{aligned}
\ddot{q}_i =& M_{i0}^{-1}(q_i)[-C_{i0}(q_i,\dot{q}_i)\dot{q}_i - G_{i0}(q_i) + \tau_i] + \Delta M_i^{-1}(q_i)\\
&\cdot [\tau_i - C_{i0}(q_i,\dot{q}_i)\dot{q}_i - G_{i0}(q_i)] - M_i^{-1}(q_i)[\Delta C_i(q_i,\dot{q}_i)\dot{q}_i\\
&+ \Delta G_i(q_i) + F_i(q_i,\dot{q}_i)] - M_i^{-1} Z_i(q,\dot{q},\ddot{q})
\end{aligned} \tag{5.134}$$

定义 $\rho_i(q_i,\dot{q}_i,u_i) = \Delta M_i^{-1}(q_i)[\tau_i - C_{i0}(q_i,\dot{q}_i)\dot{q}_i - G_{i0}(q_i)] - M_i^{-1}(q_i)[\Delta C_i(q_i,\dot{q}_i)\dot{q}_i + \Delta G_i(q_i) + F_i(q_i,\dot{q}_i)]$ 为系统的不确定项。

**假设 5.16**　力矩 $\tau_i$ 是 $q_i$ 和 $\dot{q}_i$ 的函数，可以把不确定性 $\rho_i(q_i,\dot{q}_i,\tau_i)$ 的估计假设为 $\hat{\rho}_i(q_i,\dot{q}_i,\hat{W}_{i\rho})$。

设 $x_i = [x_{i1}, x_{i2}]^T = [q_i, \dot{q}_i]^T (i = 1, 2, \cdots, n)$，式 (5.134) 可以表示为下面的状态空间形式：

$$S_i : \begin{cases} \dot{x}_i = A_i x_i + B_i \{M_{i0}^{-1}[-C_{i0}(q_i, \dot{q}_i)\dot{q}_i - G_{i0}(q_i) + \tau_i]\} + \rho_i(q_i, \dot{q}_i, W_{i\rho}^*) + h_i(q, \dot{q}, \ddot{q}) \\ y_i = C_i x_i \end{cases}$$

(5.135)

式中，$x_i$ 为子系统 $S_i$ 的状态变量；$y_i$ 为子系统 $S_i$ 的输出；$A_i = \begin{bmatrix} 0 & 1 \\ 0 & 0 \end{bmatrix}$；$B_i = \begin{bmatrix} 0 \\ 1 \end{bmatrix}$；$C_i = [1 \quad 0]; h_i(q, \dot{q}, \ddot{q}) = -M_i^{-1}(q_i)Z_i(q, \dot{q}, \ddot{q})$。

**假设 5.17** 期望轨迹 $y_{ir}$、$\dot{y}_{ir}$ 和 $\ddot{y}_{ir}$ 是有界的，即

$$\left\| \begin{matrix} y_{ir} \\ \dot{y}_{ir} \\ \ddot{y}_{ir} \end{matrix} \right\| \leqslant y_B$$

(5.136)

式中，$y_B$ 为一个已知正常数。

(1) 定义第 $i$ 个子系统的跟踪误差 $e_{i1} = x_{i1} - x_{i1}^d$，其中 $x_{i1}^d = y_{ir}$，$e_{i1}$ 的导数为

$$\dot{e}_{i1} = \dot{x}_{i1} - \dot{x}_{i1}^d = x_{i2} - \dot{x}_{i1}^d$$

(5.137)

定义误差变量为

$$e_{i2} = x_{i2} - \alpha_i$$

(5.138)

$\alpha_i$ 被当作虚拟变量，表示为

$$\alpha_i = \dot{x}_{i1}^d - k_{i1}e_{i1}$$

(5.139)

由式 (5.137) 和式 (5.138) 可知

$$\dot{e}_{i1} = e_{i2} + \alpha_i - \dot{x}_{i1}^d = e_{i2} - k_{i1}e_{i1}$$

(5.140)

定义这个子系统的李雅普诺夫方程为

$$V_{i1} = e_{i1}^2/2$$

(5.141)

$$\dot{V}_{i1} = e_{i1}\dot{e}_{i1} = -k_{i1}e_{i1}^2 + e_{i1}e_{i2}$$

(5.142)

(2) 考虑 $e_{i2}$ 的误差方程，利用式 (5.135) 和式 (5.138) 可得

$$\dot{e}_{i2} = M_{i0}^{-1}(q_i)[-C_{i0}(q_i, \dot{q}_i)\dot{q}_i - G_{i0}(q_i) + \tau_i] + \rho_i + h_i - \dot{x}_{i2}^d$$

(5.143)

式中，$\rho_i(q_i, \dot{q}_i, W_{i\rho}^*)$ 被略写成 $\rho_i$；$h_i(q, \dot{q}, \ddot{q})$ 被略写成 $h_i$。

当不考虑可重构机械臂参数存在不确定性和关联项的影响时，其动力学参数是精确的，理想控制律为

$$\tau_{id} = M_{i0}(q_i)(\dot{x}_{i2}^d - e_{i1} - k_{i2}e_{i2}) + C_{i0}(q_i, \dot{q}_i)\dot{q}_i + G_{i0}(q_i) \tag{5.144}$$

代入式 (5.143)，可得

$$\dot{e}_{i2} = k_{i2}e_{i2} - e_{i1} \tag{5.145}$$

定义这个子系统的李雅普诺夫方程为

$$V_{i2} = V_{i1} + e_{i2}^2/2 \tag{5.146}$$

$$\dot{V}_{i2} = -k_{i1}e_{i1}^2 + e_{i1}e_{i2} + e_{i2}\dot{e}_{i2} = -k_{i1}e_{i1}^2 - k_{i2}e_{i2}^2 \leqslant 0 \tag{5.147}$$

根据控制律 (5.144)，并排除参数不确定性和关联项的影响，能够得到一个闭环系统方程：

$$\dot{e}_{i2} + e_{i1} + k_{i2}e_{i2} = 0 \tag{5.148}$$

在可重构机械臂实际应用中，不考虑参数不确定性和每个子系统相互间的作用是不现实也是不可能的，因此本节考虑关联项和不确定项的影响，设计一个反演神经网络分散控制器，使可重构机械臂能够按照期望的轨迹执行任务。

这里加入一个 RBF 神经网络补偿控制器来补偿系统中的不确项 $\rho_i(q_i, \dot{q}_i, W_{i\rho}^*)$ 和关联项 $h_i(q, \dot{q}, \ddot{q})$，有

$$\rho_i(q_i, \dot{q}_i, W_{i\rho}^*) = W_{i\rho}^{*\mathrm{T}}\Phi_{i\rho}(q_i, \dot{q}_i) + \varepsilon_{i\rho} \tag{5.149}$$

式中，$\varepsilon_{i\rho}$ 为模糊逻辑系统的逼近误差；$W_{i\rho}^*$ 为最优权值参数向量；$\Phi_{i\rho}(q_i, \dot{q}_i)$ 为神经网络基函数，本节采用高斯型基函数 $\Phi_{i\rho}(q_i, \dot{q}_i) = \exp\left(-\dfrac{(x_i - c_i)^2}{2\sigma_i^2}\right)$，其中 $c_i$、$\sigma_i$ 分别为中心和宽度。

$\rho_i(q_i, \dot{q}_i)$ 的估计值为 $\hat{\rho}_i(q_i, \dot{q}_i, \hat{W}_{i\rho})$，可以描述为

$$\hat{\rho}_i(q_i, \dot{q}_i, \hat{W}_{i\rho}) = \hat{W}_{i\rho}^{\mathrm{T}}\hat{\Phi}_{i\rho}(q_i, \dot{q}_i) \tag{5.150}$$

$$\tilde{\rho}_i(q_i, \dot{q}_i, \tilde{W}_{i\rho}) = \rho_i(q_i, \dot{q}_i) - \hat{\rho}_i(q_i, \dot{q}_i, \hat{W}_{i\rho})$$

$$= \tilde{W}_{i\rho}^{\mathrm{T}}\hat{\Phi}_{i\rho}(q_i, \dot{q}_i) + W_{i\rho}^{*\mathrm{T}}\tilde{\Phi}_{i\rho}(q_i, \dot{q}_i) + \varepsilon_{i\rho} \tag{5.151}$$

接下来，采用神经网络系统 $\hat{p}_i(|e_{i2}|, \hat{W}_{ip})$ 补偿关联项的影响，$\hat{p}_i(|e_{i2}|, \hat{W}_{ip})$ 可以表示为

$$\hat{p}_i(|e_{i2}|, \hat{W}_{ip}) = \hat{W}_{ip}^{\mathrm{T}}\hat{\Phi}_{ip}(|e_{i2}|) \tag{5.152}$$

式中，$\hat{W}_{ip}$ 为 $W_{ip}$ 的估计值，且权值估计误差为 $\tilde{W}_{ip} = W_{ip} - \hat{W}_{ip}$。

定义 $p(|e_{i2}|) = n \max_{ij} \{d_{ij}\} E_i$，定义最小逼近误差为

$$w_{i1} = W_{i\rho}^{*\mathrm{T}} \tilde{\Phi}_{i\rho}(q_i, \dot{q}_i) + \varepsilon_{i\rho} \tag{5.153}$$

$$w_{i2} = p_i(|e_{i2}|) - \hat{W}_{ip}^{\mathrm{T}} \hat{\Phi}_{ip}(|e_{i2}|) \tag{5.154}$$

$$w_i = w_{i1} + w_{i2} \tag{5.155}$$

**假设 5.18** 逼近误差 $w_i$ 有界，并且满足 $\|w_i\| \leqslant \beta_i$，$\beta_i \geqslant 0$ 的未知常数。

从假设 5.18 中可以看出，手动调节逼近误差范数的界 $\beta_i$，必然会使得控制器缺乏一定的自适应能力，为此采用自适应更新律来估计逼近误差的界 $\beta_i$。

分散控制律设计为

$$\tau_i = M_{i0}[\dot{x}_{i2}^d - \hat{\rho}_i(q_i, \dot{q}_i, \hat{W}_{i\rho}) - e_{i1} - k_{i2}e_{i2} - \mathrm{sgn}(e_{i2})\hat{p}_i(|e_{i2}|, \hat{W}_{ip})] + C_{i0}q_i + G_{i0} + \tau_{ic} \tag{5.156}$$

式中，$C_{i0}(q_i, \dot{q}_i)$ 被略写成 $C_{i0}$；$M_{i0}(q_i)$ 被略写成 $M_{i0}$；$G_{i0}(q_i)$ 被略写成 $G_{i0}$；鲁棒项 $\tau_{ic}$ 为

$$\tau_{ic} = -M_{i0}\hat{\beta}_i \tag{5.157}$$

把式 (5.156) 和式 (5.157) 代入式 (5.143)，得到系统的误差方程为

$$\begin{aligned}
\dot{e}_{i2} =& \tilde{W}_{i\rho}^{\mathrm{T}} \hat{\Phi}_{i\rho}(q_i, \dot{q}_i) + W_{i\rho}^{*\mathrm{T}} \tilde{\Phi}_{i\rho}(q_i, \dot{q}_i) + \varepsilon_{i\rho} - e_{i1} \\
& - k_{i2}e_{i2} + h_i(q, \dot{q}, \ddot{q}) - \mathrm{sgn}(e_{i2})\hat{p}_i(|e_{i2}|, \hat{W}_{ip}) - \hat{\beta}_i
\end{aligned} \tag{5.158}$$

自适应更新律为

$$\dot{\hat{W}}_{i\rho} = \eta_{i\rho} e_{i2} \hat{\Phi}_{i\rho}(q_i, \dot{q}_i) \tag{5.159}$$

$$\dot{\hat{W}}_{ip} = \eta_{ip} |e_{i2}| \hat{\Phi}_{ip}(|e_{i2}|) \tag{5.160}$$

$$\dot{\hat{\beta}}_i = K_o e_{i2} \tag{5.161}$$

式中，$\eta_{i\rho}$、$\eta_{ip}$、$K_o$ 为正常数。

**定理 5.10** 考虑可重构模块机械臂的子系统动力学模型 (5.133) 和假设 5.16～假设 5.18，设计反演神经网络分散控制律 (5.156) 和 (5.157)、自适应更新律 (5.159)～(5.161)，则闭环系统稳定，且轨迹跟踪误差最终一致有界。

**证明** 定义李雅普诺夫函数为

$$\begin{aligned}
V &= \sum_{i=1}^n V_i \\
&= \sum_{i=1}^n \left( \frac{e_{i1}^2}{2} + \frac{e_{i2}^2}{2} + \frac{1}{2\eta_{i\rho}} \tilde{W}_{i\rho}^{\mathrm{T}} \tilde{W}_{i\rho} + \frac{1}{2\eta_{ip}} \tilde{W}_{ip}^{\mathrm{T}} \tilde{W}_{ip} + \frac{1}{2K_o} \tilde{\beta}_i^{\mathrm{T}} \tilde{\beta}_i \right)
\end{aligned} \tag{5.162}$$

对式 (5.162) 求导可得

$$\sum_{i=1}^{n} \dot{V}_i = \sum_{i=1}^{n} \left( e_{i1}\dot{e}_{i1} + e_{i2}\dot{e}_{i2} - \frac{1}{\eta_{i\rho}}\tilde{W}_{i\rho}^{\mathrm{T}}\dot{\hat{W}}_{i\rho} \right.$$
$$\left. - \frac{1}{\eta_{ip}}\tilde{W}_{ip}^{\mathrm{T}}\dot{\hat{W}}_{ip} - \frac{1}{K_o}\tilde{\beta}_i^{\mathrm{T}}\dot{\hat{\beta}}_i \right) \tag{5.163}$$

将式 (5.140) 和式 (5.158) 代入式 (5.163), 可得

$$\sum_{i=1}^{n} \dot{V}_i = \sum_{i=1}^{n} \left[ -k_{i1}e_{i1}^2 - k_{i2}e_{i2}^2 + \tilde{W}_{i\rho}^{\mathrm{T}}\left( e_{i2}\hat{\Phi}_{i\rho} - \frac{1}{\eta_{i\rho}}\dot{\hat{W}}_{i\rho} \right) + e_{i2}w_{i1} + h_i \right.$$
$$\left. -|e_{i2}|\,\hat{p}_i(|e_{i2}|\,,\hat{W}_{ip}) - e_{i2}\hat{\beta}_i - \frac{1}{\eta_{ip}}\tilde{W}_{ip}^{\mathrm{T}}\dot{\hat{W}}_{ip} + e_{i2}\varepsilon_{i\rho} - \frac{1}{K_o}\tilde{\beta}_i^{\mathrm{T}}\dot{\hat{\beta}}_i \right] \tag{5.164}$$

根据假设 5.12 可以得到

$$\sum_{i=1}^{n} \dot{V}_i \leqslant \sum_{i=1}^{n} \left[ \tilde{W}_{i\rho}^{\mathrm{T}}\left( e_{i2}\hat{\Phi}_{i\rho} - \frac{1}{\eta_{i\rho}}\dot{\hat{W}}_{i\rho} \right) - k_{i1}e_{i1}^2 - k_{i2}e_{i2}^2 + e_{i2}w_{i1} \right.$$
$$\left. -|e_{i2}|\,\hat{W}_{ip}^{\mathrm{T}}\hat{\Phi}_{ip} - \frac{1}{K_o}\tilde{\beta}_i^{\mathrm{T}}\dot{\hat{\beta}}_i - e_{i2}\hat{\beta}_i - \frac{1}{\eta_{ip}}\tilde{W}_{ip}^{\mathrm{T}}\dot{\hat{W}}_{ip} \right]$$
$$+ \max_{ij}\{d_{ij}\}\sum_{i=1}^{n}|e_{i2}|\sum_{j=1}^{n}E_j \tag{5.165}$$

注意到 $|e_{i2}| \leqslant |e_{j2}| \Leftrightarrow E_i \leqslant E_j$, 应用 Chebyshev 不等式, 可得

$$\sum_{i=1}^{n}|e_{i2}|\sum_{j=1}^{n}E_j \leqslant n\sum_{i=1}^{n}\|e_{i2}\|E_i \tag{5.166}$$

把式 (5.160) 代入式 (5.166), 再综合式 (5.165) 可得

$$\sum_{i=1}^{n} \dot{V}_i \leqslant \sum_{i=1}^{n} \left[ -k_{i1}e_{i1}^2 - k_{i2}e_{i2}^2 + e_{i2}(w_{i1}+w_{i2}) - e_{i2}\hat{\beta}_i \right.$$
$$\left. -\frac{1}{K_o}\tilde{\beta}_i^{\mathrm{T}}\dot{\hat{\beta}}_i - \frac{1}{\eta_{ip}}\tilde{W}_{ip}^{\mathrm{T}}\dot{\hat{W}}_{ip} - |e_{i2}|\,\hat{W}_{ip}^{\mathrm{T}}\hat{\Phi}_{ip} + |e_{i2}|\,n\max_{ij}\{d_{ij}\}E_i \right]$$
$$\leqslant \sum_{i=1}^{n} \left[ -k_{i1}e_{i1}^2 - k_{i2}e_{i2}^2 + \tilde{\beta}_i^{\mathrm{T}}\left( e_{i2} - \frac{1}{K_o}\dot{\hat{\beta}}_i \right) \right.$$
$$\left. + \tilde{W}_{ip}^{\mathrm{T}}\left( |e_{i2}|\,\hat{\Phi}_{ip} - \frac{1}{\eta_{ip}}\dot{\hat{W}}_{ip} \right) \right] \tag{5.167}$$

将式 (5.160)、式 (5.161) 代入式 (5.167)，可得

$$\sum_{i=1}^{n} \dot{V}_i = (-k_{i1}e_{i1}^2 - k_{i2}e_{i2}^2) \leqslant 0 \tag{5.168}$$

由式 (5.168) 显见 $\dot{V}$ 是负定的，因此闭环系统中的所有变量都是有界的。

### 5.5.2  反演时延主动容错控制器设计

执行机构发生故障时的动力学模型为

$$M_i\ddot{q}_i + C_i\dot{q}_i + G_i + F_i + Z_i = \beta_i\tau_i \tag{5.169}$$

式中，$\beta_i$ 为第 $i$ 个执行器的有效因子，且满足 $0 \leqslant \beta_i \leqslant 1$，$i = 1, 2, \cdots, N$。

考虑模型参数的不确定性，式 (5.169) 可改写为

$$M_{i0}\ddot{q}_i + C_{i0}\dot{q}_i + G_{i0} - (\Delta M_i\ddot{q}_i + \Delta C\dot{q}_i + \Delta G_i + F_i) + Z_i = \beta_i\tau_i \tag{5.170}$$

取

$$v_i(t) = M_{i0}\rho_i + \beta_i\tau_i - \tau_i - Z_i \tag{5.171}$$

则有

$$M_{i0}\ddot{q}_i = -C_{i0}\dot{q}_i - G_{i0} + v_i(t) + \tau_i \tag{5.172}$$

如果选取控制律

$$\tau_i = \tau_{id} - v_i(t) \tag{5.173}$$

满足式 (5.144)，则容易证明闭环系统是全局渐近稳定的。式中，$\tau_{id}$ 为式 (5.144) 得到的理想控制律。然而，实际过程中 $v_i(t)$ 很难确定，使得控制律 (5.173) 很难应用。

由于可重构机械臂的姿态变化较慢，属于慢变系统，所以采用时延控制 (time delay control, TDC) 技术，即采用 $v_i(t)$ 的估计值：

$$\hat{v}_i(t) = v_i(t - T) = M_{i0}\ddot{q}_i(t - T) + C_{i0}\dot{q}_i(t - T) + G_{i0} - \tau_i(t - T) \tag{5.174}$$

利用式 (5.174) 替代式 (5.173) 中的未知函数 $v_i(t)$，则式 (5.173) 可以改写为

$$\tau_i(t) = \tau_i(t - T) - M_{i0}\ddot{q}_i(t - T) - C_{i0}\dot{q}_i(t - T) - G_{i0} + \tau_{id} \tag{5.175}$$

由此，可以得到如下结论。

**定理 5.11**    对于可重构模块机械臂的子系统动力学的控制器系统 (5.133) 和 (5.169)，如果选取 $T$ 足够小，使得

$$\|\dot{q}_i(t) - \dot{q}_i(t - T)\| \ll 1 \tag{5.176}$$

则由式 (5.133)、式 (5.169) 和式 (5.176) 构成的闭环系统的稳定条件如下:

$$M_{i0}^{-1}\beta_i M_{i0}\text{非奇异,}\quad \left\| I - M_{i0}^{-1}\beta_i M_{i0} \right\| < 1 \tag{5.177}$$

**证明**　为了证明系统的稳定性条件,这里忽略模型参数不确定性和各个子系统之间的相互影响。考虑标称系统

$$\ddot{q}_i = M_{i0}^{-1}(-C_{i0}\dot{q}_i - G_{i0}) + M_{i0}^{-1}\beta_i \tau_i \tag{5.178}$$

相应地,有

$$M_{i0}^{-1}\beta_i \tau_i(t-T) = \ddot{q}_i(t-T) + M_{i0}^{-1}C_{i0}\dot{q}_i(t-T) + M_{i0}^{-1}G_{i0} \tag{5.179}$$

将式 (5.176) 和式 (5.179) 代入式 (5.178),可得

$$\ddot{q}_i - \ddot{q}_i(t-T) = -M_{i0}^{-1}\beta_i M_{i0}\ddot{q}_i(t-T) + M_{i0}^{-1}\beta_i \tau_{di} - M_{i0}^{-1}\beta_i C_{i0}\dot{q}_i(t-T) - M_{i0}^{-1}\beta_i G_{i0} \tag{5.180}$$

$$\ddot{q}_i(t-T) - \ddot{q}_i(t-2T) = M_{i0}^{-1}\rho_i \tau_{di} - M_{i0}^{-1}\rho_i G_{i0} - M_{i0}^{-1}\rho_i M_{i0}\ddot{q}_i(t-2T) - M_{i0}^{-1}\rho_i C_{i0}\dot{q}_i(t-2T) \tag{5.181}$$

因此,有

$$M_{i0}^{-1}\rho_i \tau_{di} - M_{i0}^{-1}\rho_i G_{i0} = \ddot{q}_i(t-T) - \ddot{q}_i(t-2T) + M_{i0}^{-1}\rho_i M_{i0}\ddot{q}_i(t-2T) + M_{i0}^{-1}\rho_i C_{i0}\dot{q}_i(t-2T) \tag{5.182}$$

选取 $T$ 足够小,且满足式 (5.176),则有

$$\ddot{q}_i(t) - \ddot{q}_i(t-T) = [\ddot{q}_i(t-T) - \ddot{q}_i(t-2T)](I - M_{i0}^{-1}\rho_i M_{i0}) \tag{5.183}$$

另外,根据定理 5.10,若约束条件 (5.177) 成立,则有 $\ddot{q}_i(t) \to \ddot{q}_i(t-T)$,能够得到

$$\underbrace{\ddot{q}_i(t) - \ddot{q}_i(t-T)}_{\approx 0} = -M_{i0}^{-1}\rho_i[-\tau_{di} + M_{i0}\ddot{q}_i(t-T) + C_{i0}\dot{q}_i(t-T) + G_{i0}] \tag{5.184}$$

式中,$\ddot{q}_i(t-T) \approx \ddot{q}_i(t)$,$\dot{q}_i(t-T) \approx \dot{q}_i(t)$,则式 (5.184) 可写为

$$-\tau_{di} + M_{i0}\ddot{q}_i(t) + C_{i0}\dot{q}_i(t) + G_{i0} \approx 0 \tag{5.185}$$

由此,根据离散系统稳定性判据,定理得证。

### 5.5.3　仿真与分析

将上述方法应用于如图 5.24 所示的二自由度可重构机械臂, 以验证所提出方法的有效性。

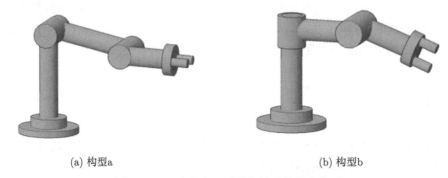

(a) 构型a　　　　　　　　　　　　　　　(b) 构型b

图 5.24　二自由度可重构机械臂的仿真构型

在进行仿真的过程中, 取 $\Delta M$、$\Delta C$、$\Delta G$ 的变化量为名义值的 20%, 它们的动力学模型描述如下。

1) 构型 a

构型 a 的动力学模型定义为

$$M(q) = \begin{bmatrix} 0.36\cos(q_2) + 0.6066 & 0.18\cos(q_2) + 0.1233 \\ 0.18\cos(q_2) + 0.1233 & 0.1233 \end{bmatrix}$$

$$C(q, \dot{q}) = \begin{bmatrix} -0.36\sin(q_2)\dot{q}_2 & -0.18\sin(q_2)\dot{q}_2 \\ 0.18\sin(q_2)(\dot{q}_1 - \dot{q}_2) & 0.18\sin(q_2)\dot{q}_1 \end{bmatrix}$$

$$G(q) = \begin{bmatrix} -5.88\sin(q_1 + q_2) - 17.64\sin(q_1) \\ -5.88\sin(q_1 + q_2) \end{bmatrix}$$

$$F(q, \dot{q}) = \begin{bmatrix} \dot{q}_1 + 10\sin(3q_1) + 2\text{sgn}(\dot{q}_1) \\ 1.2\dot{q}_2 + 5\sin(2q_2) + \text{sgn}(\dot{q}_2) \end{bmatrix}$$

构型 a 的期望轨迹为

$$q_{1d} = 0.5\cos(t) + 0.2\sin(3t)$$

$$q_{2d} = 0.3\cos(3t) - 0.5\sin(2t)$$

关节模块的初始位置为 $q_1(0) = q_2(0) = 1$, 初始速度为零。在执行器正常运行时采用的控制律为

$$\tau_i = M_{i0}[\dot{x}_{i2}^d - \hat{\rho}_i(q_i, \dot{q}_i, \hat{W}_{i\rho}) - e_{i1}$$
$$- k_{i2}e_{i2}\text{sgn}(e_{i2})\hat{p}_i(|e_{i2}|, \hat{W}_{ip})] + C_{i0}\dot{q}_i + G_{i0} + \tau_{ic} \qquad (5.186)$$

在式 (5.186) 中，采用神经网络控制补偿不确定项和关联项，控制器参数和自适应参数分别取 $k_{i1} = [9, 9]$，$k_{i2} = [30, 40]$，$\eta_{i\rho} = 10$，$\eta_{ip} = 25$，$K_o = 1000$，$f = 0.01$。高斯基函数的中心值和宽度值分别取

$$c_\rho = \begin{bmatrix} -3 & -2 & -1 & 0 & 1 & 2 & 3 \\ -3 & -2 & -1 & 0 & 1 & 2 & 3 \end{bmatrix}, \quad c_p = [0, 0.5, 1, 1.5, 2, 2.5, 3], \quad b = [1, 1, 1, 1, 1, 1, 1]$$

当执行机构发生故障时，控制器采用反演控制结合时延控制的方法进行控制，控制律为式 (5.175)，控制器参数适当地调整为 $k_{i1} = [15, 15]$，$k_{i2} = [20, 30]$。仿真结果如图 5.25～图 5.27 所示。

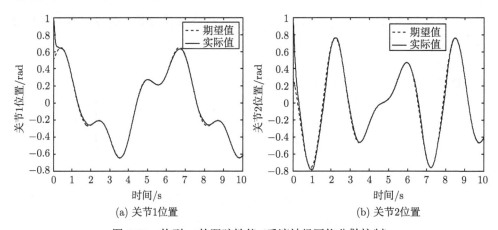

(a) 关节1位置                                   (b) 关节2位置

图 5.25  构型 a 的跟踪性能 (反演神经网络分散控制)

在执行器正常运行时，从图 5.25 中可以看出在很短的时间内，实际轨迹和期望轨迹基本重合。本节提出的反演神经网络分散控制方法可以有较高的跟踪性能，控制效果较好。但是关节 1 和关节 2 分别在 $t = 5\text{s}$ 和 $t = 7\text{s}$ 时先后发生故障，关节 1 的控制器的控制能力损失 90%，关节 2 的控制器的控制能力损失 50%，这时控制器的控制精度受到了严重的影响。由图 5.26 可以看出，虽然在发生故障后的一段时间内原控制方案仍然具有一定的容错能力，但是由于其设计未包含执行机构的故障，后期控制效果受到了严重的影响，在故障发生一段时间后跟踪性能不能保证。改用时延反演主动分散容错控制律 (5.175)，在关节发生故障时仍然满足精度要求。

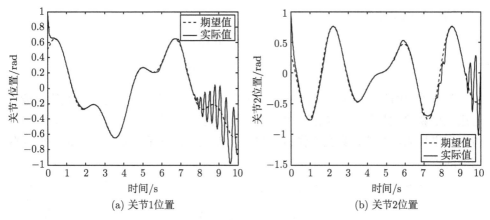

图 5.26 构型 a 的跟踪性能 (两个关节先后发生故障)

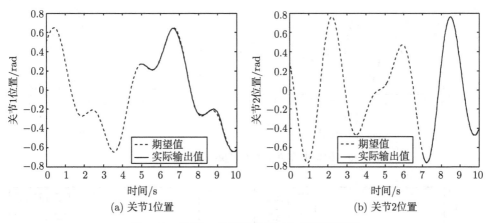

图 5.27 构型 a 的跟踪性能 (主动容错控制)

2) 构型 b

构型 b 的动力学模型定义为

$$M(q) = \begin{bmatrix} 0.17 - 0.1166\cos(q_2)^2 & -0.06\cos(q_2) \\ -0.06\cos(q_2) & 0.1233 \end{bmatrix}$$

$$C(q, \dot{q}) = \begin{bmatrix} 0.1166\sin(2q_2)\dot{q}_2 & 0.06\sin(q_2)\dot{q}_2 \\ 0.06\sin(q_2)\dot{q}_2 - 0.0583\sin(2q_2)\dot{q}_1 & -0.06\sin(q_2)\dot{q}_1 \end{bmatrix}$$

$$G(q) = \begin{bmatrix} -5.88\cos(q_1)\sin(q_2) + 3.92\sin(q_1) \\ -5.88\sin(q_1)\cos(q_2) \end{bmatrix}$$

$$F(q, \dot{q}) = \begin{bmatrix} 2\dot{q}_1 + 5\sin(2q_1) + \text{sgn}(\dot{q}_1) \\ 1.5\dot{q}_2 + \sin(q_2) + 1.2\text{sgn}(\dot{q}_2) \end{bmatrix}$$

构型 b 的期望轨迹为

$$q_{1d} = 0.2\sin(3t) + 0.1\cos(4t)$$

$$q_{2d} = 0.3\sin(2t) + 0.2\cos(t)$$

关节模块的初始位置为 $q_1(0) = q_2(0) = 1$，初始速度设置为零。控制律参数和自适应更新参数与构型 a 相同。构型 b 的轨迹跟踪性能如图 5.28∼图 5.30 所示。仿真结果表明，本节方案在不修改任何控制参数的情况下可以实现对不同机械臂构型的控制。

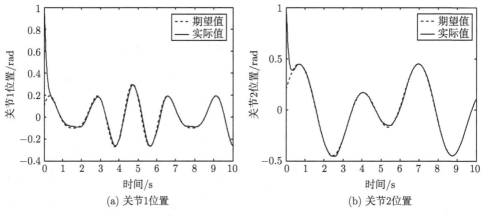

(a) 关节1位置

(b) 关节2位置

图 5.28　构型 b 的跟踪性能 (反演神经网络分散控制)

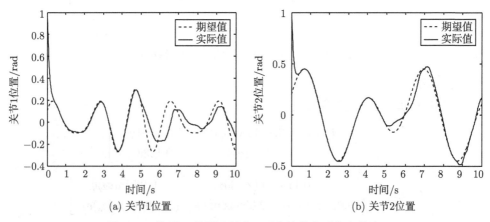

(a) 关节1位置

(b) 关节2位置

图 5.29　构型 b 的跟踪性能 (两个关节先后发生故障)

由此可知，本节所提出的主动容错控制方法不需要进行故障的实时在线估计，避免了常规的容错控制系统发生故障误诊断的可能性。此外，本节所设计的控制器中加入了神经网络控制，提高了控制律对参数不确定性和关联项的自适应能力，控制器中自适应参数的更新基于李雅普诺夫稳定性理论，可以保证整个系统的稳定性和轨迹跟踪性能。

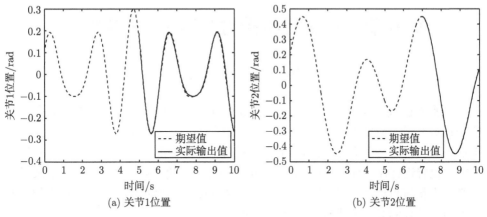

(a) 关节1位置                                    (b) 关节2位置

图 5.30　构型 b 的跟踪性能 (主动容错控制)

## 5.6　本章小结

　　本章首先针对发生执行器故障的可重构机械臂各关节子系统，设计了基于迭代故障跟踪观测器的可重构机械臂分散主动容错控制器。利用迭代故障观测器观测各关节子系统的状态并通过迭代实时跟踪执行器故障，给出了该观测器的收敛性分析，并在此基础上设计了主动容错控制器。然后为解决可重构机械臂各关节多故障可能同发的情况，给出了基于滑模观测器的故障重构律及容错控制器设计方法。运用多滑模观测器技术进行传感器与执行器故障隔离，并对故障进行实时估计，采用神经网络实时估计观测器中的不确定项和各子系统间的耦合关联项，在滑模观测器的基础之上设计了主动容错控制器；通过引入一个新增状态将传感器故障等效为执行器故障，并用中心和宽度可调的模糊神经网络逼近各关节的不确定项，应用李雅普诺夫稳定性理论证明了所设计容错控制器的稳定性。最后针对执行器部分失效故障，提出了一种由反演神经网络控制器和时延控制器组成的主动分散容错控制方案，这种主动容错控制不需要进行故障的实时在线估计，避免了常规容错控制系统发生故障误诊断的可能性。

### 参 考 文 献

[1]　颜秉勇. 非线性系统故障诊断若干方法及其应用研究[D]. 上海: 上海交通大学, 2010.

[2]　李炜, 任波, 毛海杰. 基于逆系统迭代学习观测器的故障调节方法[J]. 计算机应用研究, 2012, 29(5): 1698-1701.

# 第6章 可重构机械臂分散力/位置控制

## 6.1 引 言

可重构机械臂能够根据用户需求形成多种不同自由度的构型，能适应多种多样的任务需求和应用场合，目前已广泛地应用于危险环境作业、军事、空间探测、工业、医学、娱乐等领域。在执行抓取、搬运、精密装配等任务时，除了对关节角及末端位置进行控制外，还要求控制末端执行器与环境的接触力，因此近年来国内外学者在机械臂的力/位置混合控制、阻抗控制、智能力控制、关节转矩力控制及机械臂协调控制等方面进行了大量的研究。

考虑到可重构机械臂模块化的特点以及现有关节模块无力矩传感器的情况，为更好地对可重构机械臂进行末端接触力控制，本章提出一种基于非线性关节力矩观测器的双闭环分散自适应力控制方法。应用模糊系统估计各子系统间的耦合关联项，通过雅可比矩阵将末端接触力映射到各个关节子系统便于设计子系统控制器，由末端接触力误差及各关节力矩与其观测器间的误差对机械臂各子系统的控制输入形成双闭环调节，即为各子系统设计分散力控制器，从而达到控制末端接触力的目的并提高其收敛速度和跟踪精度。传统的鲁棒控制允许被控对象模型在一定范围内存在不确定性，可通过设计反馈控制器使系统稳定且满足给定的性能指标，前提是控制器必须能够准确实现。但在实际过程中，软、硬件等因素的影响，可能导致控制器出现脆弱性，即控制器增益发生极微小的变化导致控制性能下降，严重时会导致闭环系统不稳定。因此，近年来系统的非脆弱控制问题引起了国内外的广泛关注。本章分别基于线性矩阵不等式 (LMI) 方法和自适应粗粒度并行遗传算法 (ACPGA) 来求解控制器状态反馈增益，设计可重构机械臂非脆弱鲁棒分散力/位置控制器，使得控制器参数在一定范围内变化时，系统仍能保证稳定并满足 $H_\infty$ 性能指标。

## 6.2 基于非线性关节力矩观测器的可重构机械臂双闭环分散力/位置控制

考虑到可重构机械臂各关节没有力矩观测器，本节将设计基于辅助变量的非线性关节力矩观测器对各关节力矩进行观测，在此基础上设计的可重构机械臂双闭环分散力/位置控制器具有更高的收敛速度和跟踪精度。

### 6.2.1 问题描述

考虑外扰力矩及与环境的接触力，可重构机械臂与环境接触时的动力学模型为

$$M(q)\ddot{q} + C(q,\dot{q})\dot{q} + G(q) + \tau_f = \tau - J^{\mathrm{T}}F_c \tag{6.1}$$

式中，$\tau_f \in \mathbf{R}^n$ 为外扰力矩；$F_c \in \mathbf{R}^m$ 为环境作用于机器人末端的 $m$ 维力/力矩矢量；$J \in \mathbf{R}^{m \times n}$ 为机械臂的雅可比矩阵。

各关节子系统的动力学模型为

$$M_i(q_i)\ddot{q}_i + C_i(q_i,\dot{q}_i)\dot{q}_i + G_i(q_i) + Z_i(q,\dot{q},\ddot{q}) + \tau_{fi} + \sum_{k=1}^{6} J_{ki}^{\mathrm{T}}F_{ck} = \tau_i$$

令 $\tau_{ci} = \displaystyle\sum_{k=1}^{6} J_{ki}^{\mathrm{T}}F_{ck}$，上式可写为

$$M_i(q_i)\ddot{q}_i + C_i(q_i,\dot{q}_i)\dot{q}_i + G_i(q_i) + Z_i(q,\dot{q},\ddot{q}) + \tau_{fi} + \tau_{ci} = \tau_i \tag{6.2}$$

由于系统存在未建模动态，所以各关节子系统的实际参数 $M_i(q_i)$、$C_i(q_i,\dot{q}_i)$、$G_i(q_i)$ 可分解为名义部分和建模不确定部分，则式 (6.2) 可改写为

$$(M_{i0} + \Delta M_{i0})\ddot{q}_i + (C_{i0} + \Delta C_{i0})\dot{q}_i + G_{i0} + \Delta G_{i0} + Z_i + \tau_{fi} + \tau_{ci} = \tau_i \tag{6.3}$$

式中，$M_{i0}$、$C_{i0}$、$G_{i0}$ 为名义部分；$\Delta M_{i0}$、$\Delta C_{i0}$、$\Delta G_{i0}$ 为建模不确定部分。

因此，有

$$M_{i0}\ddot{q}_i + C_{i0}\dot{q}_i + G_{i0} + h_i(q,\dot{q},\ddot{q}) + \tau_{ci} = \tau_i \tag{6.4}$$

式中，不确定项 $h_i(q,\dot{q},\ddot{q}) = \Delta M_{i0}\ddot{q}_i + \Delta C_{i0}\dot{q}_i + \Delta G_{i0} + Z_i + \tau_{fi}$。

### 6.2.2 基于辅助变量的非线性关节力矩观测器设计

基于关节力矩观测器的可重构机械臂各关节子系统的控制框图如图 6.1 所示。其中，由关节力矩观测器输出与控制输入形成的一个闭环可以提高末端接触力的收敛速度和跟踪精度，与接触力误差共同实现双闭环反馈控制。

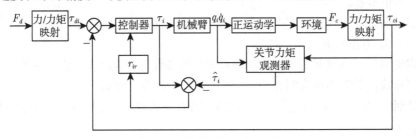

图 6.1 子系统的控制框图

针对式 (6.4) 设计非线性关节力矩观测器:

$$\dot{\hat{\tau}}_i = -l_i\hat{\tau}_i + l_i(M_{i0}\ddot{q}_i + C_{i0}\dot{q}_i + G_{i0} + \hat{h}_i(q,\dot{q},\ddot{q}) + \tau_{ci}) \tag{6.5}$$

式中, $l_i$ 为待定系数; $\hat{h}_i(q,\dot{q},\ddot{q})$ 为 $h_i(q,\dot{q},\ddot{q})$ 的估计值。因为上述力矩观测器中出现的加速度项一般未知, 所以引入一个辅助变量对该观测器进行改进。

定义辅助变量 $d_i = \hat{\tau}_i - b_i$, 其中 $b_i = l_i M_{i0}(q_i)\dot{q}_i$, 对 $d_i$ 求微分, 则有

$$
\begin{aligned}
\dot{d}_i = \dot{\hat{\tau}}_i - \dot{b}_i &= \dot{\hat{\tau}}_i - l_i M_{i0}(q_i)\ddot{q}_i = -l_i\hat{\tau}_i + l_i(C_{i0}\dot{q}_i + G_{i0} + \hat{h}_i(q,\dot{q},\ddot{q}) + \tau_{ci}) \\
&= -l_i(d_i + b_i) + l_i(C_{i0}\dot{q}_i + G_{i0} + \hat{h}_i(q,\dot{q},\ddot{q}) + \tau_{ci}) \\
&= -l_i d_i + l_i(C_{i0}\dot{q}_i + G_{i0} + \hat{h}_i(q,\dot{q},\ddot{q}) + \tau_{ci} - b_i)
\end{aligned}
$$

改进后的力矩观测器为

$$
\begin{cases}
\dot{d}_i = -l_i d_i + l_i(C_{i0}\dot{q}_i + G_{i0} + \hat{h}_i(q,\dot{q},\ddot{q}) + \tau_{ci} - b_i) \\
\hat{\tau}_i = d_i + b_i \\
b_i = l_i M_{i0}(q_i)\dot{q}_i
\end{cases} \tag{6.6}
$$

改进后力矩观测器的观测误差为

$$
\begin{aligned}
\Delta\dot{\tau}_i = \dot{\tau}_i - \dot{\hat{\tau}}_i = \dot{\tau}_i - \dot{d}_i - \dot{b}_i &= \dot{\tau}_i + l_i d_i - l_i(C_{i0}\dot{q}_i + G_{i0} + \hat{h}_i(q,\dot{q},\ddot{q}) + \tau_{ci} - b_i) - \dot{b}_i \\
&= \dot{\tau}_i + l_i(\hat{\tau}_i - b_i) - l_i(\hat{h}_i(q,\dot{q},\ddot{q}) + \tau_i - M_{i0}\ddot{q}_i - h_i - b_i) - \dot{b}_i \\
&= \dot{\tau}_i + l_i(\hat{\tau}_i - b_i) + l_i\tilde{h}_i(q,\dot{q},\ddot{q}) - l_i(\tau_i - M_{i0}\ddot{q}_i - b_i) - \dot{b}_i \\
&= \dot{\tau}_i + l_i\tilde{h}_i(q,\dot{q},\ddot{q}) - l_i(\tau_i - M_{i0}\ddot{q}_i - \hat{\tau}_i) - \dot{b}_i \\
&= \dot{\tau}_i + l_i\tilde{h}_i(q,\dot{q},\ddot{q}) - l_i(\tau_i - M_{i0}\ddot{q}_i - \hat{\tau}_i) - l_i M_{i0}(q_i)\dot{q}_i \\
&= \dot{\tau}_i - l_i\Delta\tau_i + l_i\tilde{h}_i(q,\dot{q},\ddot{q})
\end{aligned}
$$

**假设 6.1**　惯性矩阵名义值及其导数有界, 即 $\left|\dot{M}_{i0}\right| \leqslant \zeta_i, \sigma_{i1} \leqslant M_{i0} \leqslant \sigma_{i2}, \zeta_i$、$\sigma_{i1}$ 和 $\sigma_{i2}$ 为正常数。

**假设 6.2**　关节力矩的导数及非线性项的逼近误差有界, 即 $|\dot{\tau}_i| \leqslant k_i$, $\left|\tilde{h}_i\right| \leqslant \lambda_i$, $k_i$ 和 $\lambda_i$ 为正常数。

**定理 6.1**　在满足假设 6.1 和假设 6.2 的条件下, 通过适当选取参数 $l_i$ 的值, 可使得非线性关节力矩观测器 (6.6) 的观测误差最终一致有界。

**证明**　设 $l_i = a_i^{-1}M_{i0}^{-1}$, $a_i$ 为常数, 则 $b_i = l_i M_{i0}(q_i)\dot{q}_i = a_i^{-1}\dot{q}_i$, 取李雅普诺夫函数为

$$V = \sum_{i=1}^{n} V_i$$

其中

$$V_i = a_i^2 \Delta \tau_i^2 M_{i0} \tag{6.7}$$

对式 (6.7) 求导数, 可得

$$\begin{aligned}
\dot{V}_i &= 2a_i^2 \Delta \tau_i \Delta \dot{\tau}_i M_{i0} + a_i^2 \Delta \tau_i^2 \dot{M}_{i0} \\
&= 2a_i^2 \Delta \tau_i (\dot{\tau}_i - l_i \Delta \tau_i + l_i \tilde{h}_i) M_{i0} + a_i^2 \Delta \tau_i^2 \dot{M}_{i0} \\
&= 2a_i^2 \Delta \tau_i \dot{\tau}_i M_{i0} - 2l_i a_i^2 \Delta \tau_i^2 M_{i0} + 2l_i a_i^2 \Delta \tau_i \tilde{h}_i M_{i0} + a_i^2 \Delta \tau_i^2 \dot{M}_{i0} \\
&= -a_i^2 \Delta \tau_i^2 (2a_i^{-1} - \dot{M}_{i0}) + 2a_i^2 \Delta \tau_i (\dot{\tau}_i M_{i0} - a_i^{-1} \tilde{h}_i) \\
&\leqslant -a_i^2 \Delta \tau_i^2 (2a_i^{-1} - \zeta_i) + 2a_i^2 |\Delta \tau_i| \left( k_i \sigma_{i2} + a_i^{-1} \lambda_i \right)
\end{aligned}$$

取 $p_i = 2a_i^{-1} - \zeta_i > 0$, 即 $a_i^{-1} > \dfrac{\zeta_i}{2}$, 则

$$\begin{aligned}
\dot{V}_i &\leqslant -a_i^2 \Delta \tau_i^2 p_i + 2a_i^2 |\Delta \tau_i| \left( k_i \sigma_{i2} + a_i^{-1} \lambda_i \right) \\
&= -a_i^2 \Delta \tau_i^2 p_i + \omega_i a_i^2 \Delta \tau_i^2 p_i - \omega_i a_i^2 \Delta \tau_i^2 p_i + 2a_i^2 |\Delta \tau_i| \left( k_i \sigma_{i2} + a_i^{-1} \lambda_i \right) \\
&= -(1 - \omega_i) a_i^2 \Delta \tau_i^2 p_i - \omega_i a_i^2 \Delta \tau_i^2 p_i + 2a_i^2 |\Delta \tau_i| \left( k_i \sigma_{i2} + a_i^{-1} \lambda_i \right)
\end{aligned}$$

取 $0 < \omega_i < 1$, 且 $\omega_i a_i^2 \Delta \tau_i^2 p_i > 2a_i^2 |\Delta \tau_i| \left( k_i \sigma_{i2} + a_i^{-1} \lambda_i \right)$, 即 $|\Delta \tau_i| > \dfrac{2(k_i \sigma_{i2} + a_i^{-1} \lambda_i)}{\omega_i p_i}$, 则

$$\dot{V}_i \leqslant -(1 - \omega_i) a_i^2 \Delta \tau_i^2 p_i \leqslant -(1 - \omega_i) \frac{V_i}{\sigma_{i2}}$$

可得

$$V_i \leqslant V(t_0) \exp \left( -\frac{1 - \omega_i}{\sigma_{i2}} t \right)$$

由假设 6.1 可知

$$\sigma_{i1} a_i^2 \Delta \tau_i^2 \leqslant V_i \leqslant \sigma_{i2} a_i^2 \Delta \tau_i^2$$

因此, 有

$$|\Delta \tau_i^2| \leqslant \frac{V_i}{\sigma_{i1} a_i^2} \leqslant \frac{V(t_0)}{\sigma_{i1} a_i^2} \exp \left( -\frac{1 - \omega_i}{\sigma_{i2}} t \right)$$

又因为 $|\Delta \tau_i| > \dfrac{2(k_i \sigma_{i2} + a_i^{-1} \lambda_i)}{\omega_i p_i}$, 所以有

$$|\Delta \tau_i| \leqslant \sqrt{\frac{V(t_0)}{\sigma_{i1} a_i^2} \exp \left( -\frac{1 - \omega_i}{\sigma_{i2}} t \right)} + \frac{2(k_i \sigma_{i2} + a_i^{-1} \lambda_i)}{\omega_i p_i}$$

这说明 $\Delta \tau_i$ 以指数趋近律趋近于 $\dfrac{2(k_i \sigma_{i2} + a_i^{-1} \lambda_i)}{\omega_i p_i}$, 定理得证。

### 6.2.3　双闭环分散力控制器设计

设 $e_{qi} = q_i - q_{di}$, $e_{\tau i} = \tau_{ci} - \tau_{di}$, $q_{ir} = \dot{q}_{di} - k_{pi}e_{qi} - k_{\tau i}\int_0^t e_{\tau i}\mathrm{d}\xi$, 其中 $q_{di}$ 和 $\tau_{di}$ 分别为期望关节角和期望关节力矩。取

$$s_i = \dot{q}_i - q_{ir} = \dot{e}_{qi} + k_{pi}e_{qi} + k_{\tau i}\int_0^t e_{\tau i}\mathrm{d}\xi \tag{6.8}$$

对其求导, 可得

$$\dot{s}_i = \ddot{e}_{qi} + k_{pi}\dot{e}_{qi} + k_{\tau i}e_{\tau i} = \ddot{q}_i - \ddot{q}_{di} + k_{pi}\dot{e}_{qi} + k_{\tau i}e_{\tau i}$$
$$= M_{i0}^{-1}(\tau_i - \tau_{ci} - h_i(q, \dot{q}, \ddot{q}) - C_{i0}\dot{q}_i - G_{i0}) - \ddot{q}_{di} + k_{pi}\dot{e}_{qi} + k_{\tau i}e_{\tau i} \tag{6.9}$$

因此, 控制力矩为

$$\tau_i = \tau_{ci} + \hat{h}_i(q, \dot{q}, \ddot{q}) + C_{i0}\dot{q}_i + G_{i0} + M_{i0}(q_i)(\ddot{q}_{di} - k_{pi}\dot{e}_{qi} - k_{\tau i}e_{\tau i} - m_i s_i + u_{ic} + u_{i\tau}) \tag{6.10a}$$

$$u_{ic} = -\hat{\rho}_i \mathrm{sgn}(s_i) \tag{6.10b}$$

$$u_{i\tau} = -r_{i\tau}|\tau_i - \hat{\tau}_i|\mathrm{sgn}(s_i) \tag{6.10c}$$

式中, $\hat{\rho}_i$ 为待定参数, 后续给出; $r_{i\tau}$ 和 $m_i$ 为正常数。

在各关节子系统中, 采用模糊系统 $\hat{h}_i(|s_i|, \theta_{ih})$ 来逼近未知项 $h_i(q, \dot{q}, \ddot{q})$, 则

$$\hat{h}_i(|s_i|, \theta_{ih}) = \theta_{ih}^{\mathrm{T}}\xi_{ih}(|s_i|)$$

式中, $\theta_{ih}$ 为可调参数向量; $\xi_{ih}(|s_i|)$ 为模糊基函数向量。

参数自适应律算法取为

$$\dot{\hat{\theta}}_{ih} = -\eta_{i2}s_i\xi_{ih}(|s_i|) \tag{6.11}$$

$$\dot{\hat{\rho}}_i = \gamma_{i1}|s_i| \tag{6.12}$$

**定理 6.2**　对于可重构机械臂子系统动力学模型 (6.2), 若应用关节力矩观测器 (6.6)、分散控制律 (6.10) 及参数自适应律 (6.11) 和 (6.12), 则可重构机械臂系统在与环境接触时其关节角度及力跟踪误差渐近趋近于零。

**证明**　选取李雅普诺夫函数为

$$V = \sum_{i=1}^n V_i$$

其中

$$V_i = \frac{1}{2}s_i^2 + \frac{1}{2\eta_{i1}}\tilde{\theta}_{ih}^{\mathrm{T}}\tilde{\theta}_{ih} + \frac{1}{2\gamma_{i1}}\tilde{\rho}_i^2 \tag{6.13}$$

对式 (6.13) 求导数，可得

$$\dot{V}_i = s_i\dot{s}_i + \frac{1}{\eta_{i1}}\tilde{\theta}_{ih}^{\mathrm{T}}\dot{\tilde{\theta}}_{ih} + \frac{1}{\gamma_{i1}}\tilde{\rho}_i\dot{\tilde{\rho}}_i = s_i\dot{s}_i - \frac{1}{\eta_{i1}}\tilde{\theta}_{ih}^{\mathrm{T}}\dot{\hat{\theta}}_{ih} - \frac{1}{\gamma_{i1}}\tilde{\rho}_i\dot{\hat{\rho}}_i$$

将式 (6.10a) 代入式 (6.9)，可得

$$\dot{V}_i = s_i(-m_is_i - \tilde{h}_i + u_{ic} + u_{i\tau}) - \frac{1}{\eta_{i1}}\tilde{\theta}_{ih}^{\mathrm{T}}\dot{\hat{\theta}}_{ih} - \frac{1}{\gamma_{i1}}\tilde{\rho}_i\dot{\hat{\rho}}_i$$

$$= -m_is_i^2 - s_i\tilde{\theta}_{ih}^{\mathrm{T}}\xi_{ih} + s_iu_{ic} + s_iu_{i\tau} - \frac{1}{\eta_{i1}}\tilde{\theta}_{ih}^{\mathrm{T}}\dot{\hat{\theta}}_{ih} - \frac{1}{\gamma_{i1}}\tilde{\rho}_i\dot{\hat{\rho}}_i$$

将式 (6.11) 代入上式，可得

$$\dot{V}_i \leqslant -m_is_i^2 + s_iu_{ic} + s_iu_{i\tau} - \frac{1}{\gamma_{i1}}\tilde{\rho}_i\dot{\hat{\rho}}_i$$

将式 (6.12) 及式 (6.10b)、式 (6.10c) 代入上式，并根据 Babalat 引理，可得 $\lim_{t\to\infty} s_i(t) = 0$，定理得证。

### 6.2.4　仿真与分析

为了验证本节所提方法的有效性，将上述控制器应用于如图 5.24 所示的不同构型的二自由度可重构机械臂中。

构型 a 的关节期望轨迹为

$$q_{1d} = 0.1\cos(2t) + 0.4\sin(t)$$
$$q_{2d} = 0.2\cos(3t) - 0.3\sin(2t)$$

构型 b 的关节期望轨迹为

$$q_{1d} = 0.3\cos(2t)$$
$$q_{2d} = 0.3\cos(t) + 0.1\sin(3t)$$

末端期望力 $F_d = 10\sin(t)$，采用式 (6.10) 所示的控制律及式 (6.11) 和式 (6.12) 所示的参数自适应律，在控制器参数相同的前提下，得到的构型 a 在有关节力矩误差反馈和无关节力矩误差反馈时的仿真结果如图 6.2 和图 6.3 所示。

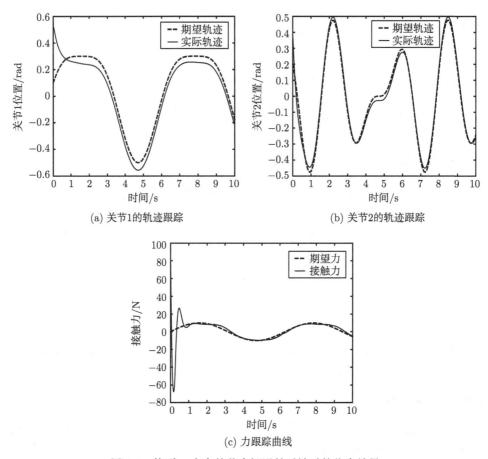

(a) 关节1的轨迹跟踪　　　　　　　　　　　(b) 关节2的轨迹跟踪

(c) 力跟踪曲线

图 6.2　构型 a 在有关节力矩误差反馈时的仿真结果

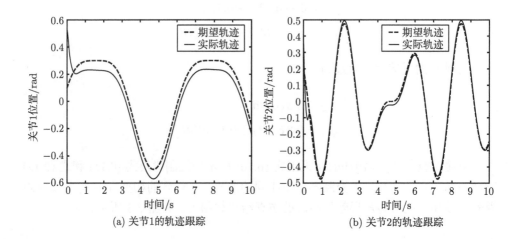

(a) 关节1的轨迹跟踪　　　　　　　　　　　(b) 关节2的轨迹跟踪

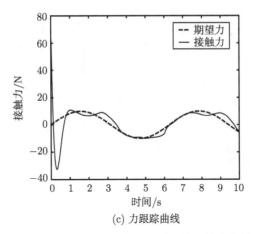

(c) 力跟踪曲线

图 6.3 构型 a 在无关节力矩误差反馈时的仿真结果

在控制器参数相同的前提下,图 6.4 和图 6.5 分别为构型 b 在有关节力矩误差反馈和无关节力矩误差反馈时的仿真结果。

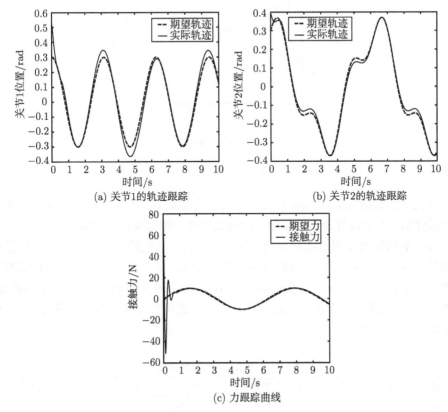

(a) 关节1的轨迹跟踪                (b) 关节2的轨迹跟踪

(c) 力跟踪曲线

图 6.4 构型 b 在有关节力矩误差反馈时的仿真结果

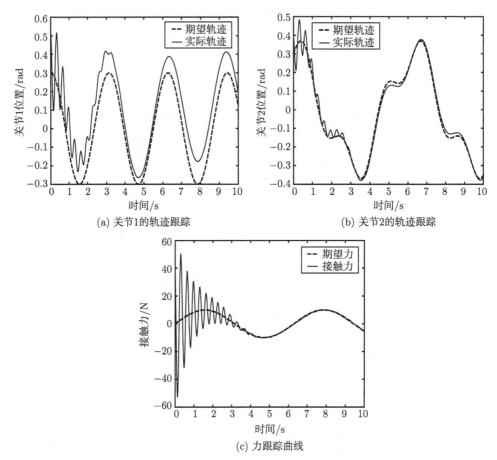

图 6.5　构型 b 在无关节力矩误差反馈时的仿真结果

　　从图 6.2 和图 6.3、图 6.4 和图 6.5 的仿真结果对比可以看出，加入关节力矩误差反馈后，关节位置及末端接触力的收敛速度和跟踪精度得到提高。

　　为了更清晰地说明双闭环反馈控制的优越性，这里给出单闭环与双闭环反馈在跟踪误差上 (整个时间轴上误差向量的 $L_2$ 范数) 的对比。构型 a 在两种情况下的误差对比如表 6.1 所示，构型 b 在两种情况下的误差对比如表 6.2 所示。由表 6.1 和表 6.2 可以证明，本节所提出的分散控制方案既可保证整个系统的稳定性，又提高了轨迹跟踪性能。

表 6.1　构型 a 的误差对比

| 反馈 | 关节 1 的误差 | 关节 2 的误差 | 末端接触力的误差 | $t=5\mathrm{s}$ 后接触力的误差 |
| --- | --- | --- | --- | --- |
| 单闭环 | 2.4260 | 0.9224 | 247.4825 | 55.2409 |
| 双闭环 | 2.3752 | 0.9067 | 245.6409 | 41.0156 |

| 反馈 | 关节 1 的误差 | 关节 2 的误差 | 末端接触力的误差 | $t=5\text{s}$ 后接触力的误差 |
|------|------------|------------|---------------|------------------------|
| 单闭环 | 2.4360 | 0.8316 | 184.9399 | 13.4353 |
| 双闭环 | 1.8416 | 0.7479 | 140.4202 | 8.9373 |

# 6.3 基于 LMI 的可重构机械臂非脆弱鲁棒分散力/位置控制

目前,对可重构机械臂的分散非脆弱控制研究正处于起步阶段[1-3]。本节的设计目标是针对可重构机械臂各关节子系统,在将末端执行器的任务映射到各模块关节的前提下,为每个关节设计非脆弱分散鲁棒控制器,基于 LMI 方法来求解控制器状态反馈增益,在该控制器参数出现摄动时,不但能保证系统稳定,而且能使扰动到输出的闭环传递函数满足 $H_\infty$ 跟踪性能。

### 6.3.1 非脆弱鲁棒分散力/位置控制器设计

针对子系统动力学模型 (6.4),设 $e_{qi} = q_i - q_{di}$,$e_{\tau i} = \tau_{ci} - \tau_{di}$,$\tau_{di}$ 为执行器末端期望接触力映射到各关节的力矩,$q_{di}$ 为各关节期望位置。定义滑模变量为

$$s_i = e_{qi} + k_i \iint e_{\tau i} \mathrm{d}t^2 \tag{6.14}$$

对式 (6.14) 求取时间导数为

$$\dot{s}_i = \dot{e}_{qi} + k_i \int e_{\tau i} \mathrm{d}t \tag{6.15}$$

式 (6.15) 的时间导数为

$$\ddot{s}_i = \ddot{e}_{qi} + k_i e_{\tau i} = \ddot{q}_i - \ddot{q}_{di} + k_i e_{\tau i} = M_{i0}^{-1}(\tau_i - C_{i0}\dot{q}_i - G_{i0} - h_i - \tau_{ci}) - \ddot{q}_{di} + k_i e_{\tau i} \tag{6.16}$$

取控制律为

$$\tau_i = \tau_{ci} + C_{i0}\dot{q}_i + G_{i0} + \hat{h}_i + u_\infty + M_{i0}(\ddot{q}_{di} - k_i e_{\tau i} - k_{vi}\dot{s}_i - k_{pi}s_i) \tag{6.17a}$$

式中,$k_i$、$k_{vi}$ 和 $k_{pi}$ 为正常数。

在各关节子系统中,采用模糊系统 $\hat{h}_i(|s_i|, \theta_{ih})$ 来逼近未知项 $h_i(q, \dot{q}, \ddot{q})$,则

$$\hat{h}_i(|s_i|, \theta_{ih}) = \theta_{ih}^{\mathrm{T}} \xi_{ih}(q_i, \dot{q}_i, |s_i|)$$

式中,$\theta_{ih}$ 为可调参数向量;$\xi_{ih}(q_i, \dot{q}_i, |s_i|)$ 为模糊基函数向量。

参数自适应律算法取为

$$\dot{\hat{\theta}}_{ih} = -\eta_i \xi_{ih} x^{\mathrm{T}} PBM_{i0}^{-1} \tag{6.17b}$$

式中，$\eta_i$ 为正常数；矩阵 $P$、$B$ 及向量 $x$ 将在后续设计中给出。

设计非脆弱鲁棒控制项为

$$u_\infty = M_{i0}(K + \Delta K)x \tag{6.17c}$$

式中，$K$ 为控制器增益；$\Delta K$ 为增益摄动量，主要包括加性增益不确定性和乘性增益不确定性两种形式的摄动。

### 1. 加性增益不确定性

存在适维已知常数矩阵 $L_1$、$M_1$，使得 $\Delta K$ 可表示为

$$\Delta K = L_1 F_1 M_1 \tag{6.18}$$

式中，$F_1^{\mathrm{T}} F_1 \leqslant I$，$F_1$ 为适维未知矩阵。

### 2. 乘性增益不确定性

存在适维已知常数矩阵 $L_2$、$M_2$，使得 $\Delta K$ 可表示为

$$\Delta K = L_2 F_2 M_2 K_2 \tag{6.19}$$

式中，$F_2^{\mathrm{T}} F_2 \leqslant I$，$F_2$ 为适维未知矩阵。

将控制律 (6.17a) 代入式 (6.16)，且 $h_i = h_i^* + \varepsilon_i = \hat{h}_i + \tilde{h}_i + \varepsilon_i$，故有 $\hat{h}_i - h_i = -\tilde{h}_i - \varepsilon_i$，则

$$\ddot{s}_i = M_{i0}^{-1}(-\tilde{h}_i - \varepsilon_i - \tau_{fi}) - k_{vi}\dot{s}_i - k_{pi}s_i + M_{i0}^{-1}u_\infty$$

设 $x_{i1} = s_i$，$x_{i2} = \dot{s}_i$，则其状态空间形式为

$$\begin{cases} \dot{x}_{i1} = x_{i2} \\ \dot{x}_{i2} = -k_{pi}x_{i1} - k_{vi}x_{i2} + M_{i0}^{-1}(-\tilde{h}_i - \varepsilon_i - \tau_{fi} + u_\infty) \end{cases} \tag{6.20}$$

即

$$\dot{x} = Ax + BM_{i0}^{-1}(-\tilde{h}_i - \varepsilon_i - \tau_{fi} + u_\infty)$$

式中，$A = \begin{bmatrix} 0 & 1 \\ -k_{pi} & -k_{vi} \end{bmatrix}$；$B = \begin{bmatrix} 0 \\ 1 \end{bmatrix}$；$x = \begin{bmatrix} x_{i1} \\ x_{i2} \end{bmatrix}$。

**引理 6.1** (Schur 补引理)　对于给定的分块矩阵

$$A = \begin{bmatrix} A_{11} & A_{12} \\ A_{12}^{\mathrm{T}} & A_{22} \end{bmatrix}$$

有以下三个条件等价:

(1) $A < 0$。

(2) $A_{11} < 0, A_{22} - A_{12}^{\mathrm{T}} A_{11}^{-1} A_{12} < 0$。

(3) $A_{22} < 0, A_{11} - A_{12} A_{22}^{-1} A_{12}^{\mathrm{T}} < 0$。

**性质 6.1**　若 $L, M$ 为适维已知常数矩阵, $F$ 为未知矩阵, 且满足 $F^{\mathrm{T}} F \leqslant I$, 则存在常数 $\zeta > 0$, 满足 $LFM + M^{\mathrm{T}} F^{\mathrm{T}} L^{\mathrm{T}} \leqslant \zeta LL^{\mathrm{T}} + \zeta^{-1} M^{\mathrm{T}} M$。

**定理 6.3**　受限可重构机械臂系统在式 (6.18) 所示加性增益不确定控制作用下, 给定常数 $\gamma > 0, \zeta_1 > 0$, 若存在矩阵 $W$ 和正定矩阵 $V$ 保证以下的 LMI 成立:

$$\begin{bmatrix} AV + VA^{\mathrm{T}} + W^{\mathrm{T}} B^{\mathrm{T}} + BW & B & VM_1^{\mathrm{T}} & BL_1 \\ B^{\mathrm{T}} & -\gamma^2 I & 0 & 0 \\ M_1 V & 0 & -\zeta_1 I & 0 \\ L_1^{\mathrm{T}} B^{\mathrm{T}} & 0 & 0 & -\zeta_1^{-1} I \end{bmatrix} < 0$$

则控制律 (6.17a)、参数自适应律 (6.17b) 和非脆弱鲁棒控制项 (6.17c) 可使得如下要求得到满足:

(1) 可重构机械臂系统渐近稳定且能跟踪期望的位置和力。

(2) 扰动信号到输出信号的传递函数满足 $H_\infty$ 跟踪性能, 其中控制增益矩阵 $K = WV^{-1}$。

**证明**　取李雅普诺夫函数为

$$V = \sum_{i=1}^{n} V_i$$

其中

$$V_i = \frac{1}{2} x^{\mathrm{T}} P x + \frac{1}{2\eta_i} \mathrm{tr}(\tilde{\theta}_{ih}^{\mathrm{T}} \tilde{\theta}_{ih}) \tag{6.21}$$

式中, $P$ 为正定对称矩阵。

因为

$$\dot{x} = Ax + BM_{i0}^{-1}(-\tilde{h}_i - \varepsilon_i - \tau_{fi} + u_\infty) = Ax + B(K + \Delta K)x + B(\delta_i - M_{i0}^{-1} \tilde{h}_i) \tag{6.22}$$

式中, $\delta_i = M_{i0}^{-1}(-\varepsilon_i - \tau_{fi})$ 定义为扰动项。

因此，式 (6.21) 的时间导数为

$$\dot{V}_i = \frac{1}{2}\dot{x}^{\mathrm{T}}Px + \frac{1}{2}x^{\mathrm{T}}P\dot{x} - \frac{1}{\eta_i}\mathrm{tr}(\tilde{\theta}_{ih}^{\mathrm{T}}\dot{\hat{\theta}}_{ih}) \tag{6.23}$$

将式 (6.22) 代入式 (6.23)，可得

$$\begin{aligned}
\dot{V}_i =& \frac{1}{2}x^{\mathrm{T}}(PA + A^{\mathrm{T}}P)x + \frac{1}{2}x^{\mathrm{T}}[(K+\Delta K)^{\mathrm{T}}B^{\mathrm{T}}P + PB(K+\Delta K)]x \\
& + x^{\mathrm{T}}PB(\delta_i - M_{i0}^{-1}\tilde{h}_i) - \frac{1}{\eta_i}\mathrm{tr}(\tilde{\theta}_{ih}^{\mathrm{T}}\dot{\hat{\theta}}_{ih})
\end{aligned} \tag{6.24}$$

将参数自适应律 (6.17b) 代入式 (6.24)，可得

$$\begin{aligned}
\dot{V}_i =& \frac{1}{2}x^{\mathrm{T}}[PA + A^{\mathrm{T}}P + (K+\Delta K)^{\mathrm{T}}B^{\mathrm{T}}P + PB(K+\Delta K)]x \\
& + x^{\mathrm{T}}PB\delta_i - \frac{1}{2}\gamma^2\delta^{\mathrm{T}}\delta + \frac{1}{2}\gamma^2\delta^{\mathrm{T}}\delta \\
=& \frac{1}{2}x^{\mathrm{T}}\left[PA + A^{\mathrm{T}}P + (K+\Delta K)^{\mathrm{T}}B^{\mathrm{T}}P + PB(K+\Delta K) + \frac{1}{\gamma^2}PBB^{\mathrm{T}}P\right]x \\
& - \frac{1}{2}\left(\frac{1}{\gamma}B^{\mathrm{T}}Px - \gamma\delta\right)^{\mathrm{T}}\left(\frac{1}{\gamma}B^{\mathrm{T}}Px - \gamma\delta\right) + \frac{1}{2}\gamma^2\delta^{\mathrm{T}}\delta \\
\leqslant& \frac{1}{2}x^{\mathrm{T}}\left[PA + A^{\mathrm{T}}P + (K+\Delta K)^{\mathrm{T}}B^{\mathrm{T}}P + PB(K+\Delta K)\right. \\
& \left. + \frac{1}{\gamma^2}PBB^{\mathrm{T}}P\right]x + \frac{1}{2}\gamma^2\delta^{\mathrm{T}}\delta
\end{aligned}$$

取

$$PA + A^{\mathrm{T}}P + (K+\Delta K)^{\mathrm{T}}B^{\mathrm{T}}P + PB(K+\Delta K) + \frac{1}{\gamma^2}PBB^{\mathrm{T}}P = -Q < 0 \tag{6.25}$$

式中，$Q$ 为正定对称矩阵。

因此，有

$$\dot{V}_i < -\frac{1}{2}x^{\mathrm{T}}Qx + \frac{1}{2}\gamma^2\delta^{\mathrm{T}}\delta \tag{6.26}$$

对式 (6.26) 两边积分，可得

$$V_i(x(T)) - V_i(x(0)) < -\frac{1}{2}\int_0^T x^{\mathrm{T}}(t)Qx(t)\mathrm{d}t + \frac{1}{2}\gamma^2\int_0^T \delta^{\mathrm{T}}(t)\delta(t)\mathrm{d}t$$

因为 $V_i(x(T)) \geqslant 0$，所以有

$$0 \leqslant V_i(x(T)) \leqslant V_i(x(0)) - \frac{1}{2}\int_0^T x^{\mathrm{T}}(t)Qx(t)\mathrm{d}t + \frac{1}{2}\gamma^2\int_0^T \delta^{\mathrm{T}}(t)\delta(t)\mathrm{d}t$$

即 $\int_0^T \|x(t)\|^2 \, \mathrm{d}t \leqslant 2V(x(0)) + \gamma^2 \int_0^T \|\delta(t)\|^2 \, \mathrm{d}t$，满足 $H_\infty$ 性能指标。

若 $\|\delta\| \leqslant \delta_d$，则式 (6.26) 变为

$$\dot{V}_i < -\frac{1}{2}\lambda_{\min}(Q)\|x\|^2 + \frac{1}{2}\gamma^2\delta_d^2$$

式中，$\lambda_{\min}(Q)$ 为矩阵 $Q$ 的最小特征值。

对任意的 $\sigma > 0$，存在 $\|x\|^2 > \sigma$，选择参数

$$\lambda_{\min}(Q) > \frac{\gamma^2\delta_d^2}{\sigma^2}$$

此时，$\dot{V}_i < 0$，可重构机械臂系统渐近稳定且能跟踪期望的位置和力。

将加性增益不确定性 $\Delta K = L_1 F_1 M_1$ 代入式 (6.25)，可得

$$PA+A^\mathrm{T}P+K^\mathrm{T}B^\mathrm{T}P+M_1^\mathrm{T}F_1^\mathrm{T}L_1^\mathrm{T}B^\mathrm{T}P+PBK+PBL_1F_1M_1+\frac{1}{\gamma^2}PBB^\mathrm{T}P < 0 \quad (6.27)$$

根据 Schur 补引理，式 (6.27) 等价于

$$\begin{bmatrix} PA+A^\mathrm{T}P+K^\mathrm{T}B^\mathrm{T}P+PBK & PB \\ B^\mathrm{T}P & -\gamma^2I \end{bmatrix} + \begin{bmatrix} PBL_1 \\ 0 \end{bmatrix} F_1 \begin{bmatrix} M_1 & 0 \end{bmatrix}$$
$$+ \begin{bmatrix} M_1 & 0 \end{bmatrix}^\mathrm{T} F_1^\mathrm{T} \begin{bmatrix} PBL_1 \\ 0 \end{bmatrix}^\mathrm{T} < 0$$
$$(6.28)$$

根据性质 6.1，式 (6.28) 即

$$\begin{bmatrix} PA+A^\mathrm{T}P+K^\mathrm{T}B^\mathrm{T}P+PBK & PB \\ B^\mathrm{T}P & -\gamma^2I \end{bmatrix} + \zeta_1 \begin{bmatrix} PBL_1 \\ 0 \end{bmatrix} \begin{bmatrix} PBL_1 \\ 0 \end{bmatrix}^\mathrm{T}$$
$$+\zeta_1^{-1} \begin{bmatrix} M_1 & 0 \end{bmatrix}^\mathrm{T} \begin{bmatrix} M_1 & 0 \end{bmatrix} < 0$$
$$(6.29)$$

根据 Schur 补引理，式 (6.29) 等价于

$$\begin{bmatrix} PA+A^\mathrm{T}P+K^\mathrm{T}B^\mathrm{T}P+PBK & PB & M_1^\mathrm{T} & PBL_1 \\ B^\mathrm{T}P & -\gamma^2I & 0 & 0 \\ M_1 & 0 & -\zeta_1I & 0 \\ L_1^\mathrm{T}B^\mathrm{T}P & 0 & 0 & -\zeta_1^{-1}I \end{bmatrix} < 0 \quad (6.30)$$

对式 (6.30) 分别左乘和右乘 $\mathrm{diag}(P^{-1}, I, I, I)$，得

$$
\begin{bmatrix}
AP^{-1} + P^{-1}A^{\mathrm{T}} + P^{-1}K^{\mathrm{T}}B^{\mathrm{T}} + BKP^{-1} & B & P^{-1}M_1^{\mathrm{T}} & BL_1 \\
B^{\mathrm{T}} & -\gamma^2 I & 0 & 0 \\
M_1 P^{-1} & 0 & -\zeta_1 I & 0 \\
L_1^{\mathrm{T}}B^{\mathrm{T}} & 0 & 0 & -\zeta_1^{-1}I
\end{bmatrix} < 0
$$

设 $V = P^{-1}$，$K = WV^{-1} = WP$，上式变为

$$
\begin{bmatrix}
AV + VA^{\mathrm{T}} + W^{\mathrm{T}}B^{\mathrm{T}} + BW & B & VM_1^{\mathrm{T}} & BL_1 \\
B^{\mathrm{T}} & -\gamma^2 I & 0 & 0 \\
M_1 V & 0 & -\zeta_1 I & 0 \\
L_1^{\mathrm{T}}B^{\mathrm{T}} & 0 & 0 & -\zeta_1^{-1}I
\end{bmatrix} < 0 \tag{6.31}
$$

因此，得出定理成立的 LMI 条件，定理得证。可通过 MATLAB 中的 LMI 工具箱求解式 (6.31)。

**定理 6.4**　对于受限可重构机械臂系统在式 (6.19) 所示的乘性增益不确定控制作用下，基于给定的 $\gamma > 0, \zeta_1 > 0$，如果存在矩阵 $W$ 和正定矩阵 $V$，使得以下的 LMI 成立：

$$
\begin{bmatrix}
AV + VA^{\mathrm{T}} + W^{\mathrm{T}}B^{\mathrm{T}} + BW & B & W^{\mathrm{T}}M_2^{\mathrm{T}} & BL_2 \\
B^{\mathrm{T}} & -\gamma^2 I & 0 & 0 \\
M_2 W & 0 & -\zeta_1 I & 0 \\
L_2^{\mathrm{T}}B^{\mathrm{T}} & 0 & 0 & -\zeta_1^{-1}I
\end{bmatrix} < 0
$$

则控制律 (6.17a)、参数自适应律 (6.17b)、非脆弱鲁棒控制项 (6.17c) 可使得如下要求得到满足：

(1) 可重构机械臂系统渐近稳定且能跟踪期望的位置和力。

(2) 扰动信号到输出信号的传递函数满足 $H_\infty$ 跟踪性能，其中控制增益矩阵 $K = WV^{-1}$。

证明过程同定理 6.3。

### 6.3.2　仿真与分析

为了验证本节所提方法的有效性，这里将所设计的非脆弱分散控制器应用于如图 5.24 所示的不同构型的二自由度可重构机械臂。

构型 a 的期望轨迹为

$$
\begin{aligned}
y_{1d} &= 0.6\sin(2t) + 0.1\sin(t) \\
y_{2d} &= 0.5\cos(3t) - 0.3\cos(2t)
\end{aligned}
$$

构型 b 的期望轨迹为

$$y_{1d} = 0.3\cos(2t) + \sin(t)$$
$$y_{2d} = 0.6\cos(2t) + 0.2\sin(t)$$

末端期望接触力 $f_d = 40\sin(t)$。

各关节初始位置设置为 1, 初始速度设置为 0。对加性增益不确定控制, 应用控制律 (6.17a)、参数自适应律 (6.17b) 和非脆弱鲁棒控制项 (6.17c), 并根据定理 6.3, 应用 LMI 工具箱中的 feasp 函数来求解控制增益矩阵, 其值为

$$K = [-16.270 \quad -15.501]$$

可重构机械臂构型 a、b 的仿真结果分别如图 6.6 和图 6.7 所示。

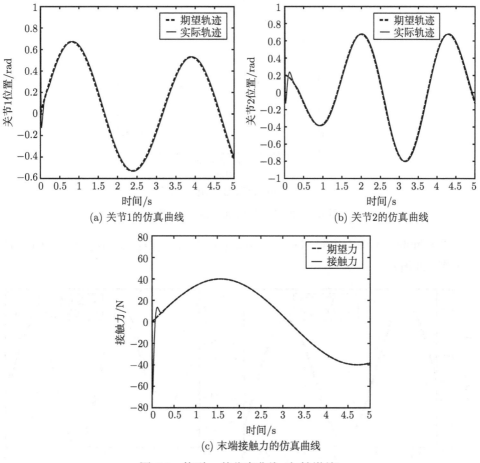

(a) 关节1的仿真曲线

(b) 关节2的仿真曲线

(c) 末端接触力的仿真曲线

图 6.6　构型 a 的仿真曲线 (加性增益)

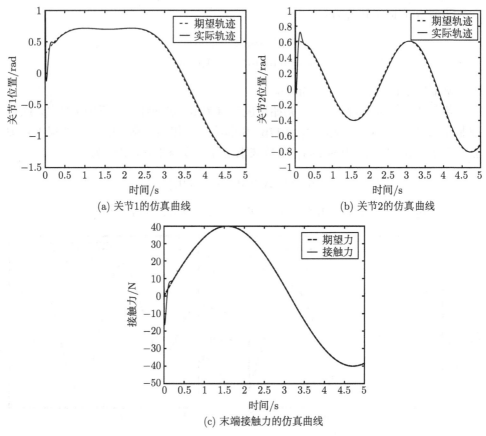

(a) 关节1的仿真曲线                          (b) 关节2的仿真曲线

(c) 末端接触力的仿真曲线

图 6.7    构型 b 的仿真曲线 (加性增益)

对乘性增益不确定控制, 设 $f_d = 10\sin(t)$, 所得可重构机械臂构型 a 的仿真结果如图 6.8 所示。

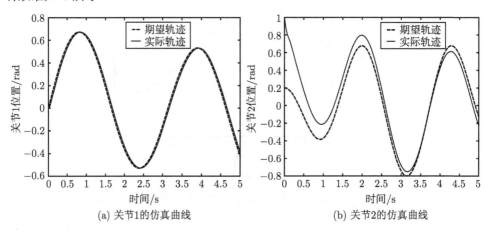

(a) 关节1的仿真曲线                          (b) 关节2的仿真曲线

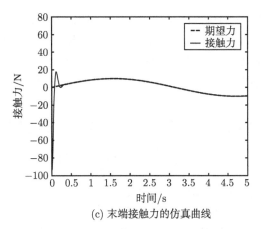

(c) 末端接触力的仿真曲线

图 6.8　构型 a 的仿真曲线 (乘性增益)

可重构机械臂构型 b 的仿真结果如图 6.9 所示。

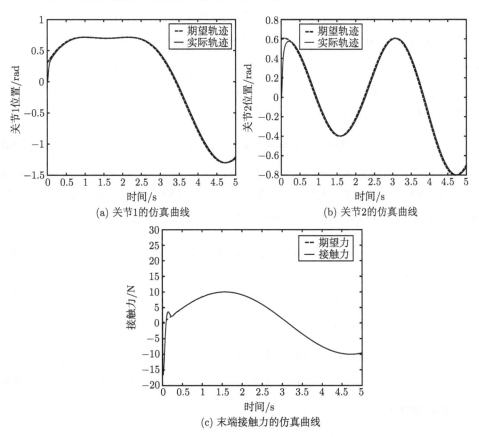

图 6.9　构型 b 的仿真曲线 (乘性增益)

　　通过图 6.6~图 6.9 的仿真结果可以看出，利用 LMI 工具箱求解控制增益矩阵 $K$，从而得出非脆弱鲁棒控制项，并将所设计的控制律一同应用到不同构型可重构机械臂的位置和力控制中，在控制增益存在加性和乘性不确定摄动时，该控制方法得到的仿真结果在收敛速度和跟踪精度上仍能满足控制要求。

# 6.4　基于 ACPGA 的可重构机械臂非脆弱鲁棒分散力/位置控制

　　6.3 节在对控制器进行求解时采用 LMI 方法，该方法虽然有效快捷，但相较于遗传算法极强的寻优能力而言具有一定的保守性。本节针对受限可重构机械臂各关节子系统，在将末端执行器任务映射到各模块关节的前提下，设计非脆弱鲁棒分散力/位置控制器，使其更适合可重构机械臂模块化的思想，并利用 ACPGA 求解状态反馈增益。当自身参数在一定范围内变化时，该控制器不但能保证闭环系统跟踪期望的位置和力，而且使扰动到输出的闭环传递函数满足 $H_\infty$ 性能。

## 6.4.1　基于 ACPGA 的非脆弱鲁棒分散力/位置控制器设计

　　为方便起见，将式 (6.2) 中的 $M_i(q_i)$、$C_i(q_i,\dot{q}_i)$、$G_i(q_i)$ 和 $Z_i(q_i,\dot{q}_i,\ddot{q}_i)$ 分别简写为 $M_i$、$C_i$、$G_i$ 和 $Z_i$，在式 (6.3) 中，令 $h_i(q,\dot{q},\ddot{q}) = \Delta M_{i0}\ddot{q}_i + \Delta C_{i0}\dot{q}_i + \Delta G_{i0} + Z_i$，并简写 $h_i(q,\dot{q},\ddot{q})$ 为 $h_i$，则式 (6.3) 变为

$$M_{i0}\ddot{q}_i + C_{i0}\dot{q}_i + G_{i0} + h_i + \tau_{fi} + \tau_{ci} = \tau_i \tag{6.32}$$

　　针对子系统动力学模型 (6.32)，设 $e_{qi} = q_i - q_{di}$，$e_{\tau i} = \tau_{ci} - \tau_{di}$，$\tau_{di}$ 为执行器末端分配到各关节的期望力矩，$q_{di}$ 为各关节期望位置，$q_i$ 为各关节实际位置。当 $q_i$ 趋向于 $q_{di}$ 时，$e_{qi}$ 和 $e_{\tau i}$ 之间存在数值关系，定义滑模变量为

$$s_i = e_{qi} + k_i \iint e_{\tau i}\mathrm{d}t^2 \tag{6.33}$$

$$\dot{s}_i = \dot{e}_{qi} + k_i \int e_{\tau i}\mathrm{d}t \tag{6.34}$$

　　对式 (6.34) 求导，可得

$$\begin{aligned}
\ddot{s}_i &= \ddot{e}_{qi} + k_i e_{\tau i} = \ddot{q}_i - \ddot{q}_{di} + k_i e_{\tau i} \\
&= M_{i0}^{-1}(\tau_i - C_{i0}\dot{q}_i - G_{i0} - h_i - \tau_{ci} - \tau_{fi}) - \ddot{q}_{di} + k_i e_{\tau i}
\end{aligned} \tag{6.35}$$

　　取控制律为

$$\tau_i = \tau_{ci} + C_{i0}\dot{q}_i + G_{i0} + \hat{h}_i(q_i,\dot{q}_i,|s_i|,\hat{\theta}_{ih}) + u_\infty + M_{i0}(\ddot{q}_{di} - k_i e_{\tau i} - k_{vi}\dot{s}_i - k_{pi}s_i) \tag{6.36a}$$

式中，$\hat{\theta}_{ih}$ 为可调参数向量；$k_i$、$k_{vi}$、$k_{pi}$ 为正常数。

在各关节子系统中，根据模糊系统的万能逼近理论 [4]，采用模糊系统 $\hat{h}_i(q_i, \dot{q}_i, |s_i|, \hat{\theta}_{ih})$ 来逼近未知项 $h_i(q, \dot{q}, \ddot{q})$，则

$$\hat{h}_i(q_i, \dot{q}_i, |s_i|, \hat{\theta}_{ih}) = \hat{\theta}_{ih}^{\mathrm{T}} \xi_{ih}(q_i, \dot{q}_i, |s_i|)$$

式中，$\xi_{ih}(q_i, \dot{q}_i, |s_i|)$ 为模糊基函数向量。

参数自适应律算法取为

$$\dot{\hat{\theta}}_{ih} = -\eta_i \xi_{ih} x_i^{\mathrm{T}} P B M_{i0}^{-1} \tag{6.36b}$$

式中，$\eta_i$ 为正常数。向量 $x_i$ 和矩阵 $P$、$B$ 将在后续设计中给出。

设计非脆弱鲁棒控制项为

$$u_{\infty} = M_{i0}(K + \Delta K)x_i \tag{6.36c}$$

式中，$K$ 为控制器增益；$\Delta K$ 为增益摄动量。

将控制律 (6.36a) 代入式 (6.35)，且

$$\begin{aligned}
h_i &= \theta_{ih}^{\mathrm{T}} \xi_{ih}(q_i, \dot{q}_i, |s_i|) + \varepsilon_i = \hat{h}_i + \tilde{h}_i + \varepsilon_i \\
&= \hat{\theta}_{ih}^{\mathrm{T}} \xi_{ih}(q_i, \dot{q}_i, |s_i|) + \tilde{\theta}_{ih}^{\mathrm{T}} \xi_{ih}(q_i, \dot{q}_i, |s_i|) + \varepsilon_i
\end{aligned} \tag{6.37}$$

式中，$\varepsilon_i$ 为模糊系统的逼近误差，所以 $\hat{h}_i - h_i = -\tilde{h}_i - \varepsilon_i$。

因此，有

$$\ddot{s}_i = M_{i0}^{-1}(-\tilde{h}_i - \varepsilon_i - \tau_{fi}) - k_{vi}\dot{s}_i - k_{pi}s_i + M_{i0}^{-1}u_{\infty} \tag{6.38}$$

设 $x_{i1} = s_i$，$x_{i2} = \dot{s}_i$，$x_i = [x_{i1}, x_{i2}]^{\mathrm{T}}$，其状态空间形式为

$$\begin{cases} \dot{x}_{i1} = x_{i2} \\ \dot{x}_{i2} = -k_{pi}x_{i1} - k_{vi}x_{i2} + M_{i0}^{-1}(-\tilde{h}_i - \varepsilon_i - \tau_{fi} + u_{\infty}) \end{cases} \tag{6.39}$$

即

$$\dot{x}_i = Ax_i + BM_{i0}^{-1}(-\tilde{h}_i - \varepsilon_i - \tau_{fi} + u_{\infty}) \tag{6.40}$$

式中，$A = \begin{bmatrix} 0 & 1 \\ -k_{pi} & -k_{vi} \end{bmatrix}$；$B = \begin{bmatrix} 0 \\ 1 \end{bmatrix}$。

**定理 6.5** 对于受限可重构机械臂子系统 (6.32)，基于给定的 $\gamma_i > 0$ 和正定矩阵 $P$，如果以下的 LMI 成立：

$$\begin{bmatrix} PA + A^{\mathrm{T}}P + (K + \Delta K)^{\mathrm{T}}B^{\mathrm{T}}P + PB(K + \Delta K) & PB \\ B^{\mathrm{T}}P & -\gamma_i^2 I \end{bmatrix} < 0$$

则控制律 (6.36a)、参数自适应律 (6.36b)、非脆弱鲁棒控制项 (6.36c) 可使得如下要求得到满足：

(1) 可重构机械臂系统渐近稳定且能跟踪期望的位置和力。

(2) 扰动信号到输出信号的传递函数满足如下 $H_\infty$ 跟踪性能：

$$\int_0^T \|x_i(t)\|^2 \mathrm{d}t \leqslant 2V_i(x(0)) + \gamma_i^2 \int_0^T \|\delta_i(t)\|^2 \mathrm{d}t$$

**证明**　取李雅普诺夫函数为

$$V_i = \frac{1}{2}x_i^{\mathrm{T}}Px_i + \frac{1}{2\eta_i}\mathrm{tr}(\tilde{\theta}_{ih}^{\mathrm{T}}\tilde{\theta}_{ih}) \tag{6.41}$$

因为

$$\begin{aligned}
\dot{x}_i &= Ax_i + BM_{i0}^{-1}(-\tilde{h}_i - \varepsilon_i - \tau_{fi} + u_\infty) \\
&= Ax_i + B(K + \Delta K)x_i + B(\delta_i - M_{i0}^{-1}\tilde{h}_i)
\end{aligned} \tag{6.42}$$

式中，$\delta_i = M_{i0}^{-1}(-\varepsilon_i - \tau_{fi})$ 定义为扰动项，所以有

$$\dot{V}_i = \frac{1}{2}\dot{x}_i^{\mathrm{T}}Px_i + \frac{1}{2}x_i^{\mathrm{T}}P\dot{x}_i - \frac{1}{\eta_i}\mathrm{tr}(\tilde{\theta}_{ih}^{\mathrm{T}}\dot{\tilde{\theta}}_{ih}) \tag{6.43}$$

将式 (6.42) 代入式 (6.43)，可得

$$\begin{aligned}
\dot{V}_i =& \frac{1}{2}x_i^{\mathrm{T}}(PA + A^{\mathrm{T}}P)x_i + \frac{1}{2}x_i^{\mathrm{T}}[(K + \Delta K)^{\mathrm{T}}B^{\mathrm{T}}P + PB(K + \Delta K)]x_i \\
&+ x_i^{\mathrm{T}}PB(\delta_i - M_{i0}^{-1}\tilde{h}_i) - \frac{1}{\eta_i}\mathrm{tr}(\tilde{\theta}_{ih}^{\mathrm{T}}\dot{\tilde{\theta}}_{ih})
\end{aligned} \tag{6.44}$$

将参数自适应律 (6.36b) 代入式 (6.44)，其中 $\gamma_i > 0$ 为指定的干扰抑制指标，则

$$\begin{aligned}
\dot{V}_i =& \frac{1}{2}x_i^{\mathrm{T}}[PA + A^{\mathrm{T}}P + (K + \Delta K)^{\mathrm{T}}B^{\mathrm{T}}P + PB(K + \Delta K)]x_i \\
&+ x_i^{\mathrm{T}}PB\delta_i - \frac{1}{2}\gamma_i^2\delta_i^{\mathrm{T}}\delta_i + \frac{1}{2}\gamma_i^2\delta_i^{\mathrm{T}}\delta_i \\
=& \frac{1}{2}x_i^{\mathrm{T}}[PA + A^{\mathrm{T}}P + (K + \Delta K)^{\mathrm{T}}B^{\mathrm{T}}P + PB(K + \Delta K) + \frac{1}{\gamma_i^2}PBB^{\mathrm{T}}P]x_i \\
&- \frac{1}{2}\left(\frac{1}{\gamma_i}B^{\mathrm{T}}Px_i - \gamma_i\delta_i\right)^{\mathrm{T}}\left(\frac{1}{\gamma_i}B^{\mathrm{T}}Px_i - \gamma_i\delta_i\right) + \frac{1}{2}\gamma_i^2\delta_i^{\mathrm{T}}\delta_i \\
\leqslant& \frac{1}{2}x_i^{\mathrm{T}}\Big[PA + A^{\mathrm{T}}P + (K + \Delta K)^{\mathrm{T}}B^{\mathrm{T}}P + PB(K + \Delta K) \\
&+ \frac{1}{\gamma_i^2}PBB^{\mathrm{T}}P\Big]x_i + \frac{1}{2}\gamma_i^2\delta_i^{\mathrm{T}}\delta_i
\end{aligned} \tag{6.45}$$

取

$$PA+A^{\mathrm{T}}P+(K+\Delta K)^{\mathrm{T}}B^{\mathrm{T}}P+PB(K+\Delta K)+\frac{1}{\gamma_i^2}PBB^{\mathrm{T}}P=-Q<0 \tag{6.46}$$

式中, $Q$ 为正定对称矩阵。

因此, 有

$$\dot{V}_i < -\frac{1}{2}x_i^{\mathrm{T}}Qx_i + \frac{1}{2}\gamma_i^2\delta_i^{\mathrm{T}}\delta_i \tag{6.47}$$

对式 (6.47) 两边积分, 可得

$$V_i(x(T)) - V_i(x(0)) < -\frac{1}{2}\int_0^{\mathrm{T}} x_i^{\mathrm{T}}(t)Qx_i(t)\mathrm{d}t + \frac{1}{2}\gamma_i^2\int_0^{T}\delta_i^{\mathrm{T}}(t)\delta_i(t)\mathrm{d}t \tag{6.48}$$

因为 $V_i(x(T)) \geqslant 0$, 所以有

$$0 \leqslant V_i(x(T)) \leqslant V_i(x(0)) - \frac{1}{2}\int_0^T x_i^{\mathrm{T}}(t)Qx_i(t)\mathrm{d}t + \frac{1}{2}\gamma_i^2\int_0^T\delta_i^{\mathrm{T}}(t)\delta_i(t)\mathrm{d}t \tag{6.49}$$

$$\int_0^T \|x_i(t)\|^2\mathrm{d}t \leqslant 2V_i(x(0)) + \gamma_i^2\int_0^T \|\delta_i(t)\|^2\mathrm{d}t \tag{6.50}$$

满足 $H_\infty$ 跟踪性能。

由于 $\delta_i \in L_2[0,\infty)$, 存在 $\delta_{di} > 0$ 使得 $\|\delta_i\| \leqslant \delta_{di}$ 成立, 则式 (6.47) 变为

$$\dot{V}_i < -\frac{1}{2}\lambda_{\min}(Q)\|x_i\|^2 + \frac{1}{2}\gamma_i^2\delta_{di}^2$$

式中, $\lambda_{\min}(Q)$ 为矩阵 $Q$ 的最小特征值。

对任意的 $\sigma_i > 0$, 使得 $\|x_i\|^2 > \sigma_i$, 通过选择参数

$$\lambda_{\min}(Q) > \frac{\gamma_i^2\delta_{di}^2}{\sigma_i}$$

使 $\dot{V}_i < 0$, 由李雅普诺夫稳定性理论可知, 可重构机械臂系统渐近稳定且能跟踪期望的位置和力。

根据 Schur 补引理, 不等式 (6.46) 等价于

$$\begin{bmatrix} PA + A^{\mathrm{T}}P + (K+\Delta K)^{\mathrm{T}}B^{\mathrm{T}}P + PB(K+\Delta K) & PB \\ B^{\mathrm{T}}P & -\gamma_i^2 I \end{bmatrix} < 0 \tag{6.51}$$

即得出定理成立的 LMI 条件, 定理得证。

### 6.4.2　基于 ACPGA 的非脆弱分散控制器求解

#### 1. ACPGA 求解状态反馈增益

标准遗传算法容易出现早熟现象，陷入局部极值而未能收敛到全局最优值，这是标准遗传算法的最大不足。粗粒度并行遗传算法 (coarse parallel genetic algorithms, CPGA) 作为一个重要的改进型遗传算法[5,6]，它将初始种群划分成若干个子种群，各子种群独立地进行适应度值的计算以及选择、交叉、变异操作，经过一定代数的进化，各个子种群间相互交换若干个个体，不仅引入了优秀的个体而且增加了种群中个体的多样性，可防止出现早熟收敛现象。对子种群来说，由于 CPGA 的交叉概率和变异概率都是固定不变的，在进化过程中有可能破坏优秀个体的结构；对整个种群来说，不满足寻优过程中各子种群独立进化寻找不同最优值的要求，进而影响了 CPGA 的寻优性能。本节采用基于自适应交叉概率和变异概率的 CPGA(即 ACPGA) 来求解非脆弱鲁棒分散力/位置控制器中的反馈增益矩阵 $K$，同时使得控制器在增益摄动量最大时仍能达到给定的 $H_\infty$ 性能 $\gamma_i$。

采用 ACPGA 求解反馈增益矩阵 $K$ 的步骤如下。

(1) 编码。采用实数编码，个体的表达形式为两个元素的行向量，即 $K_r = [k_{r1}, k_{r2}]$。

(2) 初始化。随机产生 $N$ 个个体作为初始种群，并将初始种群分为 $P$ 个子种群。设置最大进化代数 $G_{\max}$、子种群间的迁移间隔 step，以及迁移个数 $R$、各子种群的最优反馈增益初值 $K_{\text{sbest}}$ 及整个种群的最优反馈增益初值 $K_{\text{gbest}}$。

(3) 适应度函数值计算。在每一个迁移间隔内，针对各子种群中的每一个个体，即控制器增益矩阵 $K_r = [k_{r1}, k_{r2}], r = 1, 2, \cdots, N$，随机产生一个增益摄动量的上界 $\sigma$ 作为其适应度函数，并为每一个个体随机产生 $m$ 个增益摄动量 $\Delta K_n, n = 1, 2, \cdots, m$。将 $K_r$ 和每一个增益摄动量 $\Delta K_n$ 代入式 (6.51)，如果 $m$ 个增益摄动量中有任意一个不满足式 (6.51) 中的 LMI 条件，那么 $\sigma$ 将被赋予一个非常小的值以替代原有的值；如果 $m$ 个增益摄动量都满足式 (6.51) 中的 LMI 条件，则取 $m$ 个 $\Delta K_n$ 的最大值赋予 $\sigma$ 作为 $K_r$ 的适应度值。

(4) 轮盘赌选择 (roulette selection)。从各子种群父代中选择出适应度高的个体。个体适应度 $f_i$ 越高被选中的概率越大，个体适应度 $f_i$ 越低被选中的概率越小。

(5) 交叉。为克服固定交叉概率的不足，在每一个子种群中采用自适应交叉概率，公式如下：

$$\begin{cases} p_c = p_{c\min} + (p_{c\max} - p_{c\min}) \sin\left(\dfrac{f_i - f_{\text{avg}}}{f_{\max} - f_{\text{avg}}} \times \dfrac{\pi}{2}\right), & f_i \geqslant f_{\text{avg}} \\ p_c = p_{c\max}, & f_i < f_{\text{avg}} \end{cases} \tag{6.52}$$

式中，$p_{c\max}$、$p_{c\min}$ 分别为最大交叉率和最小交叉率；$f_{avg}$ 为子种群的平均适应度值。

设进行交叉的两父代个体为 $k_{r1}$ 和 $k_{r2}$，交叉后子代个体为

$$\begin{cases} k'_{r1} = ck_{r1} + (1-c)k_{r2} \\ k'_{r2} = ck_{r2} + (1-c)k_{r1} \end{cases}$$

式中，$c \in [0,1]$。

(6) 变异。在每一个子种群中采用自适应变异概率，以维持种群多样性，避免过早陷入局部最优解，公式如下：

$$\begin{cases} p_m = p_{m\min} + (p_{m\max} - p_{m\min}) \sin\left(\dfrac{f_i - f_{avg}}{f_{\max} - f_{avg}} \times \dfrac{\pi}{2}\right), & f_i \geqslant f_{avg} \\ p_m = p_{m\max}, & f_i < f_{avg} \end{cases} \tag{6.53}$$

式中，$p_{m\max}$、$p_{m\min}$ 分别为最大变异率和最小变异率。

本节采用与低选择概率的个体进行随机元素替换。设 $L_r = [l_{r1}, l_{r2}]$ 为子种群内选择概率极低的个体，$K_r = [k_{r1}, k_{r2}]$ 为待变异个体，变异后得到的子代个体为

$$K'_r = [\beta_1 l_{r1} + (1-\beta_1)k_{r1}, \ \beta_2 l_{r2} + (1-\beta_2)k_{r2}]$$

式中，$\beta_i \in [0,1]$，且 $\sum\limits_{i=1}^{2} \beta_i \neq 0$ 或 2。

(7) 精英保留。为防止优秀个体在进入下一代的进化中丢失，在每一个子种群中保留每一代适应度值最大的一个个体，同时从交叉、变异操作后产生的子种群中选出适应度值最大的个体。将适应度值最大的个体与父种群中适应度值最大的个体进行比较，若其值大于父种群中最优个体的适应度值，则子种群继续执行进化操作；若其值小于父种群中最优个体的适应度值，则用父种群中最优个体替换子种群中最差个体，子种群继续进行遗传操作。

(8) 计算各子种群的 $K_{sbest}$ 及整个种群的最优反馈增益 $K_{gbest}$。如果各子种群的 $K_{sbest}$ 优于原子种群的 $K_{sbest}$，则进行替换，否则保留原最优反馈增益；将各子种群间的 $K_{sbest}$ 进行比较并得出最优值，若该最优值大于原种群的 $K_{gbest}$，则赋值给 $K_{gbest}$，否则保留原种群的 $K_{gbest}$。

(9) 迁移。在进化代数达到迁移间隔时，各子种群间进行优秀个体交换。子种群间的连接采用环形连接结构。每一个子种群发送最好的 $R$ 个个体给相邻子种群，并接收其他子种群的 $R$ 个最优个体来替代自身的最差个体。

2. ACPGA 流程

基于 ACPGA 求解控制器状态反馈增益的算法流程如图 6.10 所示。

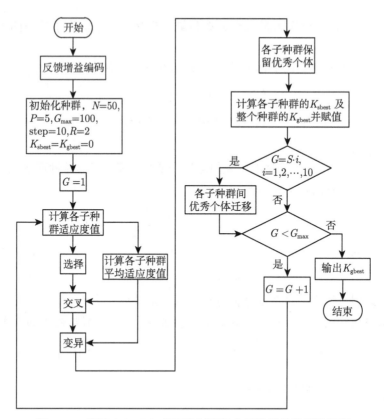

图 6.10　基于 ACPGA 求解控制器状态反馈增益的算法流程

### 6.4.3　仿真与分析

为了验证本节所提方法的有效性，下面将上述控制器应用于如图 5.24 所示的不同构型的二自由度可重构机械臂中。

构型 a 的期望轨迹为

$$y_{1d} = 0.6\sin(2t) + 0.1\sin(t)$$
$$y_{2d} = 0.5\cos(3t) - 0.3\cos(2t)$$

构型 b 的期望轨迹为

$$y_{1d} = 0.3\cos(2t) + \sin(t)$$
$$y_{2d} = 0.6\cos(2t) + 0.2\sin(t)$$

末端期望接触力 $f_d = 40\sin(t)$。

设初始种群规模 $N=50$，子种群个数 $P=5$，最大进化代数 $G=100$，迁移间隔 step=10，迁移个数 $R=2$，$p_{c1} = 0.8$，$p_{c2} = 0.3$，$p_{m1} = 0.2$，$p_{m2} = 0.05$。控制器参

数 $\gamma_1 = \gamma_2 = 0.01$，$\eta_1 = 50$，$\eta_2 = 10$，$k_1 = k_2 = 0.1$，$k_{p1} = 170$，$k_{p2} = 50$，$k_{v1} = 5$，$k_{v2} = 1$。各关节初始位置与初始速度设置为 0。模糊集合相应的隶属度函数如下：

$$\mu_F = \exp[-(x+3)^2/0.3607]$$
$$\mu_F = \exp[-(x+2)^2/0.3607]$$
$$\mu_F = \exp[-(x+1)^2/0.3607]$$
$$\mu_F = \exp[-x^2/0.3607]$$
$$\mu_F = \exp[-(x-1)^2/0.3607]$$
$$\mu_F = \exp[-(x-2)^2/0.3607]$$
$$\mu_F = \exp[-(x-3)^2/0.3607]$$

应用控制律设计 (6.36a)、参数自适应律 (6.36b) 和非脆弱鲁棒控制项 (6.36c)，并根据定理 6.5，应用 ACPGA 来求解非脆弱鲁棒控制项中的反馈增益矩阵 $K$ 矩阵为

$$K = [-6.827 \quad -15.0557]$$

可重构机械臂构型 a 的仿真结果如图 6.11 所示。

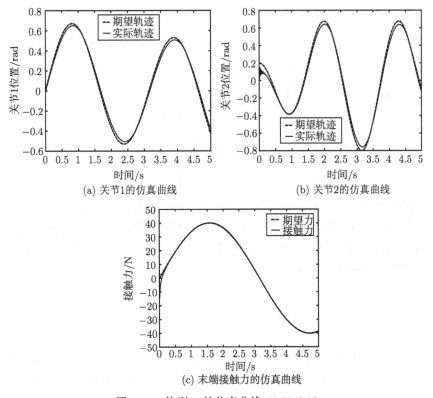

(a) 关节1的仿真曲线       (b) 关节2的仿真曲线

(c) 末端接触力的仿真曲线

图 6.11 构型 a 的仿真曲线 (ACPGA)

在不改变控制器参数的情况下，可重构机械臂构型 b 的仿真结果如图 6.12所示。

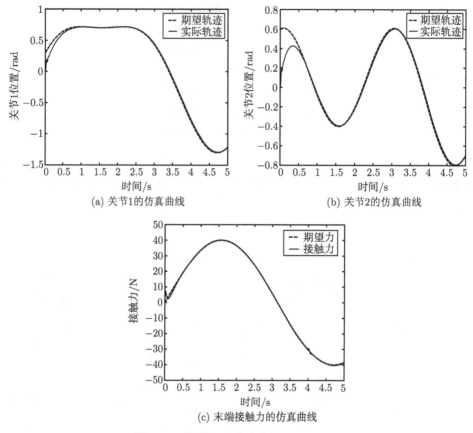

(a) 关节1的仿真曲线                      (b) 关节2的仿真曲线

(c) 末端接触力的仿真曲线

图 6.12    构型 b 的仿真曲线 (ACPGA)

由图 6.11 和图 6.12 可以看出，通过 ACPGA 求解控制增益矩阵 $K$，得出非脆弱鲁棒控制项，并将所设计的控制律一同应用到不同构型可重构机械臂的位置和力控制中，在控制增益存在不确定摄动时，该控制方法得到的仿真结果在收敛速度及跟踪精度上仍能满足控制要求。

## 6.5    本 章 小 结

本章对可重构机械臂与外界环境接触时的力和位置控制进行了研究。考虑到可重构机械臂模块化的特点以及现有关节模块无力矩传感器的情况，提出了一种基于非线性关节力矩观测器的双闭环分散自适应力控制方法。为提高控制器自身的鲁棒性，提出了可重构机械臂非脆弱鲁棒分散力/位置控制方法，分别利用 LMI 和 ACPGA 来求解反馈增益，得到含非脆弱状态反馈控制项的控制器，它不但使控制器参数在一定范围内变化时能保证系统满足 $H_\infty$ 跟踪性能，而且使可重构机械臂在与环境接触时能较好地跟踪期望的力和位置，增强了实际应用中可重构机械臂的非脆弱性。通过对不同构型可重构机械臂进行仿真，验证了以上所提方法的可行性。

## 参 考 文 献

[1] Chen J，Li J K. Non-fragile $H_\infty$ and guaranteed cost control for a class of uncertain descriptor systems[J]. Procedia Engineering, 2011, 15(5): 60-64.

[2] 沃松林，刘锋，邹云. 广义大系统非脆弱分散 $H_\infty$ 控制器设计[J]. 控制与决策, 2012, 27(4): 487-493.

[3] Zhang H, Shi Y, Mehr A S. Robust non-fragile dynamic vibration absorbers with uncertain factors[J]. Journal of Sound and Vibration, 2011, 330(4): 559-566.

[4] 刘福才，陈超，邵慧，等. 模糊系统万能逼近理论研究综述[J]. 智能系统学报, 2007, 2(1): 25-34.

[5] Balin S. Parallel machine scheduling with fuzzy processing times using a robust genetic algorithm and simulation[J]. Information Sciences, 2011, 181(17): 3551-3569.

[6] Gonçalves J F, Resende M G C. A parallel multi-population genetic algorithm for a constrained two-dimensional orthogonal packing problem[J]. Journal of Combinatorial Optimization, 2011, 22(2): 180-201.

# 第7章 基于软测量的可重构机械臂分散力/位置控制

## 7.1 引　言

目前，可重构机械臂分散力/位置控制器基本上是在末端装有腕力传感器的前提下设计的，力传感器的使用增加了整套机械臂设备在机械、电气和软件设计上的复杂程度，而工业现场又存在诸多不确定性扰动和环境变化等因素，这些都可能会影响力传感器的精度和可靠性。因此近年来很多学者意识到了末端接触力估计的重要性和实用性，出现了很多通过设计观测器来估计接触力的方法 [1-5]，这种方法一般都是将接触力看作观测器的一个状态进行估计，达到了不安装末端腕力传感器就可近似得到接触力的目的，但该方法受观测器精度及其收敛速度影响，且观测器结构设计较困难。

本章设计了基于软测量的分散力/位置控制方法，分别设计基于径向基函数神经网络 (radial basis function neural network，RBFNN) 的分散力/位置控制器和基于模糊预测参考轨迹的阻抗内环、力外环分散力/位置控制器。

## 7.2 基于软测量的可重构机械臂分散力/位置混合控制

本节设计基于自适应 RBFNN 的可重构机械臂软测量分散力/位置混合控制器，并进行仿真验证。

### 7.2.1 分散力/位置混合控制器设计及稳定性分析

根据可重构机械臂系统的自动建模技术，可重构机械臂与环境接触时的动力学模型为

$$M(q)\ddot{q} + C(q,\dot{q})\dot{q} + G(q) + \tau_d(q,\dot{q},t) = \tau - \tau_c \tag{7.1}$$

式中，$\tau_d(q,\dot{q},t)$ 为外部扰动。

已知

$$\begin{cases} \dot{X} = J\dot{q} \\ \ddot{X} = \dot{J}\dot{q} + J\ddot{q} \\ \tau = J^{\mathrm{T}}F \end{cases}$$

式中，$X$ 为机械臂末端执行器位置向量；$J$ 为雅可比矩阵；$F$ 为末端接触力。

将上式与式 (7.1) 结合，可得

$$J^{-\mathrm{T}}M(q)J^{-1}\ddot{X} + J^{-\mathrm{T}}[C(q,\dot{q}) - M(q)J^{-1}\dot{J}]J^{-1}\dot{X} + J^{-\mathrm{T}}G(q) + J^{-\mathrm{T}}\tau_d(q,\dot{q},t)$$
$$= F - F_c$$

即含机械臂末端执行器位置向量 $X$ 的动力学模型为

$$M_x\ddot{X} + C_x\dot{X} + G_x + F_f = F - F_c \tag{7.2}$$

式中，$M_x = J^{-\mathrm{T}}M(q)J^{-1}$；$C_x = J^{-\mathrm{T}}[C(q,\dot{q}) - M(q)J^{-1}\dot{J}]J^{-1}$；$G_x = J^{-\mathrm{T}}G(q)$；$F_f = J^{-\mathrm{T}}\tau_d(q,\dot{q},t)$；$F_c = J^{-\mathrm{T}}\tau_c$；$F = J^{-\mathrm{T}}\tau$。

将可重构机械臂末端在每一方向上进行模型分解，其动力学模型为

$$M_i(x_i)\ddot{x}_i + C_i(x_i,\dot{x}_i)\dot{x}_i + G_i(x_i) + F_{fi}(x_i,\dot{x}_i,t) + Z_i(X,\dot{X},\ddot{X}) = F_i - F_{ci} \tag{7.3}$$

式中，$Z_i(X,\dot{X},\ddot{X})$ 为子系统间的耦合关联项，其形式如下：

$$Z_i(X,\dot{X},\ddot{X}) = \left\{ \sum_{j=1,j\neq i}^{n} M_{ij}(X)\ddot{x}_j + [M_{ii}(X) - M_i(x_i)\ddot{x}_i] \right\}$$
$$+ \left\{ \sum_{j=1,j\neq i}^{n} C_{ij}(X,\dot{X})\dot{x}_j + [C_{ii}(X,\dot{X}) - C_i(x_i,\dot{x}_i)\dot{x}_i] \right\}$$

力/位置混合控制器的优点是能直接控制接触力。其中，力控制采用基于力误差的 PI 控制。位置控制则采用基于位置误差的 PID 控制。在无末端腕力传感器的情况下，基于自适应 RBFNN 建立接触力的软测量模型，同时应用 RBFNN 来实现对各子系统间不确定项和耦合关联项的估计，并通过关节力矩传感器的输出值来校正控制力矩。各子系统的控制框图如图 7.1 所示。

定义子系统的力误差及位置误差：

$$e_{fi} = \hat{F}_{ci} - F_{di}, \quad e_{pi} = x_i - x_{di}$$

式中，$\hat{F}_{ci}$ 为 $F_{ci}$ 的估计值；$F_{di}$ 和 $x_{di}$ 分别为期望力和期望位置。

设 $x_{ir} = \dot{x}_{di} - k_{pi}e_{pi} - \lambda_i \int_0^t e_{pi}\mathrm{d}\tau - k_{fi}e_{fi} - \gamma_i \int_0^t e_{fi}\mathrm{d}\tau$，$s_i = \dot{x}_i - x_{ir}$，即

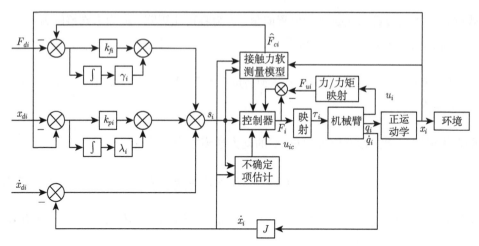

图 7.1　力/位置混合控制器的子系统控制框图

$$s_i = \dot{x}_i - x_{ir} = \dot{e}_{pi} + k_{pi}e_{pi} + \lambda_i \int_0^t e_{pi}\mathrm{d}\tau + k_{fi}e_{fi} + \gamma_i \int_0^t e_{fi}\mathrm{d}\tau$$

对上式求导, 可得

$$\dot{s}_i = \ddot{x}_i - \dot{x}_{ir} = \ddot{e}_{pi} + k_{pi}\dot{e}_{pi} + \lambda_i e_{pi} + k_{fi}\dot{e}_{fi} + \gamma_i e_{fi} \tag{7.4}$$

将 $\dot{x}_i = s_i + x_{ir}$ 和 $\ddot{x}_i = \dot{s}_i + \dot{x}_{ir}$ 代入式 (7.3), 可得

$$M_i(x_i)(\dot{s}_i + \dot{x}_{ir}) + C_i(x_i,\dot{x}_i)(s_i + x_{ir}) + F_{fi}(x_i,\dot{x}_i,t) + G_i(x_i) + Z_i(X,\dot{X},\ddot{X}) = F_i - F_{ci}$$

经过简单的变换后可得

$$M_i(x_i)\dot{s}_i + C_i(x_i,\dot{x}_i)s_i + h_i(s_i) = F_i - F_{ci}(x_i,\dot{x}_i)$$

式中, $h_i(s_i) = M_i(x_i)\dot{x}_{ir} + C_i(x_i,\dot{x}_i)x_{ir} + F_{fi}(x_i,\dot{x}_i,t) + G_i(x_i) + Z_i(X,\dot{X},\ddot{X})$, 简写为 $h_i$。

取分散控制律为

$$F_i = \hat{F}_{ci}(x_i,\dot{x}_i,|s_i|) + \hat{h}_i(|x_i|,s_i) - m_i s_i + u_{ic} + u_{i\tau} \tag{7.5a}$$

$$u_{ic} = -(E_{1f} + E_{1h})\mathrm{sign}(s_i^{\mathrm{T}}) \tag{7.5b}$$

$$u_{i\tau} = -k_{i\tau}|F_i - F_{ui}|\mathrm{sign}(s_i^{\mathrm{T}}) \tag{7.5c}$$

式中, $m_i$ 和 $k_{i\tau}$ 均为正常数; $u_{ic}$ 为估计误差补偿项; $u_{i\tau}$ 为关节力矩的补偿值; $E_{1f}$ 和 $E_{1h}$ 分别为接触力 $F_c$、$h_i$ 的逼近误差上界; $F_{ui}$ 为关节力矩传感器输出的映射

力值; $\hat{F}_{ci}(x_i, \dot{x}_i, |s_i|)$、$\hat{h}_i(|x_i|, s_i)$ 是 $F_{ci}(x_i, \dot{x}_i)$、$h_i(s_i)$ 的 RBFNN 估计值, 可表示为

$$\hat{F}_{ci}(x_i, \dot{x}_i, |s_i|) = \hat{W}_{ifc}^{\mathrm{T}} \xi_{ifc}(x_i, \dot{x}_i, |s_i|)$$

$$\hat{h}_i(|x_i|, s_i) = \hat{W}_{ih}^{\mathrm{T}} \xi_{ih}(|x_i|, s_i)$$

式中, $\hat{W}_{ifc}$、$\hat{W}_{ih}$ 为权值向量; $\xi_{ifc}(x_i, \dot{x}_i, |s_i|)$、$\xi_{ih}(|x_i|, s_i)$ 为径向基函数。

参数自适应律算法取为

$$\dot{\hat{W}}_{ifc} = \eta_{i1} s_i^{\mathrm{T}} \hat{\xi}_{ifc}(x_i, \dot{x}_i, |s_i|) \tag{7.6a}$$

$$\dot{\hat{W}}_{ih} = \eta_{i2} s_i^{\mathrm{T}} \hat{\xi}_{ih}(|x_i|, s_i) \tag{7.6b}$$

$$\dot{\hat{c}}_{ifc} = \eta_{i3} s_i^{\mathrm{T}} \frac{\partial \xi_{ifc}}{\partial \hat{c}_{ifc}} \hat{W}_{ifc}(x_i, \dot{x}_i, |s_i|) \tag{7.6c}$$

$$\dot{\hat{b}}_{ifc} = \eta_{i4} s_i^{\mathrm{T}} \frac{\partial \xi_{ifc}}{\partial \hat{b}_{ifc}} \hat{W}_{ifc}(x_i, \dot{x}_i, |s_i|) \tag{7.6d}$$

$$\dot{\hat{c}}_{ih} = \eta_{i5} s_i^{\mathrm{T}} \frac{\partial \xi_{ih}}{\partial \hat{c}_{ih}} \hat{W}_{ih}(|x_i|, s_i) \tag{7.6e}$$

$$\dot{\hat{b}}_{ih} = \eta_{i6} s_i^{\mathrm{T}} \frac{\partial \xi_{ih}}{\partial \hat{b}_{ih}} \hat{W}_{ih}(|x_i|, s_i) \tag{7.6f}$$

式中, $\hat{c}_{ifc}$、$\hat{c}_{ih}$ 和 $\hat{b}_{ifc}$、$\hat{b}_{ih}$ 分别为径向基函数 $\hat{\xi}_{ifc}(x_i, \dot{x}_i, |s_i|)$、$\hat{\xi}_{ih}(|x_i|, s_i)$ 的中心和宽度。

**假设 7.1** RBFNN 的逼近误差有界, 即 $\Delta_{1f} \leqslant E_{1f}$, $\Delta_{1h} \leqslant E_{1h}$。$\Delta_{1f}$、$\Delta_{1h}$ 分别为接触力 $F_{ci}$、$h_i$ 的逼近误差, $E_{1f}$、$E_{1h}$ 均为正常数。

**定理 7.1** 对于可重构机械臂子系统动力学模型 (7.3), 若应用分散控制律 (7.5) 和参数自适应律 (7.6), 则可重构机械臂系统在与环境接触时其位置及力跟踪误差渐近趋近于零。

**证明** 选取李雅普诺夫函数为

$$V = \sum_{i=1}^{n} V_i$$

式中

$$V_i = \frac{1}{2} s_i^{\mathrm{T}} M_i s_i + \frac{1}{2\eta_{i1}} \tilde{W}_{ifc}^{\mathrm{T}} \tilde{W}_{ifc} + \frac{1}{2\eta_{i2}} \tilde{W}_{ih}^{\mathrm{T}} \tilde{W}_{ih} + \frac{1}{2\eta_{i3}} \tilde{c}_{ifc}^{\mathrm{T}} \tilde{c}_{ifc} + \frac{1}{2\eta_{i4}} \tilde{b}_{ifc}^{\mathrm{T}} \tilde{b}_{ifc}$$

$$+ \frac{1}{2\eta_{i5}} \tilde{c}_{ih}^{\mathrm{T}} \tilde{c}_{ih} + \frac{1}{2\eta_{i6}} \tilde{b}_{ih}^{\mathrm{T}} \tilde{b}_{ih}$$

对上式求导, 可得

$$\dot{V}_i = \frac{1}{2} s_i^{\mathrm{T}} \dot{M}_i s_i + s_i^{\mathrm{T}} M_i \dot{s}_i - \frac{1}{\eta_{i1}} \tilde{W}_{ifc}^{\mathrm{T}} \dot{\hat{W}}_{ifc} - \frac{1}{\eta_{i2}} \tilde{W}_{ih}^{\mathrm{T}} \dot{\hat{W}}_{ih} - \frac{1}{\eta_{i3}} \tilde{c}_{ifc}^{\mathrm{T}} \dot{\hat{c}}_{ifc}$$

$$
-\frac{1}{\eta_{i4}}\tilde{b}_{ifc}^{\mathrm{T}}\dot{\hat{b}}_{ifc} - \frac{1}{\eta_{i5}}\tilde{c}_{ih}^{\mathrm{T}}\dot{\hat{c}}_{ih} - \frac{1}{\eta_{i6}}\tilde{b}_{ih}^{\mathrm{T}}\dot{\hat{b}}_{ih}
$$

$$
=\frac{1}{2}s_i^{\mathrm{T}}\dot{M}_i s_i + s_i^{\mathrm{T}}(F_i - F_{ci} - C_i s_i - h_i) - \frac{1}{\eta_{i1}}\tilde{W}_{ifc}^{\mathrm{T}}\dot{\hat{W}}_{ifc} - \frac{1}{\eta_{i2}}\tilde{W}_{ih}^{\mathrm{T}}\dot{\hat{W}}_{ih}
$$

$$
-\frac{1}{\eta_{i3}}\tilde{c}_{ifc}^{\mathrm{T}}\dot{\hat{c}}_{ifc} - \frac{1}{\eta_{i4}}\tilde{b}_{ifc}^{\mathrm{T}}\dot{\hat{b}}_{ifc} - \frac{1}{\eta_{i5}}\tilde{c}_{ih}^{\mathrm{T}}\dot{\hat{c}}_{ih} - \frac{1}{\eta_{i6}}\tilde{b}_{ih}^{\mathrm{T}}\dot{\hat{b}}_{ih}
$$

$$
=\frac{1}{2}s_i^{\mathrm{T}}(\dot{M}_i - 2C_i)s_i + s_i^{\mathrm{T}}(F_i - F_{ci} - h_i) - \frac{1}{\eta_{i1}}\tilde{W}_{ifc}^{\mathrm{T}}\dot{\hat{W}}_{ifc} - \frac{1}{\eta_{i2}}\tilde{W}_{ih}^{\mathrm{T}}\dot{\hat{W}}_{ih}
$$

$$
-\frac{1}{\eta_{i3}}\tilde{c}_{ifc}^{\mathrm{T}}\dot{\hat{c}}_{ifc} - \frac{1}{\eta_{i4}}\tilde{b}_{ifc}^{\mathrm{T}}\dot{\hat{b}}_{ifc} - \frac{1}{\eta_{i5}}\tilde{c}_{ih}^{\mathrm{T}}\dot{\hat{c}}_{ih} - \frac{1}{\eta_{i6}}\tilde{b}_{ih}^{\mathrm{T}}\dot{\hat{b}}_{ih}
$$

将控制律 (7.5a) 代入上式，可得

$$
\dot{V}_i = s_i^{\mathrm{T}}(\hat{F}_{ci} + \hat{h}_i - m_i s_i + u_{ic} + u_{i\tau} - F_{ci} - h_i) - \frac{1}{\eta_{i1}}\tilde{W}_{ifc}^{\mathrm{T}}\dot{\hat{W}}_{ifc} - \frac{1}{\eta_{i2}}\tilde{W}_{ih}^{\mathrm{T}}\dot{\hat{W}}_{ih}
$$

$$
-\frac{1}{\eta_{i3}}\tilde{c}_{ifc}^{\mathrm{T}}\dot{\hat{c}}_{ifc} - \frac{1}{\eta_{i4}}\tilde{b}_{ifc}^{\mathrm{T}}\dot{\hat{b}}_{ifc} - \frac{1}{\eta_{i5}}\tilde{c}_{ih}^{\mathrm{T}}\dot{\hat{c}}_{ih} - \frac{1}{\eta_{i6}}\tilde{b}_{ih}^{\mathrm{T}}\dot{\hat{b}}_{ih}
$$

对于任意函数 $\hat{f}_i = \sum\limits_{k=1}^{5}\hat{W}_{ik}\hat{\xi}_{ik} = \hat{W}_k^{\mathrm{T}}\hat{\xi}_k$，$f_i = \hat{W}_k^{\mathrm{T}}\hat{\xi}_k + \Delta_i$，$\Delta_i$ 为逼近误差，则

$$
\tilde{f}_i = f_i - \hat{f}_i = W_k^{\mathrm{T}}\hat{\xi}_k + \Delta_i - \hat{W}_k^{\mathrm{T}}\hat{\xi}_k
$$

$$
= (\hat{W}_k + \tilde{W}_k)^{\mathrm{T}}(\hat{\xi}_k + \tilde{\xi}_k) + \Delta_i - \hat{W}_k^{\mathrm{T}}\hat{\xi}_k
$$

$$
= \hat{W}_k^{\mathrm{T}}\tilde{\xi}_k + \tilde{W}_k^{\mathrm{T}}\hat{\xi}_k + \tilde{W}_k^{\mathrm{T}}\tilde{\xi}_k + \Delta_i
$$

$$
= \hat{W}_k^{\mathrm{T}}\tilde{\xi}_k + \tilde{W}_k^{\mathrm{T}}\hat{\xi}_k + \Delta_{1i}
$$

$$
\Delta_{1i} = \tilde{W}_k^{\mathrm{T}}\tilde{\xi}_k + \Delta_i + \hat{W}_k^{\mathrm{T}}o(h)
$$

根据泰勒级数展开，可得

$$
\tilde{\xi}_k = \frac{\partial \xi_k}{\partial \hat{c}_k} \cdot \tilde{c}_k + \frac{\partial \xi_k}{\partial \hat{b}_k} \cdot \tilde{b}_k
$$

因此，有

$$
\dot{V}_i = -m_i s_i^{\mathrm{T}}s_i + s_i^{\mathrm{T}}u_{ic} + s_i^{\mathrm{T}}u_{i\tau} - s_i^{\mathrm{T}}\tilde{F}_{ci} - s_i^{\mathrm{T}}\tilde{h}_i - \frac{1}{\eta_{i1}}\tilde{W}_{ifc}^{\mathrm{T}}\dot{\hat{W}}_{if} - \frac{1}{\eta_{i2}}\tilde{W}_{ih}^{\mathrm{T}}\dot{\hat{W}}_{ih}
$$

$$
-\frac{1}{\eta_{i3}}\tilde{c}_{ifc}^{\mathrm{T}}\dot{\hat{c}}_{ifc} - \frac{1}{\eta_{i4}}\tilde{b}_{ifc}^{\mathrm{T}}\dot{\hat{b}}_{ifc} - \frac{1}{\eta_{i5}}\tilde{c}_{ih}^{\mathrm{T}}\dot{\hat{c}}_{ih} - \frac{1}{\eta_{i6}}\tilde{b}_{ih}^{\mathrm{T}}\dot{\hat{b}}_{ih}
$$

$$
= -m_i s_i^{\mathrm{T}}s_i + s_i^{\mathrm{T}}u_{ic} + s_i^{\mathrm{T}}u_{i\tau} - s_i^{\mathrm{T}}\left[\tilde{W}_{ifc}^{\mathrm{T}}\hat{\xi}_{ifc} + \Delta_{1f}\right.
$$

$$+\hat{W}_{ifc}^{\mathrm{T}}\left(\frac{\partial\xi_{ifc}}{\partial\hat{c}_{ifc}}\cdot\tilde{c}_{ifc}+\frac{\partial\xi_{ifc}}{\partial\hat{b}_{ifc}}\cdot\tilde{b}_{ifc}\right)\Bigg]$$

$$-s_i^{\mathrm{T}}\left[\tilde{W}_{ih}^{\mathrm{T}}\hat{\xi}_{ih}+\Delta_{1h}+\hat{W}_{ih}^{\mathrm{T}}\left(\frac{\partial\xi_{ih}}{\partial\hat{c}_{ih}}\cdot\tilde{c}_{ih}+\frac{\partial\xi_{ih}}{\partial\hat{b}_{ih}}\cdot\tilde{b}_{ih}\right)\right]$$

$$-\frac{1}{\eta_{i1}}\tilde{W}_{ifc}^{\mathrm{T}}\dot{\hat{W}}_{ifc}-\frac{1}{\eta_{i2}}\tilde{W}_{ih}^{\mathrm{T}}\dot{\hat{W}}_{ih}$$

$$-\frac{1}{\eta_{i3}}\tilde{c}_{ifc}^{\mathrm{T}}\dot{\hat{c}}_{ifc}-\frac{1}{\eta_{i4}}\tilde{b}_{ifc}^{\mathrm{T}}\dot{\hat{b}}_{ifc}-\frac{1}{\eta_{i5}}\tilde{c}_{ih}^{\mathrm{T}}\dot{\hat{c}}_{ih}-\frac{1}{\eta_{i6}}\tilde{b}_{ih}^{\mathrm{T}}\dot{\hat{b}}_{ih}$$

由于 $\hat{W}_{ifc}^{\mathrm{T}}\dfrac{\partial\xi_{ifc}}{\partial\hat{c}_{ifc}}\cdot\tilde{c}_{ifc}=\tilde{c}_{ifc}^{\mathrm{T}}\dfrac{\partial\xi_{ifc}}{\partial\hat{c}_{ifc}}\cdot\hat{W}_{ifc}$，将参数自适应律 (7.6) 代入上式，可得

$$\dot{V}_i=-m_is_i^{\mathrm{T}}s_i+s_i^{\mathrm{T}}u_{ic}+s_i^{\mathrm{T}}u_{i\tau}-s_i^{\mathrm{T}}\Delta_{1f}-s_i^{\mathrm{T}}\Delta_{1h}$$
$$\leqslant -m_is_i^{\mathrm{T}}s_i+s_i^{\mathrm{T}}u_{ic}+s_i^{\mathrm{T}}u_{i\tau}+\left|s_i^{\mathrm{T}}\right|E_{1f}+\left|s_i^{\mathrm{T}}\right|E_{1h}$$

由式 (7.5c) 可知

$$\dot{V}_i\leqslant -m_is_i^{\mathrm{T}}s_i+s_i^{\mathrm{T}}u_{ic}+\left|s_i^{\mathrm{T}}\right|E_{1f}+\left|s_i^{\mathrm{T}}\right|E_{1h}$$

将式 (7.5b) 代入上式，可得 $\dot{V}_i\leqslant -m_is_i^2$，即 $\dot{V}=\displaystyle\sum_{i=1}^n\dot{V}_i\leqslant\sum_{i=1}^n-m_is_i^2$。由 $\displaystyle\int_0^\infty\sum_{i=1}^n m_is_i^2\leqslant-\int_0^\infty\dot{V}\mathrm{d}t=V(0)-V(\infty)<\infty$ 可知，$s_i\in L_2$；由式 (7.4) 可知，$\dot{s}_i\in L_\infty$，根据 Babalat 引理可知，$\displaystyle\lim_{t\to\infty}s_i(t)=0$，定理得证。

### 7.2.2 仿真与分析

这里将上述控制器应用于如图 7.2(a) 所示的二自由度可重构机械臂，建立基座坐标系，在受限表面的 $x$ 方向上控制力，在 $y$ 方向上控制位置轨迹。可重构机械臂各杆长为 0.5m，质量为 2kg。

二自由度可重构机械臂的期望位置轨迹为 $y_d=0.5\sin(t)$，期望力 $F_d=10\mathrm{N}$。仿真结果如图 7.3 所示。

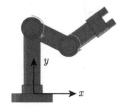

(a) 平面二自由度可重构机械臂

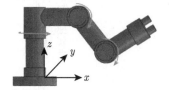

(b) 三自由度可重构机械臂

图 7.2 可重构机械臂构型

图 7.2(b) 所示的三自由度可重构机械臂要求在受限表面的 $x$ 方向上控制力，在 $y$、$z$ 方向上控制位置轨迹。设期望值 $y_d = 0.3 + 0.1\cos(t)$，$z_d = 0.01t$，$F_d = 10\text{N}$，仿真结果如图 7.4 所示。

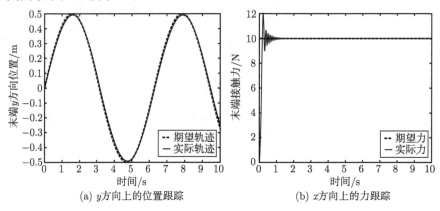

(a) $y$方向上的位置跟踪　　　　　　　　(b) $x$方向上的力跟踪

图 7.3　平面二自由度可重构机械臂力/位置跟踪效果

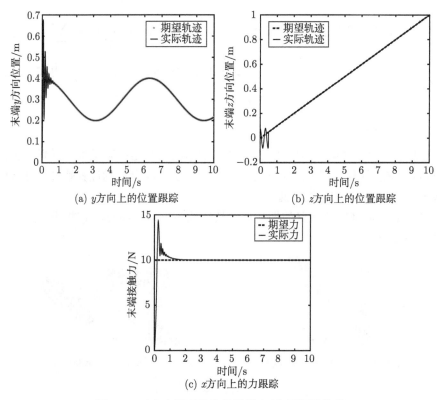

(a) $y$方向上的位置跟踪　　　　　　　　(b) $z$方向上的位置跟踪

(c) $x$方向上的力跟踪

图 7.4　三自由度可重构机械臂力/位置跟踪效果

上述仿真结果表明，在可重构机械臂末端已与接触面接触的前提下，所提出的分散力/位置混合控制方法在无末端力传感器的情况下，应用中心和宽度自适应可调的 RBFNN 软测量模型输出来代替实际的末端接触力，能够满足受限空间内位置和力控制的要求。但在机械臂由自由空间向受限空间过渡时应用该方法会引起较大的冲击力，严重时会损坏机械臂或接触面，为此设计一种基于阻抗内环/力外环控制器，可实现两个空间的平稳过渡且能跟踪设定的期望位置和力。

## 7.3 基于软测量的可重构机械臂分散阻抗力/位置控制

目前，机械臂力控制的研究工作多集中在机械臂末端已经与环境保持接触时的控制，不能同时满足机械臂自由空间的位置跟踪要求和受限空间的力跟踪要求，需要对机械臂由自由空间向受限空间的过渡过程 (碰撞) 进行研究。传统的阻抗控制方法由于环境刚度、位置等参数不易确知，具有很大的局限性，应将智能控制方法引入阻抗控制中，当环境参数未知时也使机械臂能够跟踪期望位置和期望力。

本节针对上述问题进行分析，提出一种基于模糊预测参考轨迹的阻抗内环/力外环分散力控制方法，通过模糊系统逼近末端接触力，这样在无末端力传感器的情况下可重构机械臂仍能跟踪其受限空间内的期望位置和接触力。具体设计目标为在无末端力传感器的情况下，设计一个阻抗内环/力外环的分散控制器。在受限表面的某一方向上控制机械臂末端位置轨迹，在其他方向上控制接触力。外环力控制器利用力误差及误差变化率模糊调节参考轨迹中的比例因子，并利用预测方法产生参考轨迹，以此作为内环阻抗控制器的输入；接触力采用模糊系统进行逼近。

### 7.3.1 分散阻抗力/位置控制器设计及稳定性分析

针对可重构机械臂系统的动力学模型 (7.3)，系统总体的控制框图如图 7.5 所示。定义系统的力误差和位置误差：$e_{fi} = \hat{F}_{ci} - F_{di}$，$e_{pi} = x_i - x_{di}$。其中，$\hat{F}_{ci}$ 为接触力的软测量估计值，$F_{di}$ 为期望接触力，$x_i$ 为末端执行器的位置，$x_{di}$ 为期望位置。

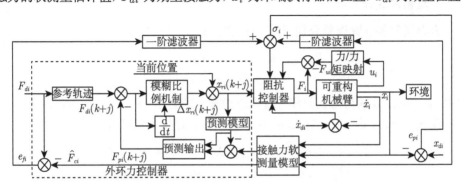

图 7.5 分散阻抗力/位置控制系统总体的控制框图

**1. 模糊预测参考轨迹算法**

**1) 参考轨迹**

参考轨迹使输出由当前值逐步过渡到设定值，$F_{di}(k+j) = \alpha^j \hat{F}_{ci} + (1-\alpha^j)F_{di}$，$\alpha$ 为柔化系数，$k$ 为采样时间，$j$ 为预测步长。

**2) 预测模型**

预测模型中取 $B_d \dot{X} + K_d(X - X_r) = F_d - F_c$，在子系统中该公式表示为

$$F_{mi}(k+j) = F_{di}(k+j) - b_d \dot{x}_i(k) - k_d[x_i(k) - x_{ri}(k)]$$

式中，$B_d$ 和 $K_d$ 分别为机械臂期望的阻尼和刚度矩阵；$X$ 为机械臂末端位置向量；$X_r$ 为外环力控制器输出向量。

**3) 预测输出 (相当于反馈校正环节)**

预测输出中取

$$F_{pi}(k+j) = F_{mi}(k+j) + \beta_j[\hat{F}_{ci} - F_{mi}(k)]$$

式中，$\beta_i$ 为修正系数。

图 7.5 中，有

$$x_{ri}(k) = x_{ri}(k-1) + \Delta x_{ri}(k) = x_{ri}(k-1) + \gamma_i(k)\psi_{ki}$$

式中，$\psi_{ki} = \{x_{ki}^-, x_{ki}^+ | k = 1, 2, \cdots, m\}$，$x_{ki}^-$、$x_{ki}^+$ 分别为每个采样周期内参考轨迹变化的上下限，它的大小取决于接触过程中的环境变形量；$\gamma_i(k)$ 为比例因子，用来调节参考轨迹的变化范围，以适应环境刚度的变化。对其采用模糊调节，其调整规则如下。

(1) 当力误差和误差变化率都较小时，$\gamma_i(k)$ 很小。

(2) 当力误差和误差变化率都较大时，$\gamma_i(k)$ 根据力误差和误差变化率的正负分别趋向于 0 或 1。

**2. 控制器设计**

为力误差和位置误差分别引入一阶滤波器：

$$\dot{\mu}_i + k\mu_i = \eta e_{fi}$$
$$\dot{a}_i + ka_i = \lambda e_{pi}$$

式中，$\mu_i$ 和 $a_i$ 分别为力误差和位置误差滤波器的输出；$k$、$\eta$、$\lambda$ 均为正常数。

设 $\sigma_i = \dot{e}_{pi} + a_i + \mu_i$，即 $a_i = \sigma_i - \dot{e}_{pi} - \mu_i$，对其求导可得

$$\begin{aligned}\dot{\sigma}_i &= \ddot{e}_{pi} + \dot{a}_i + \dot{\mu}_i = \ddot{e}_{pi} + \lambda e_{pi} - ka_i + \eta e_{fi} - k\mu_i \\ &= \ddot{e}_{pi} + \lambda e_{pi} - k(\sigma_i - \dot{e}_{pi} - \mu_i) + \eta e_{fi} - k\mu_i \\ &= \ddot{e}_{pi} + \lambda e_{pi} + k\dot{e}_{pi} - k\sigma_i + \eta e_{fi}\end{aligned}$$

对上式进行变换，可得

$$\ddot{e}_{pi} + k\dot{e}_{pi} + \lambda e_{pi} = \dot{\sigma}_i + k\sigma_i - \eta e_{fi}$$

取 $k = m_d^{-1}b_d$、$\lambda = m_d^{-1}k_d$、$\eta = m_d^{-1}$、$\dot{\sigma}_i = 0$ 及 $\sigma_i = 0$，即达到如式 (7.7) 所示的理想阻抗模型：

$$m_d\ddot{e}_{pi} + b_d\dot{e}_{pi} + k_d e_{pi} = -e_{fi} \tag{7.7}$$

由公式 $\sigma_i = \dot{e}_{pi} + a_i + \mu_i$ 可知，若

$$\sigma_i = 0 \Rightarrow \dot{x}_{ieq} = \dot{x}_{di} - a_i - \mu_i$$

$$\dot{\sigma}_i = 0 \Rightarrow \ddot{x}_{ieq} = \ddot{x}_{di} - \dot{a}_i - \dot{\mu}_i$$

由于 $\sigma_i = \dot{e}_{pi} + a_i + \mu_i$，有

$$\begin{aligned}
\dot{\sigma}_i &= \ddot{e}_{pi} + \dot{a}_i + \dot{\mu}_i \\
&= M_i^{-1}[F_i - F_{ci} - C_i(x_i, \dot{x}_i)\dot{x}_i - G_i(x_i) - F_{fi}(x_i, \dot{x}_i, t) \\
&\quad - Z_i(X, \dot{X}, \ddot{X})] - \ddot{x}_{di} + \dot{a}_i + \dot{\mu}_i
\end{aligned} \tag{7.8}$$

可得控制律为

$$\begin{aligned}
F_i &= \hat{F}_{ci}(x_i, \dot{x}_i, e_{pi}) + \hat{C}_i(x_i, \dot{x}_i)\dot{x}_i + \hat{G}_i(x_i) + \hat{F}_{fi}(x_i, \dot{x}_i, t) \\
&\quad + \hat{Z}_i(X, \dot{X}, \ddot{X}) + \hat{M}_i(\ddot{x}_{di} - \dot{a}_i - \dot{\mu}_i) - m_i\sigma_i + u_{ic} + u_{ia} \\
&= \hat{M}_i\ddot{x}_{ieq} + \hat{C}_i\dot{x}_{ieq} + \hat{G}_i(x_i) + \hat{F}_{fi}(x_i, \dot{x}_i, t) + \hat{Z}_i(X, \dot{X}, \ddot{X}) \\
&\quad + \hat{F}_{ci} - m_i\sigma_i + u_{ic} + u_{ia}
\end{aligned} \tag{7.9a}$$

$$u_{ic} = -(d_{im}|\ddot{x}_{ieq}| + d_{ic}|\dot{x}_{ieq}| + d_{ig} + d_{if} + d_{iz} + d_{ifc})\mathrm{sign}(\sigma_i^{\mathrm{T}}) \tag{7.9b}$$

$$u_{ia} = -k_{ia}|F_i - F_{ui}|\mathrm{sign}(\sigma_i^{\mathrm{T}}) \tag{7.9c}$$

式中，$d_{im}$、$d_{ic}$、$d_{ig}$、$d_{if}$、$d_{iz}$ 和 $d_{ifc}$ 分别为 $M_i(x_i)$、$C_i(x_i, \dot{x}_i)$、$G_i(x_i)$、$F_{fi}(x_i, \dot{x}_i, t)$、$Z_i(X, \dot{X}, \ddot{X})$ 和 $F_{ci}$ 模糊估计误差的上界；$F_{ci}$、$M_i(x_i)$、$C_i(x_i, \dot{x}_i)$、$G_i(x_i)$、$F_{fi}(x_i, \dot{x}_i, t)$ 和 $Z_i(X, \dot{X}, \ddot{X})$ 的估计值分别是 $\hat{F}_{ci}(x_i, \dot{x}_i, e_{pi})$、$\hat{M}_i(x_i)$、$\hat{C}_i(x_i, \dot{x}_i)$、$\hat{G}_i(x_i)$、$\hat{F}_{fi}(x_i, \dot{x}_i, t)$ 和 $\hat{Z}_i(X, \dot{X}, \ddot{X})$；$u_{ic}$ 为估计误差补偿项；$u_{ia}$ 为关节力矩的补偿值。各估计值可表示为

$$\hat{F}_{ci}(x_i, \dot{x}_i, \sigma_i) = \hat{\theta}_{ifc}^{\mathrm{T}}\xi_{ifc}(x_i, \dot{x}_i, \sigma_i)$$

$$\hat{M}_i(x_i) = \hat{\theta}_{im}^{\mathrm{T}}\xi_{im}(x_i)$$

$$\hat{C}_i(x_i,\ \dot{x}_i) = \hat{\theta}_{ic}^{\mathrm{T}}\xi_{ic}(x_i,\ \dot{x}_i)$$

$$\hat{G}_i(x_i) = \hat{\theta}_{ig}^{\mathrm{T}}\xi_{ig}(x_i)$$

$$\hat{F}_{fi}(x_i,\ \dot{x}_i,t) = \hat{\theta}_{fi}^{\mathrm{T}}\xi_{fi}(x_i,\ \dot{x}_i,t)$$

$$\hat{Z}_i(X,\ \dot{X},\ \ddot{X}) = \hat{\theta}_{iz}^{\mathrm{T}}\xi_{iz}(X,\ \dot{X},\ \ddot{X})$$

式中, $\hat{\theta}_{ifc}$、$\hat{\theta}_{im}$、$\hat{\theta}_{ic}$、$\hat{\theta}_{ig}$、$\hat{\theta}_{fi}$、$\hat{\theta}_{iz}$ 为可调参数向量; $\xi_{ifc}(x_i,\dot{x}_i,\sigma_i)$、$\xi_{im}(x_i)$、$\xi_{ic}(x_i,\dot{x}_i)$、$\xi_{ig}(x_i)$、$\xi_{fi}(x_i,\dot{x}_i)$、$\xi_{iz}(X,\dot{X},\ddot{X})$ 为模糊基函数向量。

自适应律算法取为

$$\dot{\hat{\theta}}_{im} = \eta_{i1}\sigma_i^{\mathrm{T}}\xi_{im}(x_i)\ddot{x}_{ieq} \tag{7.10a}$$

$$\dot{\hat{\theta}}_{ic} = \eta_{i2}\sigma_i^{\mathrm{T}}\xi_{ic}(x_i,\dot{x}_i)\dot{x}_{ieq} \tag{7.10b}$$

$$\dot{\hat{\theta}}_{ig} = \eta_{i3}\sigma_i^{\mathrm{T}}\xi_{ig}(x_i) \tag{7.10c}$$

$$\dot{\hat{\theta}}_{iz} = \eta_{i4}\sigma_i^{\mathrm{T}}\xi_{iz}(X,\dot{X},\ddot{X}) \tag{7.10d}$$

$$\dot{\hat{\theta}}_{ifc} = \eta_{i5}\sigma_i^{\mathrm{T}}\xi_{ifc}(x_i,\dot{x}_i,\sigma_i) \tag{7.10e}$$

$$\dot{\hat{\theta}}_{fi} = \eta_{i6}\sigma_i^{\mathrm{T}}\xi_{fi}(x_i,\dot{x}_i) \tag{7.10f}$$

式中, $\eta_{i1}$、$\eta_{i2}$、$\eta_{i3}$、$\eta_{i4}$、$\eta_{i5}$、$\eta_{i6}$ 均为正常数。

**假设 7.2** 模糊系统的逼近误差有界, 即 $|\varepsilon_{im}| \leqslant d_{im}$, $|\varepsilon_{ic}| \leqslant d_{ic}$, $|\varepsilon_{ig}| \leqslant d_{ig}$, $|\varepsilon_{fi}| \leqslant d_{fi}$, $|\varepsilon_{iz}| \leqslant d_{iz}$, $|\varepsilon_{ifc}| \leqslant d_{ifc}$, 其中 $\varepsilon_{im}$、$\varepsilon_{ic}$、$\varepsilon_{ig}$、$\varepsilon_{fi}$、$\varepsilon_{iz}$、$\varepsilon_{ifc}$ 分别为 $M_i(x_i)$、$C_i(x_i,\dot{x}_i)$、$G_i(x_i)$、$F_{fi}(x_i,\dot{x}_i,t)$、$Z_i(X,\dot{X},\ddot{X})$ 和 $F_{ci}$ 的模糊逼近误差; $d_{im}$、$d_{ic}$、$d_{ig}$、$d_{if}$、$d_{iz}$、$d_{ifc}$ 均为正常数。

**定理 7.2** 对于可重构机械臂子系统动力学模型 (7.3), 若应用分散控制律 (7.9) 和参数自适应律 (7.10), 则可以保证可重构机械臂系统达到如式 (7.7) 所示的目标阻抗。

**证明** 选取李雅普诺夫函数为

$$V = \sum_{i=1}^{n} V_i$$

式中

$$V_i = \frac{1}{2}M_i\sigma_i^2 + \frac{1}{2\eta_{i1}}\tilde{\theta}_{im}^{\mathrm{T}}\tilde{\theta}_{im} + \frac{1}{2\eta_{i2}}\tilde{\theta}_{ic}^{\mathrm{T}}\tilde{\theta}_{ic} + \frac{1}{2\eta_{i3}}\tilde{\theta}_{ig}^{\mathrm{T}}\tilde{\theta}_{ig} + \frac{1}{2\eta_{i4}}\tilde{\theta}_{iz}^{\mathrm{T}}\tilde{\theta}_{iz}$$
$$+ \frac{1}{2\eta_{i5}}\tilde{\theta}_{ifc}^{\mathrm{T}}\tilde{\theta}_{ifc} + \frac{1}{2\eta_{i6}}\tilde{\theta}_{fi}^{\mathrm{T}}\tilde{\theta}_{fi}$$

对上式求导可得

$$\dot{V}_i = \frac{1}{2}\sigma_i^{\mathrm{T}}\dot{M}_i\sigma_i + \sigma_i^{\mathrm{T}}M_i\dot{\sigma}_i - \frac{1}{\eta_{i1}}\tilde{\theta}_{im}^{\mathrm{T}}\dot{\hat{\theta}}_{im} - \frac{1}{\eta_{i2}}\tilde{\theta}_{ic}^{\mathrm{T}}\dot{\hat{\theta}}_{ic} + \frac{1}{\eta_{i3}}\tilde{\theta}_{ig}^{\mathrm{T}}\dot{\hat{\theta}}_{ig} - \frac{1}{\eta_{i4}}\tilde{\theta}_{iz}^{\mathrm{T}}\dot{\hat{\theta}}_{iz}$$

$$- \frac{1}{\eta_{i5}} \tilde{\theta}_{ifc}^{\mathrm{T}} \dot{\hat{\theta}}_{ifc} - \frac{1}{\eta_{i6}} \tilde{\theta}_{fi}^{\mathrm{T}} \dot{\hat{\theta}}_{fi}$$

$$= \sigma_i^{\mathrm{T}} M_i \dot{\sigma}_i + \sigma_i^{\mathrm{T}} C_i \sigma_i - \frac{1}{\eta_{i1}} \tilde{\theta}_{im}^{\mathrm{T}} \dot{\hat{\theta}}_{im} - \frac{1}{\eta_{i2}} \tilde{\theta}_{ic}^{\mathrm{T}} \dot{\hat{\theta}}_{ic} - \frac{1}{\eta_{i3}} \tilde{\theta}_{ig}^{\mathrm{T}} \dot{\hat{\theta}}_{ig} - \frac{1}{\eta_{i4}} \tilde{\theta}_{iz}^{\mathrm{T}} \dot{\hat{\theta}}_{iz}$$

$$- \frac{1}{\eta_{i5}} \tilde{\theta}_{ifc}^{\mathrm{T}} \dot{\hat{\theta}}_{ifc} - \frac{1}{\eta_{i6}} \tilde{\theta}_{fi}^{\mathrm{T}} \dot{\hat{\theta}}_{fi}$$

$$= \sigma_i^{\mathrm{T}} (M_i \ddot{x}_i - M_i \ddot{x}_{ieq}) + \sigma_i^{\mathrm{T}} (C_i \dot{x}_i - C_i \dot{x}_{ieq}) - \frac{1}{\eta_{i1}} \tilde{\theta}_{im}^{\mathrm{T}} \dot{\hat{\theta}}_{im} - \frac{1}{\eta_{i2}} \tilde{\theta}_{ic}^{\mathrm{T}} \dot{\hat{\theta}}_{ic}$$

$$- \frac{1}{\eta_{i3}} \tilde{\theta}_{ig}^{\mathrm{T}} \dot{\hat{\theta}}_{ig} - \frac{1}{\eta_{i4}} \tilde{\theta}_{iz}^{\mathrm{T}} \dot{\hat{\theta}}_{iz} - \frac{1}{\eta_{i5}} \tilde{\theta}_{ifc}^{\mathrm{T}} \dot{\hat{\theta}}_{ifc} - \frac{1}{\eta_{i6}} \tilde{\theta}_{fi}^{\mathrm{T}} \dot{\hat{\theta}}_{fi}$$

$$= \sigma_i^{\mathrm{T}} (M_i \ddot{x}_i + C_i \dot{x}_i - M_i \ddot{x}_{ieq} - C_i \dot{x}_{ieq}) - \frac{1}{\eta_{i1}} \tilde{\theta}_{im}^{\mathrm{T}} \dot{\hat{\theta}}_{im} - \frac{1}{\eta_{i2}} \tilde{\theta}_{ic}^{\mathrm{T}} \dot{\hat{\theta}}_{ic} - \frac{1}{\eta_{i3}} \tilde{\theta}_{ig}^{\mathrm{T}} \dot{\hat{\theta}}_{ig}$$

$$- \frac{1}{\eta_{i4}} \tilde{\theta}_{iz}^{\mathrm{T}} \dot{\hat{\theta}}_{iz} - \frac{1}{\eta_{i5}} \tilde{\theta}_{ifc}^{\mathrm{T}} \dot{\hat{\theta}}_{ifc} - \frac{1}{\eta_{i6}} \tilde{\theta}_{fi}^{\mathrm{T}} \dot{\hat{\theta}}_{fi}$$

$$= \sigma_i^{\mathrm{T}} (F_i - F_{ci} - G_i(x_i) - F_{fi}(x_i, \dot{x}_i, t) - Z_i(X, \dot{X}, \ddot{X}) - M_i \ddot{x}_{ieq} - C_i \dot{x}_{ieq})$$

$$- \frac{1}{\eta_{i1}} \tilde{\theta}_{im}^{\mathrm{T}} \dot{\hat{\theta}}_{im} - \frac{1}{\eta_{i2}} \tilde{\theta}_{ic}^{\mathrm{T}} \dot{\hat{\theta}}_{ic} - \frac{1}{\eta_{i3}} \tilde{\theta}_{ig}^{\mathrm{T}} \dot{\hat{\theta}}_{ig} - \frac{1}{\eta_{i4}} \tilde{\theta}_{iz}^{\mathrm{T}} \dot{\hat{\theta}}_{iz} - \frac{1}{\eta_{i5}} \tilde{\theta}_{ifc}^{\mathrm{T}} \dot{\hat{\theta}}_{ifc} - \frac{1}{\eta_{i6}} \tilde{\theta}_{fi}^{\mathrm{T}} \dot{\hat{\theta}}_{fi}$$

将式 (7.9a) 代入上式, 由于任意函数 $f_i(x_i) = \theta_i^{\mathrm{T}} \xi_i(x_i) + \varepsilon_i(x_i)$, $\hat{f}_i(x_i, \hat{\theta}_i^{\mathrm{T}}) = \hat{\theta}_i^{\mathrm{T}} \xi_i(x_i)$, 则有

$$\dot{V}_i = \sigma_i^{\mathrm{T}} (\hat{M}_i \ddot{x}_{ieq} + \hat{C}_i \dot{x}_{ieq} + \hat{G}_i(x_i) + \hat{F}_{fi}(x_i, \dot{x}_i, t) + \hat{Z}_i(X, \dot{X}, \ddot{X})$$

$$+ \hat{F}_{ci} - m_i \sigma_i + u_{ic} + u_{ia}$$

$$- F_{ci} - G_i(x_i) - F_{fi}(x_i, \dot{x}_i, t) - Z_i(X, \dot{X}, \ddot{X}) - M_i \ddot{x}_{ieq} - C_i \dot{x}_{ieq}) - \frac{1}{\eta_{i1}} \tilde{\theta}_{im}^{\mathrm{T}} \dot{\hat{\theta}}_{im}$$

$$- \frac{1}{\eta_{i2}} \tilde{\theta}_{ic}^{\mathrm{T}} \dot{\hat{\theta}}_{ic} - \frac{1}{\eta_{i3}} \tilde{\theta}_{ig}^{\mathrm{T}} \dot{\hat{\theta}}_{ig} - \frac{1}{\eta_{i4}} \tilde{\theta}_{iz}^{\mathrm{T}} \dot{\hat{\theta}}_{iz} - \frac{1}{\eta_{i5}} \tilde{\theta}_{ifc}^{\mathrm{T}} \dot{\hat{\theta}}_{ifc} - \frac{1}{\eta_{i6}} \tilde{\theta}_{fi}^{\mathrm{T}} \dot{\hat{\theta}}_{fi}$$

$$= -m_i \sigma_i^2 + \sigma_i^{\mathrm{T}} u_{ic} + \sigma_i^{\mathrm{T}} u_{ia} + \sigma_i^{\mathrm{T}} (\tilde{M}_i \ddot{x}_{ieq} + \tilde{C}_i \dot{x}_{ieq} + \tilde{G}_i(x_i) + \tilde{Z}_i(X, \dot{X}, \ddot{X})$$

$$+ \tilde{F}_{ci} + \tilde{F}_{fi}(x_i, \dot{x}_i, t)) + \sigma_i^{\mathrm{T}} (-\varepsilon_{im} \ddot{x}_{ieq} - \varepsilon_{ic} \dot{x}_{ieq} - \varepsilon_{ig} - \varepsilon_{iz} - \varepsilon_{ifc} - \varepsilon_{fi})$$

$$- \frac{1}{\eta_{i1}} \tilde{\theta}_{im}^{\mathrm{T}} \dot{\hat{\theta}}_{im} - \frac{1}{\eta_{i2}} \tilde{\theta}_{ic}^{\mathrm{T}} \dot{\hat{\theta}}_{ic} - \frac{1}{\eta_{i3}} \tilde{\theta}_{ig}^{\mathrm{T}} \dot{\hat{\theta}}_{ig} - \frac{1}{\eta_{i4}} \tilde{\theta}_{iz}^{\mathrm{T}} \dot{\hat{\theta}}_{iz} - \frac{1}{\eta_{i5}} \tilde{\theta}_{ifc}^{\mathrm{T}} \dot{\hat{\theta}}_{ifc} - \frac{1}{\eta_{i6}} \tilde{\theta}_{fi}^{\mathrm{T}} \dot{\hat{\theta}}_{fi}$$

$$= -m_i \sigma_i^2 + \sigma_i^{\mathrm{T}} u_{ic} + \sigma_i^{\mathrm{T}} u_{ia} + \sigma_i^{\mathrm{T}} \tilde{\theta}_{im}^{\mathrm{T}} \xi_{im} \ddot{x}_{ieq} + \sigma_i^{\mathrm{T}} \tilde{\theta}_{ic}^{\mathrm{T}} \xi_{ic} \dot{x}_{ieq} + \sigma_i^{\mathrm{T}} \tilde{\theta}_{ig}^{\mathrm{T}} \xi_{ig} + \sigma_i^{\mathrm{T}} \tilde{\theta}_{iz}^{\mathrm{T}} \xi_{iz}$$

$$+ \sigma_i^{\mathrm{T}} \tilde{\theta}_{ifc}^{\mathrm{T}} \xi_{ifc} + \sigma_i^{\mathrm{T}} \tilde{\theta}_{fi}^{\mathrm{T}} \xi_{fi} + \sigma_i^{\mathrm{T}} (-\varepsilon_{im} \ddot{x}_{ieq} - \varepsilon_{ic} \dot{x}_{ieq} - \varepsilon_{ig} - \varepsilon_{iz} - \varepsilon_{ifc} - \varepsilon_{fi})$$

$$- \frac{1}{\eta_{i1}} \tilde{\theta}_{im}^{\mathrm{T}} \dot{\hat{\theta}}_{im} - \frac{1}{\eta_{i2}} \tilde{\theta}_{ic}^{\mathrm{T}} \dot{\hat{\theta}}_{ic} - \frac{1}{\eta_{i3}} \tilde{\theta}_{ig}^{\mathrm{T}} \dot{\hat{\theta}}_{ig} - \frac{1}{\eta_{i4}} \tilde{\theta}_{iz}^{\mathrm{T}} \dot{\hat{\theta}}_{iz} - \frac{1}{\eta_{i5}} \tilde{\theta}_{ifc}^{\mathrm{T}} \dot{\hat{\theta}}_{ifc} - \frac{1}{\eta_{i6}} \tilde{\theta}_{fi}^{\mathrm{T}} \dot{\hat{\theta}}_{fi}$$

将参数自适应律 (7.10) 代入上式, 可得

$$\dot{V}_i = -m_i \sigma_i^2 + \sigma_i^{\mathrm{T}} u_{ic} + \sigma_i^{\mathrm{T}} u_{ia} + \sigma_i^{\mathrm{T}} (-\varepsilon_{im} \ddot{x}_{ieq} - \varepsilon_{ic} \dot{x}_{ieq} - \varepsilon_{ig} - \varepsilon_{iz} - \varepsilon_{ifc} - \varepsilon_{fi})$$

$$\leqslant -m_i \sigma_i^2 + \sigma_i^{\mathrm{T}} u_{ic} + \sigma_i^{\mathrm{T}} u_{ia} + |\sigma_i^{\mathrm{T}}| (|\varepsilon_{im}| |\ddot{x}_{ieq}| + |\varepsilon_{ic}| |\dot{x}_{ieq}| + |\varepsilon_{ig}|$$

$$+ |\varepsilon_{iz}| + |\varepsilon_{ifc}| + |\varepsilon_{fi}|)$$

$$\leqslant -m_i\sigma_i^2 + \sigma_i^{\mathrm{T}} u_{ic} + \sigma_i^{\mathrm{T}} u_{ia} + \left|\sigma_i^{\mathrm{T}}\right|(d_{im}\left|\ddot{x}_{ieq}\right| + d_{ic}\left|\dot{x}_{ieq}\right| + d_{ig} + d_{iz}$$
$$+ d_{ifc} + d_{fi})$$

由式 (7.9c) 可知

$$\dot{V}_i \leqslant -m_i\sigma_i^2 + \sigma_i^{\mathrm{T}} u_{ic} + \left|\sigma_i^{\mathrm{T}}\right|(d_{im}\left|\ddot{x}_{ieq}\right| + d_{ic}\left|\dot{x}_{ieq}\right| + d_{ig} + d_{iz} + d_{ifc} + d_{fi})$$

将式 (7.9b) 代入上式, 可得 $\dot{V}_i \leqslant -m_i\sigma_i^2$, 即 $\dot{V} = \sum\limits_{i=1}^{n}\dot{V}_i \leqslant \sum\limits_{i=1}^{n} -m_i\sigma_i^2$。由

$\int_0^\infty \sum\limits_{i=1}^{n} m_i\sigma_i^2 \leqslant -\int_0^\infty \dot{V}\mathrm{d}t = V(0) - V(\infty) < \infty$ 可知, $\sigma_i \in L_2$；由式 (7.8) 可

知, $\dot{\sigma}_i \in L_\infty$。根据 Babalat 引理可知, $\lim\limits_{t\to\infty}\sigma_i(t) = 0$, 定理得证。

### 7.3.2　仿真与分析

这里将阻抗内环/力外环控制器应用于如图 7.2(a) 所示的二自由度可重构机械臂。设 $F_d = 1 + \sin(t)$, $y_d = y_0 + 0.5\sin(t)$, 仿真结果如图 7.6 所示。

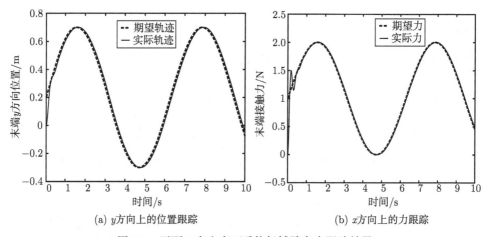

(a) $y$ 方向上的位置跟踪　　　　　　　　(b) $x$ 方向上的力跟踪

图 7.6　平面二自由度可重构机械臂变力跟踪效果

将上述控制器应用于如图 7.2(b) 所示的三自由度可重构机械臂, 仿真结果如图 7.7 所示。设在接触面上跟踪的期望位置为 $x_d = \sin t$, $y_d = \cos(t)$, 在 $z$ 方向上控制接触力为 $F_d = 1 + \sin(t)$。

验证三自由度可重构机械臂由自由空间向受限空间平稳过渡：在自由空间时, $F_d = 0\mathrm{N}$, $x_d = \sin(t)$, $y_d = \cos(t)$；在 $t = 1\mathrm{s}$ 时进入受限空间, $F_d = 1 + \sin(t)$, $x_d = \sin(t)$, $y_d = \cos(t)$, 仿真结果如图 7.8 所示。

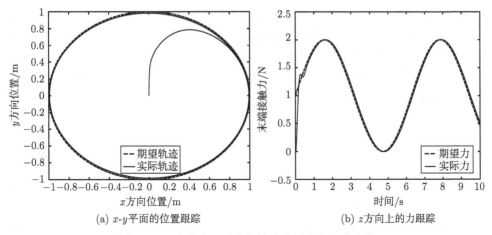

(a) $x$-$y$ 平面的位置跟踪　　　　　　(b) $z$ 方向上的力跟踪

图 7.7　三自由度可重构机械臂位置和力跟踪曲线

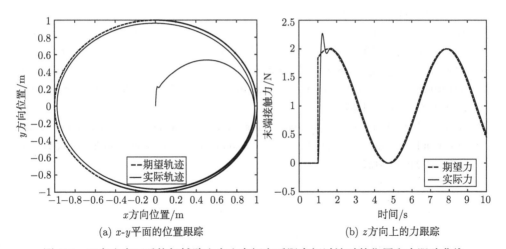

(a) $x$-$y$ 平面的位置跟踪　　　　　　(b) $z$ 方向上的力跟踪

图 7.8　三自由度可重构机械臂由自由空间向受限空间过渡时的位置和力跟踪曲线

　　由图 7.8 可以看出，本节所提出的模糊预测修正参考轨迹的阻抗内环控制方法可以较好地实现由自由空间向受限空间的过渡，将碰撞时的力控制在一定范围内。

　　由分散力/位置混合控制和分散阻抗力/位置控制两种方法的仿真结果可以看出，本节所提出的控制方法在无末端力传感器的情况下，通过将智能控制方法与力控制方法相结合，不但能实现系统由无约束到有约束运动的稳定转换，而且能满足在自由空间和受限空间内位置与力控制的要求。

## 7.4　本 章 小 结

　　本章建立了基于自适应 RBFNN 及模糊系统的可重构机械臂末端接触力软测

量模型，代替实际的腕力传感器实现了可重构机械臂在自由空间和受限空间内的位置与力控制；设计了基于模糊预测的阻抗内环/力外环控制器，通过合理地调整参考轨迹有效减少了机械臂与环境接触时的冲击力。本章所建立的两种软测量模型不需要知道接触力与其辅助变量之间具体的数学关系，为解决腕力传感器造价昂贵且易受环境影响的问题提供了一个可行的解决办法。

## 参 考 文 献

[1] Colome A, Pardo D, Alenya G, et al. External force estimation during compliant robot manipulation[C]. IEEE International Conference on Robotics and Automation, Karlsruhe, 2013: 3535-3540.

[2] Qin J, Léonard F, Abba G. Experimental external force estimation using a non-linear observer for 6 axes flexible-joint industrial manipulators[C]. 9th Asian Control Conference, Istanbul, 2013: 1-6.

[3] Wang L J, Meng B. Distributed force/position consensus tracking of networked robotic manipulators[J]. IEEE/CAA Journal of Automatica Sinica, 2014, 2(3): 180-186.

[4] Chan L P, Naghdy F, Stirling D. Extended active observer for force estimation and disturbance rejection of robotic manipulators[J]. Robotics and Autonomous Systems, 2013, 61(12): 1277-1287.

[5] Kassem A M. Robust voltage control of a standalone wind energy conversion system based on functional model predictive approach[J]. Electrical Power and Energy Systems, 2012, 41(1): 124-132.

# 第 8 章   总结及展望

## 8.1   主要研究成果

可重构机械臂具有模块化、鲁棒性高和容错性好等特点,近年来其应用领域日趋广泛。可重构机械臂方面的研究热点包括运动学与动力学建模、自由空间的轨迹跟踪控制、容错控制、受限空间的位置和力控制以及构型优化等。基于可重构机械臂模块化的特点,只依赖于自身关节局部信息的分散控制方法更适合于可重构机械臂的控制。本书综述了可重构机械臂的国内外发展现状及所研究的关键问题,对可重构机械臂的运动学与动力学建模、构型优化、分散轨迹跟踪控制、主动容错控制、非脆弱鲁棒控制以及基于软测量的分散位置/力控制等问题进行了重点介绍,具体如下。

(1) 给出了基于旋量理论的可重构机械臂正运动学的指数积公式;介绍了基于改进粒子群优化算法的可重构机械臂逆运动学的求解过程,克服了传统数值迭代算法计算量大、数值解不唯一的缺点;推导了迭代牛顿–欧拉动力学方程,由此得出可重构机械臂的动力学模型;提出了一种基于改进的模糊 C 均值聚类算法的可重构机械臂模糊建模方法,并给出了仿真验证。

(2) 根据可重构机械臂的功能特点和模块划分的基本原则进行了基本模块的划分;基于连接模块数、模块类型和连接方位为可重构机械臂设计了构型表达矩阵,在满足可达性、关节转角限制和避免构型奇异的约束条件下,综合考虑模块数量和连接方位,利用 ACPGA 搜索到了可重构机械臂在受限空间内完成任务的最优构型。

(3) 针对可重构机械臂在自由空间内的轨迹跟踪控制问题,设计了基于 ESO 的分散自适应模糊控制器,利用 ESO 逼近各子系统间的耦合关联项,并在此基础上设计了基于 ESO 和 DSC 的反演分散控制器,解决了李雅普诺夫函数难以构造以及反演控制中 “计算膨胀” 的问题;为解决由状态跳变引起的速度跳变问题,设计了基于生物启发策略的自适应反演快速终端模糊滑模控制器;在满足可重构机械臂某些性质和先验知识未知的前提下,考虑到迭代算法的特点,设计了自适应迭代学习控制器,通过李雅普诺夫稳定性理论证明了其稳定性。

(4) 针对各关节子系统发生的执行器故障,分别设计了基于迭代故障跟踪观测器的主动容错控制器及基于时延技术与反演神经网络控制的主动容错控制器,在执行器部分失效时仍能保证系统的稳定性和跟踪的精确性;针对各关节多故障同发的情况，运用多滑模观测技术进行传感器与执行器故障隔离，并对故障进行实时估计，基于在线故障诊断的结果提出一种基于滑模观测器的主动容错控制方法；通过引入一个新增状态将传感器故障等效为执行器故障，用中心和宽度可调的模糊神经网络逼近各关节的不确定项，应用李雅普诺夫稳定性理论证明了所设计的容错控制器的稳定性。

(5) 考虑到可重构机械臂模块化的特点以及现有关节模块无力矩传感器的情况，提出一种基于非线性关节力矩观测器的双闭环分散自适应力控制方法。由末端接触力误差及各关节力矩与其观测器间的误差对机械臂各子系统的控制输入形成双闭环调节，达到控制末端接触力的目的并提高了其收敛速度和跟踪精度；为提高控制器自身的鲁棒性，分别基于 LMI 和 ACPGA 求解控制器状态反馈增益，在此基础上设计了可重构机械臂非脆弱鲁棒分散力/位置控制器，当控制器参数在一定范围内变化时，系统仍能保证稳定并满足 $H_\infty$ 性能指标。

(6) 对可重构机械臂与环境接触时的位置和力控制问题进行了研究。考虑到力传感器的使用会提高整套机械臂在机械、电气和软件设计上的复杂程度，造价昂贵且易受外界因素影响，分别提出了基于 RBF 神经网络的可重构机械臂软测量力/位置混合控制方法和基于模糊预测参考轨迹的阻抗内环/力外环分散力控制方法，使得在无末端力传感器的情况下可重构机械臂仍能跟踪其受限空间内的期望位置和接触力。

## 8.2   未来的研究方向

除了本书介绍的上述研究方向，近年来可重构机械臂在以下方面也得到了越来越多学者和专家的重视。

1) 可重构机械臂的鲁棒性

针对具有不确定性的系统，鲁棒控制不仅要考虑标准的控制模型，而且要考虑不确定性对系统最坏的影响，使得控制器对于不确定性具有抑制能力，满足基本的控制性能要求。鲁棒控制应对存在不确定性的控制问题，已发展出了有效的控制方法，如 $\mu$ 控制、$H_2$ 控制和 $H_\infty$ 控制等。张迎春等 [1] 采用 $H_\infty$ 鲁棒控制技术设计了卫星的故障重构姿态控制系统，仿真结果验证了该方法的有效性；刘鹏等 [2] 采用系统辨识的方法得到了无人直升机动力学模型，利用 $H_\infty$ 回路成形控制方法设计了无人直升机的鲁棒控制律，仿真结果验证了所设计的鲁棒控制律使无人直升机满足一级飞行品质的要求；王首斌等 [3] 基于干扰观测器与鲁棒 $L_2$ 增益控制理论，设计了存在参数不确定性及外部时变干扰的高超声速飞行器姿态控制系统，仿真结果表明所设计的控制器能够抑制复合干扰的影响，并获得良好的姿态跟踪控制性能；Santoso 等 [4] 采用鲁棒 $\mu$ 综合回路成形控制技术设计了无人机的飞行控制系统,并取得了良好的控制效果。

滑模变结构控制方法对被控对象系统参数的不确定性和外部扰动具有较强的鲁棒性,且具有响应迅速、结构简单、无须在线辨识等优点,已被大量应用于机械臂控制方面。本书在受限空间内对可重构机械臂进行力/位置控制时,未对可重构机械臂的鲁棒性进行研究。文献 [1]~ 文献 [4] 在鲁棒控制方面的成果具有一定的代表性,可在此基础上应用滑模技术对受限空间内可重构机械臂的力/位置控制的鲁棒性进行研究。

2) 可重构机械臂的执行器饱和

在本书的设计中,包括自由空间的轨迹跟踪控制和受限空间的力/位置控制,都未对执行器饱和进行限定。而在实际应用中,如果执行器达到饱和状态,那么执行器的输出就不会按照所设计控制器的输出对机械臂进行控制,轻则影响控制精度,重则导致严重甚至灾难性的后果,因此执行器饱和问题也是未来研究的重点。

执行器饱和可分为幅度饱和与速率饱和两种。当输入信号在一定范围内工作时,输入值与输出值能够保持同步变化 (经常是呈比例的),而当输入达到一定程度时,输入的进一步增大使得输出值由于物理限制不再增大,不断逼近或完全停止在某一最大值附近,当出现这种现象时,就称该装置处于幅度饱和。速率饱和的原理同幅度饱和。

执行器饱和控制系统的设计方法大致可归纳为以下两大类。

(1) 直接设计法 [5-8]:在控制器设计时直接将饱和考虑进去,在此基础上设计出使系统稳定的控制律。

(2) 抗饱和设计法 [9-12]:也就是 "补偿器设计法",即抗积分饱和补偿器,也称"两步法"。这种设计方法的原理是:首先忽略饱和非线性,设计满足给定性能指标的控制器,然后以执行机构的输入输出差作为输入,设计补偿器弱化饱和的影响。此方法的特点是:当饱和未发生时,执行机构的输入输出差为 0,补偿器将不起作用,因此系统的标称设计性能不受影响。实际系统绝大部分情况下运行于非饱和状态,也就是说绝大部分情况下,系统的设计性能不受影响。抗积分饱和补偿器仅在饱和发生时产生作用,保证饱和发生时系统的稳定性和性能。因为这种方法可以用各种成熟的控制理论设计控制系统,所以此方法在诞生以来就在实际控制工程中得到了广泛的应用。

目前对于执行器幅度饱和的系统研究已取得了许多成果,但对于更难分析的执行器幅度饱和和速率饱和的系统研究工作还很少。由于可重构机械臂系统存在幅度饱和和速率饱和,进行控制器设计时必须给予考虑和很好的处理。

3) 可重构机械臂的路径规划

随着可重构机械臂应用的领域不断拓展,对路径规划研究的重视将有助于可重构机械臂给各个行业带来巨大变化,利用可重构机械臂进行实物的探测,将成为救援与城市搜索领域未来发展的一个关键应用。可重构机械臂完成复杂任务的基石是完善的路径规划技术,对该技术的深入研究能够提高可重构机械臂的智能化水平,促进该学科的发展。对可重构机械臂路径规划的研究实际上是对路径规划算法的研究,虽然随着科技的不断创新,智能算法不断出现,其中很多算法也被应用在可重构机械臂路径规划方面,但是目前还没有一种单一的路径规划算法可以满足所有外部环境的变化,而利用各种规划方式的结合可能会得到良好的效果。目前许多国内外科研人员致力于智能机器人路径规划的研究,多集中于路径规划算法本质的创新与性能的改进方面,因此针对路径规划的研究具有非常重要的理论和现实意义。

群体智能方法最初来源于对蚂蚁、蜜蜂等社会性昆虫群体行为的研究,先是出现在细胞机器人的研究中,其控制方式不是通过全局控制,个体有一定的自组织性和自适应性以实现整体控制效果。比较常用的群体智能算法有蚁群优化 (ACO) 算法、粒子群优化算法、菌群优化 (bacterial foraging optimization,BFO) 算法、蛙跳算法 (shuffled frog leading algorithm,SFLA) 和智能水滴 (intelligent water drops,IWD) 算法等。

目前,大量针对上述基础算法改进的研究成果被提出以提高算法的控制性能。本书在第 1 章阐述了机械臂路径规划的基本方法,但未对可重构机械臂的路径规划问题进行介绍,后续可择优采用上述群体智能优化算法对机械臂的路径规划问题进行重点研究。

## 参 考 文 献

[1] 张迎春, 贾庆贤, 李化义, 等. 基于比例积分观测器的卫星姿控系统鲁棒故障重构[J]. 系统工程与电子技术, 2014, 36(9): 1810-1818.

[2] 刘鹏, 王强, 蒙志君, 等. 基于飞行品质评估的无人直升机鲁棒控制器设计[J]. 航空学报, 2012, 33(9): 1587-1597.

[3] 王首斌, 王新民, 谢蓉, 等. 基于干扰观测器的高超音速飞行器鲁棒反步控制[[J]. 控制与决策, 2013, 28(10): 1507-1512.

[4] Santoso F, Liu M, Egan G K. Robust $\mu$-synthesis loop shaping for altitude flight dynamics of a flying-wing airframe[J]. Journal of Intelligent & Robotic Systems, 2015, 79(2): 259-273.

[5] Lin Z L. Robust semi-global stabilization of linear systems with imperfect actuators[J]. Systems and Control Letters, 1997, 29(4): 215-221.

[6] Collado J, Lozano R, Alion A. Semi-global stabilization of linear discrete-time systems with bounded input using a periodic controler[J]. Systems and Control Letters, 1999,

36(4): 267-275.

[7]　Hu T, Lin Z. Absolute stability analysis of discrete-time systems with composite quadratic lyapunov functions[J]. IEEE Transaction on Automatic Control, 2005, 50(7): 781-797.

[8]　Fertile H A, Ross C W. Direct digital control algorithm with anti-windup feature[J]. ISA Transactions, 1967, 6(4): 317-328.

[9]　Sajjadi K S, Jabbari F. Modified dynamic anti-windup through deferral of activation[J]. International Journal of Robust and Nonlinear Control, 2012, 22(15): 1661-1673.

[10]　Wu X J, Lin Z L. On immediate, delayed and anticipatory activation of anti-windup mechanism: Static anti-windup case[J]. IEEE Transactions on Automatic Control, 2012, 57(3): 771-777.

[11]　Wu X J, Lin Z L. Dynamic anti-windup design in anticipation of actuator saturation[J]. International Journal of Robust and Nonlinear Control, 2014, 24(2): 295-312.

[12]　彭秀艳, 贾书丽, 张彪. 一类具有执行器饱和的非线性系统抗饱和方法研究[J]. 自动化学报, 2016, 42(5): 798-804.